建設業用語集

はしがき

　建設産業は、GDP（国内総生産）の約1割に相当する建設投資を担うとともに、全産業就業人口の1割近い建設就業者を擁する我が国の基幹産業としての重要な使命を負っています。

　また、建設投資の急速な減少、不動産業の業況の悪化、資材価格の高騰等により、地域の経済・雇用を支える建設業は極めて厳しい状況に直面しており、建設業を取り巻く環境が大きく変化する中で、建設産業が活力を回復するためには、「産業構造の転換」、「建設生産システムの改革」、「人づくり」を推進していくことが喫緊の課題と言われております。

　これからの建設業においては、技術力、施工力、経営力が求められており、建設業従事者の個々の知識の向上、総合的なスキルアップが求められております。

　近年の建設産業政策をみると、平成19年6月に建設産業政策研究会から「建設産業政策2007―大転換期の構造改革―」が発表され、同年同月、国土交通省から「建設業法令順守ガイドライン―元請負人と下請負人の関係における留意点―」が発表される等、建設産業の縮小均衡を目指す政策転換が図られています。

　この建設業用語集は、建設業に携わる技術者はもとより、事務系の方々にも日常の業務上必要とする建設関連の法令、建設技術、経済用語等の1500用語を解りやすく解説をしております。建設産業の経営が厳しい情勢の中での必携本としてご活用頂ければ幸いです。

　なお、この用語集の刊行にあたっては、財団法人建設業振興基金のご協力を得て、当機構の調査研究部職員が鋭意、編集・監修を行い、この度刊行されたものです。

　　平成21年8月

　　　　　　　　　　　　　　　　財団法人建設業適正取引推進機構
　　　　　　　　　　　　　　　　　　　理事長　　渡邉　弘之

◆◆◆建設業に関する用語（見出し語）について◆◆◆

① 和文見出しの配列は50音順です。配列上、カタカナ語などの長音は無視し、促音・濁音は清音と同じ扱いとしています。
② 欧文略語の配列はアルファベット順です。
③ 建設業に関する用語の範囲については、おおむね下記のとおり。

・建設業・不動産業関連法令用語
・税務会計関連用語
・企業経営・経済関連用語
・技術関連用語（基礎構造、躯体構造、型枠構造、鉄筋構造、配管構造）
・建設一般用語（建設機械・電気設備、仮設、安全、土木、建築、河川）
・経営事項審査関連用語
・倒産関連用語
・建設・不動産関連国家／公的／民間資格など
・暴力団対策関連用語
・建設業関連業務（コンサル）関連用語
・独占禁止法関連用語
・建設産業団体
・環境関連用語

④ 参照・関連用語については見出し語の後に、※参照「●●●●」で表示しています。
⑤ 語釈なしで他の見出し語に送る場合は、⇒●●●●で表示しています。
⑥ 収録用語数は、1,500語です。
⑦ 主要参考文献については、巻末に掲載しています。

索引

【あ】

アウトソーシング	1
アウトプレースメント	1
アウトフレーム（アウトポール）設計	1
アウトレットボックス	1
アカウンタビリティー	1
明石海峡大橋	1
赤字国債	1
赤伝処理	1
上がりかまち	2
アクア・グリーン・ストラテジー	2
アクティブソーラーハウス	2
アグリビジネス	2
朝顔	2
アジテーター	2
足場	2
預り金	3
アースドリル杭	3
アスファルト	3
アスファルト混合物事前審査制度	3
アスファルト舗装	3
アスベスト	3
アセット・マネジメント	4
圧壊	4
圧気工法	4
圧縮記帳	4
圧着工法	4
圧密	4
圧密沈下	4
アドプト制度	4
あばた	4
アーバナイトTN	5
雨仕舞	5
奄美群島振興開発基金	5
洗い屋	5
アルコーブ	5
アロケーション	5
アンカー	5
アンカーボルト	5
安全委員会	5

安全衛生委員会	6
安全衛生推進者等	6
安全衛生責任者	6
安全管理者	6
安全靴	6
アンダーピニング	6

【い】

異議申立提供金	6
イギリス積み	6
遺構	6
イコス工法	6
いざなぎ景気	7
石工事	7
石出し水制	7
石張り	7
異常硬化	7
石綿	7
石綿含有産業廃棄物	7
遺跡	8
一年基準	8
一括下請負	8
一括下請負の禁止	8
一級河川	8
溢水管	8
一般会計	9
一般管理費等	9
一般競争入札	9
一般建設業者	9
一般廃棄物	9
一般廃棄物処理業者	9
一般廃棄物処理施設	10
委任状	10
遺物	10
違約金	10
違約金特約条項	10
イリバレン試験	10
遺留分	10
インキュベーション・センター	11
インサイダー取引	11
インダクションユニット方式	11

インターネットバンキング	11	役務提供委託	16
インターンシップ	11	エクイティ	16
インテリアコーディネーター	12	エクステリア	16
インテリアプランナー	12	エコキュート	17
イントラネット	12	エコファンド	17
インフラ	12	エコロジカルネットワーク	17
インフラストラクチャー	12	エセ右翼政治活動	17
		エセ同和行為	17

【う】

		江戸間・京間	17
ウェルポイント工法	12	エフロレッセンス	17
右岸・左岸	12	エンジェル	17
請負契約	12	エンジェル税制	18

【お】

請書	13		
受取手形	13		
受取利息配当金	13	応急危険度判定士	18
牛枠水制	13	屋上緑化	18
雨水集排水施設	13	送りだし工法	18
打上契約	13	オゾン層	18
内断熱	13	汚泥	18
内法面積	13	オーバースペック	19
内訳を明らかにした見積り	13	オーバーフロー管	19
売上原価	13	オーバーレイ工法	19
売上総利益	13	帯金	19
売上高経常利益率	14	オプション取引	19
売上利益率	14	オフバランス	19
売掛金債権	14	オフロード法	19
上請け	14	オープンシュート工法	19
上乗せ規制	14	オープンスクール	20
		オープンスペース	20

【え】

		オープンブック	20
営業外収益	15	親事業者	20
営業外収益その他	15	親事業者の義務	20
営業外費用	15	親事業者の禁止事項	20
営業外費用その他	15	オール電化	21
営業活動キャッシュフロー	15		

【か】

営業キャッシュフロー	15		
営業所	15	海外建設協会	23
営業所における専任の技術者	15	開業費	23
営業停止	15	会計監査	23
営業利益	16	会計監査人	23
衛生管理者	16	会計基準	23
液化石油ガス設備士	16	会計参与	24
液状化現象	16	会計年度	24

外形標準課税	24		課徴金減免制度	30
会計法	24		合冊工事	30
開削工法	24		カーテンウォール	31
概算要求基準	24		河道	31
会社更生手続き	24		矩計図	31
会社更生法	25		カフェテリア・プラン	31
会社分割	25		株券電子化	31
会社法	25		株式公開買い付け	31
解体工事業者の登録制度	25		株式交換制度	31
外注費	25		株式交付費	31
開発許可	25		株主総会	31
開発費	26		株主代表訴訟	31
開発費償却	26		壁芯面積	31
外部監査制度	26		壁つなぎ	32
開放特許	26		カーボンフットプリント	32
概略設計	26		釜場	32
かえり	26		カミソリ堤	32
カエルプラグ	26		火薬類製造保安責任者	32
価格カルテル	27		火薬類取扱保安責任者	32
格付け・等級	27		ガラス工事	32
確定判決	27		ガラパゴス化現象	32
確率年	27		仮請負契約	32
駆け込みホットライン	27		仮囲い	33
笠木	28		仮差押え	33
瑕疵	28		仮処分	33
貸し渋り	28		仮登記	33
貸倒損失	28		簡易舗装	33
貸倒引当金	28		環境アセスメント	33
貸倒引当金繰入額	28		環境会計	34
瑕疵担保責任	28		環境管理士	34
瑕疵担保責任の特例	28		環境基準	34
ガス化溶融炉	29		環境共生住宅	34
ガス主任技術者	29		環境計量士	34
ガス消費機器設置工事監督者	29		関係会社株式	34
ガス溶接作業主任者	29		関係会社出資金	34
河川管理施設	29		管工事	34
河川管理者	29		管工事施工管理技士	35
河川工作物	29		官公需法	35
河川整備基本方針	30		慣行水利権	35
河川整備計画	30		監査意見不表明	35
河川法	30		監査役	35
片持式工法	30		乾式工法	36
課徴金	30		完成工事原価	36

索引

完成工事原価報告書	36		急傾斜地	43
完成工事高	36		休眠特許	43
完成工事補償引当金	36		業務監査	43
完成工事未収入金	37		強制執行	43
官製談合	37		行政に対する暴力的要求行為	44
完成届	37		行政不服審査法	44
間接工事費	37		競争を制限する行為	44
監督員	37		競争を歪める行為	44
監督処分	37		共通仮設費	44
監理技術者	38		共同企業体	44
監理技術者講習修了証	38		共同溝	44
監理技術者資格者証	39		共同担保	44
監理技術者に必要な資格・経験	39		胸壁	44
完了検査	39		京間	44
			共用施設	45
【き】			共用部分	45
機械・運搬具	39		協力業者	45
機械器具設置工事	39		許可工作物	45
機械損料	39		許可取消処分	45
基幹技能者	39		切込砂利	45
機関投資家	40		切土	45
企業短期経済観測調査	40		亀裂	45
企業の農業参入	40		緊急保証制度	45
企業連携	40		銀行取引停止処分	45
期限の利益	40		銀行振出小切手	45
危険予知活動	40		金銭債権	45
起債充当率	41		金銭保証	45
技術交渉方式	41		禁治産者・成年被後見人	46
技術士	41		金融派生商品	46
技術提案型指名競争入札	41		近隣対策	46
技術力評価	41			
既製杭	42		【く】	
擬制資産	42		杭打ち型枠・連石	46
基礎施工士	42		杭基礎	46
技能検定制度	42		杭出し水制	46
寄付金	42		グラウト	46
基本高水	42		クラック	46
基本測量	42		栗石	46
客観点数	42		繰越利益剰余金	46
キャッシュフロー経営	42		グリーストラップ	46
キャッシュフロー計算書	42		繰延資産	46
キャットウォーク	43		繰延税金資産	47
休業補償給付	43		繰延税金負債	47

繰延ヘッジ損益	47	元気回復事業	54
グリーンGDP	47	兼業事業売上原価	54
グリーンGNP	47	兼業事業売上高	54
グリーン庁舎	47	現金預金	54
グリーン調達	48	健康保険	54
黒字倒産	48	建災防	55
クロスコネクション	48	検索の抗弁権	55
鍬入れ	48	減収減益	55
		減収増益	55
【け】		原子炉主任技術者	55
経営規模評価	48	建設ICカード	55
経営業務の管理責任者	48	建設汚泥	55
経営業務の管理責任者としての経験	49	建設仮勘定	55
経営事項審査	49	建設関連業	55
経営事項審査の有効期限	49	建設機械施工技士	55
経営状況評価	49	建設業	56
経営状況分析機関	49	建設業技術者センター	56
経営承継円滑化法	50	建設業経営支援アドバイザー	56
計画高水流量	50	建設業者	56
景観法	50	建設業者団体	56
経済同友会	51	建設業者の不正行為等に関する情報	
経常建設共同企業体	51	交換コラボレーションシステム	57
経常利益	51	建設業情報管理センター	57
競売	51	建設業振興基金	57
経費	52	建設業退職金共済制度	57
軽微な建設工事	52	建設業適正取引推進機構	58
景品表示法	52	建設業における労働力需給調整シス	
ケイマンSPC	52	テム	58
契約後VE方式	52	建設業の下請取引に関する不公正な	
契約社員制度	52	取引方法の認定基準	58
契約保証	52	建設業の新分野進出等モデル構築支	
計量士	52	援事業	59
軽量盛土工法	52	建設業法	59
激変緩和措置	53	建設業法令遵守ガイドライン	60
ケーシング	53	建設業務有料職業紹介事業	60
下水道管理技術認定試験	53	建設業務労働者就業機会確保事業	60
下水道技術検定試験	53	建設業労働災害防止協会	60
ケーソン工法	53	建設業を営む者	60
欠損	53	建設経済研究所	60
結露	53	建設工事	60
ケーブルエレクション工法	54	建設工事標準下請契約約款	61
減価償却	54	建設工事紛争審査会	61
減価償却費	54	建設国債	61

建設混合廃棄物	61		【こ】	
建設コンサルタンツ協会	61			
建設コンサルタント登録制度	62	コア・コンピタンス	69
建設産業政策2007	62	高圧室内作業主任者	69
建設産業専門団体連合会	62	広域下水道組合	70
建設残土	63	公益通報者保護法	70
建設生産システム改革	63	公開会社	70
建設投資推計	63	公害防止管理者	70
建設廃棄物	63	工学会設備士	70
建設副産物	64	高機能舗装	70
建設冬の時代	64	公共工事設計労務単価	70
建設マスター制度	64	公共工事総合プロセス支援システム	70
建設リサイクル法	64	公共工事入札契約適正化促進法	71
建設労働者の雇用の改善等に関する		公共工事標準請負契約約款	71
法律	64	公共工事品質確保法	71
減損会計	65	公共事業	71
建築一式工事	65	公共事業評価	71
建築確認	65	公共性のある施設若しくは工作物又	
建築技術教育普及センター	65	は多数の者が利用する施設若しくは	
建築基準法	65	工作物で政令で定めるもの	72
建築業協会	65	公共測量	72
建築協定	66	工具器具・備品	72
建築工事届	66	鋼構造物工事	72
建築士	66	広告宣伝費	72
建築士会	66	交際費	72
建築士事務所	67	交差点協議	72
建築士事務所協会	67	工事完成保証人	72
建築士法	67	工事進行基準	72
建築主事	67	工事未払金	73
建築積算資格者	67	公証人	73
建築施工管理技士	67	高所作業	73
建築設備技術者協会	68	洪水ハザードマップ	73
建築設備士	68	公正証書	73
建築着工統計調査	68	公正取引委員会	73
建築パース	68	厚生年金保険	73
建築物環境衛生管理技術者	68	構造改革特区	74
限定付適正意見	69	構造耐力上主要な部分	74
現場管理費	69	公的土地評価	74
現場説明	69	合同会社	75
現場代理人	69	構内配線システム施工管理者	75
建ぺい率	69	公認会計士	75
権利落ち	69	公募型指名競争入札	75
		港湾法	76

国際会計基準	76		【さ】	
国際決済銀行	76			
国際建設技術協会	76	債権・債務	83
国際財務報告基準	76	債権者代位権	83
国宝・重要文化財	76	債権者取消権	83
国民年金	76	債権譲渡	83
個人情報保護法	77	債権放棄	83
コスト・インフレーション	77	材工一式請負	84
コスト＆フィー方式	77	催告の抗弁権	84
コスト・プッシュ・インフレ	77	再下請負通知書	84
骨格予算	77	歳出付き国債	84
国庫債務負担行為	77	財政再建団体	84
固定資産	77	採石業務管理者	84
固定資産回転率	78	最低資本金	85
固定負債	78	最低資本金規制の特例制度	85
個別外部監査	79	最低制限価格制度	85
コベナンツ	79	最適含水比	85
コーポラティブ住宅	79	裁判上の和解	85
コーポレートガバナンス	79	財務活動キャッシュフロー	85
ごみ処理施設	79	債務超過	85
コミットメントライン	79	債務の株式化	86
コミュニティ施設	79	債務不履行	86
雇用管理責任者	79	債務名義	86
雇用セーフティネット	79	サイヤミーズコネクション	86
雇用保険	80	材料貯蔵品	86
コラボレーション	80	材料費	86
コリンズ	80	裁量労働制	86
ゴールドカード制度	80	サイロット工法	86
コールドジョイント	80	詐害行為	87
コレクティブ・ハウス	80	魚がのぼりやすい川づくり推進モデル事業	87
ころがし配線	80	下がり天井	87
コンカレント・エンジニアリング	81	左官工事	87
コンクリート技士・主任技士	81	先取特権	87
コンクリート舗装	81	先物取引	87
コンジットチューブ	81	作業環境測定士	87
コンソーシアム	81	錯誤	88
コンツェルン	81	さく井工事	88
コンパクトシティ	81	作成特定建設業者	88
コンバージョン	81	差押え	88
コンプライアンス	82	指値	88
コンペ方式	82	サーチャージ水位	88
		雑費	88

索引

サービサー	88
サービスバルコニー	89
サブコン	89
サブマージアーク溶接法	89
サプライチェーン・マネジメント	89
サブリース方式	89
サーマルリサイクル	89
桟木	89
産業再生法	89
産業廃棄物	89
産業廃棄物処理業者	90
三者会議	90
三セク	90
暫定予算	90
サンドドレーン工法	90
産廃原状回復基金	90
三面張り	90

【し】

ジェンダー	90
ジオトープ	91
市街化区域	91
時価会計	91
始業点検	91
シークエンス・エンジニアリング	91
試験湛水	91
自己宛小切手	91
時効	91
自己株式	91
事故繰越	91
自己資本回転率	92
自己資本対固定資産比率	92
自己資本比率	92
自己の取引上の地位を不当に利用	92
自己破産	92
資産インフレ	92
指示処分	92
市場メカニズム	92
止水階	92
シスターン	93
下請負人	93
下請負人届	93
下請契約	93
下請契約約款	93
下請事業者	93
下請セーフティネット債務保証	93
下請取引等実態調査	94
下請法	94
下請法違反行為に対する調査・措置	94
下請法が適用される取引	95
下請ボンド	95
示談	96
質	96
質権	96
市町村合併	96
シックハウス症候群	96
執行認諾文言	96
実行予算	96
実質的に関与	97
実績配当利回り	97
指定確認検査機関	97
指定管理者制度	97
指定建設業	97
指定住宅性能評価機関	98
指定住宅紛争処理機関	98
指定暴力団	98
私的整理	98
私的整理ガイドライン	99
自動ビル建設システム	99
シート工法	99
し尿処理施設	99
シノギ	99
支払手形	99
支払督促	99
支払保留	100
支払利息	100
示方書	100
支保工	100
資本回転率	100
資本金	101
資本準備金	101
資本剰余金	101
資本利益率	101
事務用品費	101
指名競争入札	101
指名停止	101

社会運動等標ぼうゴロ	101		植生工	107
社会性評価	102		職長会	107
社外取締役	102		職務給／職能給	107
借地権	102		除斥期間	107
社債	102		ショートベンチ工法	107
社債発行費	102		ジョブ・カード制度	107
斜張橋	102		書面契約の徹底	108
車内信号方式	102		シーリング	108
砂利採取業務主任者	102		シールド工法	108
ジャロジー	103		白舗装	108
ジャンカ	103		新株式申込証拠金	108
ジャンク・ボンド	103		新株予約権	109
従業員給料手当	103		新株予約権付社債	109
集合譲渡担保	103		真空コンクリート工法	109
修繕維持費	103		人工リーフ	109
修繕引当金	103		新設住宅着工戸数	109
重層下請構造	103		新総合土地政策推進要綱	109
住宅瑕疵担保責任保険	103		深礎工法	109
集排（農業集落排水整備事業）	104		人的担保	109
修理委託	104		心裡留保	109
受益者負担金	104			
主観点数・客観点数	104		【す】	
主任技術者	104		随意契約	110
準禁治産者・被保佐人	104		水質事故	110
純支払利息比率	104		推進工法	110
しゅんせつ工事	104		水制	110
準用河川	104		水道施設工事	111
障害補償年金	104		水防活動	111
少額訴訟手続	105		水防工法	111
浄化槽管理士	105		水利権	111
浄化槽設備士	105		スキップフロア	111
定木摺	105		スクラップ・アンド・ビルド	111
証券監督者国際機構	105		スタグフレーション	111
昇降機検査資格者	105		スタンドパイプ	112
詳細設計	105		捨石工	112
商事債権	105		捨型枠工法	112
譲渡担保	105		ステークホルダー	112
上納金	106		ステージング式架設工法	112
上部半断面先進工法	106		ストック・インフレ	112
消防施設工事	106		ストック・オプション	112
情報成果物作成委託	106		ストラクチャード・ファイナンス	113
商用電源周波数	106		砂工	113
職業安定法	106		スノッブ効果	113

スパイラル筋	113	全国コンクリート圧送事業団体連合会	118
スーパーゼネコン	113	全国さく井協会	119
スライム	113	全国新幹線鉄道整備法	119
スラブ	113	全国測量設計業協会連合会	119
スロップシンク	113	全国地質調査業協会連合会	120
スワップ取引	114	全国中小建設業協会	120
		全国鉄筋工事業協会	120
【せ】		全国防水工事業協会	120
生活関連施設	114	センターコア	121
制限行為能力者	114	尖頭負荷	121
政治活動標ぼうゴロ	114	全日本電気工事業工業組合連合会	121
製造委託	114	専門技術者	121
清掃施設工事	114	専門工事業イノベーション戦略	121
成年後見制度	114	専門職制度	122
性能規定発注方式	114	専有面積	122
整理回収機構	115	専用庭	122
政令で定める使用人	115		
責任財産限定特約	115	**【そ】**	
セキュリティ・アナリスト	115	造園工事	122
セグメント情報	115	造園施工管理技士	122
施工管理	115	総会屋	123
施工体系図	115	総価契約・単価合意方式	123
施工体制確認型総合評価	116	総合課税	123
施工体制台帳	116	総合建設業	123
設計監理	116	総合設計	123
設計・施工一括発注方式	116	総合評価方式	123
設計・施工分離方式	116	総合評定値（P）	123
設計図書	116	相殺	124
設計入札	116	総資本売上総利益率	124
設計変更審査会	117	総資本回転率	124
設計・見積もり合わせ	117	増収減益	124
切削オーバーレイ	117	増収増益	124
瀬と淵	117	相続税	124
ゼネコン	117	双方代理	125
ゼロエミッション	117	双務契約	125
ゼロ国債	117	贈与	125
背割堤	117	贈与税	125
潜函工法	118	創立費	125
前期損益修正益	118	相隣関係	125
前期損益修正損	118	測量業	125
全国管工事業協同組合連合会	118	測量業者登録制度	126
全国建設業協会	118	測量士・測量士補	126
全国建設業協同組合連合会	118		

測量法	126	多能工	134
租税公課	126	多能工型建築生産システム	135
組積構造	126	ダム水路主任技術者	135
即決和解	126	短観	135
外断熱	126	短期貸付金	135
その他の暴力的要求行為	127	短期借入金	135
その他有価証券評価差額金	127	ダンパー	135
ソーホー	127	単品スライド	135
ソーラーハウス	127	担保	135
ソリューションビジネス	127	担保物件	135
損益計算書	127		
損害賠償	129	【ち】	
損害賠償額の予定	129	地域建設業経営強化融資制度	135
損害賠償請求等の妨害行為の規制	129	地域整備方針	136
		置換工法	136
【た】		蓄熱技術	136
代位弁済	131	築年数	136
耐火建築物	131	地質調査技士	137
耐火構造	131	地質調査業者登録制度	137
大工工事	131	地籍	137
第三セクター	131	地籍調査	137
貸借対照表	131	地代家賃	137
退職金	132	地耐力	137
耐震改修の固定資産税の減額	132	地中連続壁工法	137
耐震構造	132	地方交付税	138
大深度地下利用法	132	地方自治法	138
耐震壁	132	地方単独事業	138
大発破工法	133	地方道路税	138
代物弁済	133	地山補強土工	138
大ブロック工法	133	チャンバー	138
代理	133	中央建設業審議会	138
耐力壁	133	中央公共工事契約制度運用連絡協議会	138
タイル・れんが・ブロック工事	133	中央防災会議	139
田植え	133	中間前払金	139
ダウンタウン・リンケージ制度	133	中小企業	139
宅地造成等規制法	133	長期借入金	139
宅地建物取引業	134	長期手形	139
宅地建物取引主任者	134	長期前払費用	140
宅配ロッカー	134	超高層ビル	140
多自然型工法	134	調査研究費	140
タックスヘイブン	134	調停調書	140
建具工事	134	丁張り	140
建物・構築物	134		

帳簿	141		デノミ	146
直接工事費	141		デノミネーション	146
直轄工事負担金	141		デファクト・スタンダード	146
賃金台帳	141		デフレ	146
沈埋工法	141		デフレーション	146
			デフレーター	146
【つ】			デベロッパー	146
追認	141		手簿	146
通常必要と認められる原価	142		デューデリジェンス	147
通信交通費	142		テラゾー	147
継手と仕口	142		デリニェーター	147
ツー・バイ・フォー工法	142		デリバティブ	147
坪庭	142		電気工事	147
吊り足場	142		電気工事士	147
ツールボックス・ミーティング	142		電気工事施工管理技士	147
			電気主任技術者	148
【て】			電気通信工事	148
出合い丁場	143		電気通信工事担任者	148
定額法	143		天空率	148
定額保護	143		電子商取引	148
定期借地権	143		電子政府	149
定期借地権付き住宅	143		電子入札	149
定期借家権	143		電子納品	149
定期・設計変更協議部分払い方式	143		天井高	149
ディスクロージャー	144		点蝕	149
ディーゼルハンマー	144		電蝕	149
低炭素社会	144		転付命令	150
抵当権	144			
低入札価格調査制度	144		**【と】**	
底盤	144		当期純利益	150
定率法	144		凍結工法	150
ティルトアップ工法	144		倒産	150
手形交換所	145		投資活動キャッシュフロー	150
出来形	145		投資その他の資産	150
出来高	145		投資的経費	151
テクリス	145		投資有価証券	151
デジタルATC	145		同時履行の抗弁権	151
手すり壁	145		動力用水光熱費	151
手すり先行工法	145		道路管理者	151
鉄筋工事	145		登録基幹技能者	151
鉄筋の露出	145		登録建設業経理士	151
デットとエクイティ	146		登録免許税	151
てっぽう水	146		道路公団民営化	152

索引

道路特定財源	152	土地区画整理士	159
道路法	152	土地区画整理事業	159
特殊株主	152	土地再評価差額金	159
特殊建築物	152	土地収用法	159
特種電気工事資格者	153	特許権	160
特殊法人	153	独禁法ガイドライン	160
特殊法人等改革	153	とび・土工・コンクリート工事	160
独占禁止法	153	土木一式工事	160
特定遺贈	154	土木学会認定技術者	160
特定行政庁	154	土木施工管理技士	160
特定建設業者	154	土木の日	161
特定建設工事共同企業体	154	土間コン	161
特定建築家制度	154	ドーマー窓	161
特定都市河川浸水被害対策法	154	トラス	161
特定土地区画整理事業	155	トラッキング現象	161
特定法人貸付事業	155	トランクルーム	162
特別会計	155	取締役会	162
特別検査	155	取引上の優越的な地位	162
特別清算	155	トレーサビリティ	162
特別損失	155	ドレンチャー	162
特別損失その他	155	どんぶり勘定	162
特別ボイラー溶接士	155		
特別利益	156	【な】	
特別利益その他	156	内整理	163
独立行政法人	156	内装仕上工事	163
特例容積率適用区域	156	内部者取引	163
都市計画	156	内部統制	163
都市計画事業	156	内部留保	163
都市計画税	156	内容証明郵便	163
都市再開発法	157	生放流	163
都市再生緊急整備地域	157	名寄せ	164
都市再生事業	157	ナレッジマネジメント	164
都市再生特別措置法	157	縄張	164
都市再生本部	157		
土壌汚染状況調査	158	【に】	
土壌汚染対策法	158	二級河川	164
土壌地下水汚染	158	二戸一階段	164
土石流	158	ニッチ産業	164
塗装工事	158	ニッチ戦略	164
土地改良建設協会	158	日本ウェルポイント協会	164
土地家屋調査士	158	日本埋立浚渫協会	164
土地基本調査	159	日本海洋開発建設協会	165
土地区画整理組合	159	日本機械土工協会	165

項目	頁
日本橋梁建設協会	165
日本空調衛生工事業協会	166
日本経営者団体連盟	166
日本経団連	166
日本下水道施設業協会	166
日本建設業経営協会	166
日本建設業団体連合会	167
日本建設大工工事協会	167
日本建築板金協会	167
日本左官業組合連合会	168
日本商工会議所	168
日本造園組合連合会	168
日本タイル煉瓦工事工業会	168
日本鉄道建設業協会	169
日本電力建設業協会	169
日本道路建設業協会	169
日本塗装工業会	169
日本蔦工業連合会	170
日本土木工業協会	170
日本版401k	170
日本版REIT	170
日本版SOX法	170
入札改革	171
入札・契約適正化法	171
入札後に価格協議等を行う方式	171
入札参加資格審査	171
入札時VE方式	171
入札談合	171
入札不調	172
入札ボンド制度	172
入札前に技術提案等を行う方式	172
ニューマチックケーソン工法	172
任意整理	172
認定電気工事従事者	172

【ね】

項目	頁
根固工	173
ネガティブフリクション	173
ネゴシエーション契約	173
熱絶縁工事	173
根抵当権	173
燃料電池	173

【の】

項目	頁
農業参入	173
農業生産法人	173
農地法	173
農免農道	174
ノーポイ運動	174
法地	174
法面	174
法面保護工	174
のれん	174
のれん代	174
ノンバンク	174
ノンリコースローン	174

【は】

項目	頁
ハイ・イールド・ボンド	177
バイオマス	177
配管勾配	177
廃棄物処理施設技術管理者	177
廃棄物処理法	177
排除措置命令	177
配当落ち	177
配当性向	177
配当利回り	178
ハイパーインフレーション	178
パイプスペース	178
パイプルーフ工法	178
バイブロフローテーション工法	178
ハイリスク・ハイリターン	178
パイロットトンネル工法	178
はがれ	178
パークアンドライド	179
派遣労働	179
パーゴラ	179
破産	179
破産債権・更生債権等	179
破産者で復権を得ない者	179
破産手続	180
破産法	180
バーゼルⅡ	180
パーソントリップ調査	180
肌別れ	180

破断	180	標準下請契約約款	186
バーチカルドレーン工法	181	費用対効果分析	186
8条協定書	181	【ふ】	
バーチャル・コーポレーション	181		
バーチャル・リアリティ	181	歩合給	186
白華現象	181	ファイナンシャル・プランナー	186
パッシブソーラーハウス	181	ファクタリング	187
バッチャープラント	181	ファサードエンジニア	187
発注者	181	ファブレス経営	187
発破技士	182	ファーム・バンキング	187
パテだれ	182	フィージビリティ・スタディ	187
パートナーシップ制度	182	フィービジネス	187
パートナーリング	182	歩掛り	187
ハートビル法	182	吹付けタイル	187
鼻たれ	182	歩切り	188
幅杭	183	含み益・含み損	188
パブリック・インボルブメント	183	福利厚生費	188
パブリック・コメント	183	ふくれ	188
はめ殺し	183	負債回転期間	188
パラペット	183	附帯工事	188
梁	183	普通建設事業費	189
バリアフリー	183	普通ボイラー溶接士	189
バリアフリー新法	183	物的担保	189
バリュー・アット・リスク	184	物納	189
バリュー・エンジニアリング	184	不適正意見	189
バルチャーファンド	184	不動産鑑定評価基準	189
パワービルダー	184	不動産の証券化	189
半川締め切り	184	不当贈与要求行為	190
板金工事	184	不同沈下	190
パンク河川	184	不当な下請などの要求行為	190
販売費及び一般管理費	185	不当な使用資材等の購入強制の禁止	190
【ひ】		不当な取引制限	190
		負ののれん	190
ビオトープ	185	部分払	190
光触媒	185	不法行為	190
引当金	185	踏み抜き	191
被災宅地危険度判定士	185	プライス・メカニズム	191
非訟事件	185	フライ・ダンパー	191
ヒートアイランド現象	186	ブライン方式	191
ひび割れ	186	フラット35	191
樋門	186	フラット50	191
ヒヤリ・ハット運動	186	フランス積み	191
標準貫入試験	186	ブリージング	191

不良・不適格業者	192	暴力団対策法	197
フルターンキー方式	192	暴力追放運動推進センター	197
プレイロット	192	暴力的要求行為	197
プレカット・ハウス	192	法令遵守	198
プレクーリング	192	保険料	198
プレストレスト・コンクリート	192	補償コンサルタント登録制度	198
プレストレスト・コンクリート建設業協会	192	ポストテンション工法	198
		ほ装工事	198
フレックス工期	193	ホットコンクリート	198
フレックスタイム制	193	ポートフォリオ	199
プレテンショニング工法	193	ホーム・セキュリティ・システム	199
プレハブ建築協会	193	ボーリング	199
不陸	193	本人限定受取郵便	199
プロジェクト・ファイナンス	194		
フロート制	194	【ま】	
プロパティ・マネジメント	194	埋蔵文化財	201
プロポーザル方式	194	前受収益	201
プロラタ返済	194	前払金保証事業	201
分離課税	194	前払費用	201
分離発注・一括発注	194	まちづくり三法	201
		豆板	201
【へ】		豆板工	202
平均利益額	194	丸太組工法	202
べたコン	194	マンション管理業	202
ペーパードレーン工法	195	マンション管理士	202
ベンチャー企業投資促進税制	195	マンション管理センター	202
変動相場制	195	マンションの管理の適正化の推進に関する法律	203
		マンションの建替えの円滑化等に関する法律	203
【ほ】			
ボイラー技士	195	マンション保全診断センター	203
ボイラー整備士	195		
ボイラー・タービン主任技術者	195	【み】	
防音床	195	みかじめ料要求行為	203
妨害排除請求権	195	未成工事受入金	203
防火構造	195	未成工事支出金	203
包括外部監査	196	密集市街地における防災街区の整備の促進に関する法律	203
法人（種類）	196		
法人事業税	196	見積合わせ	203
法人税	196	見積期間	203
防水工事	196	見積条件の明確化	204
法定監査	197	未払金	204
法定福利費	197	未払費用	204
法的整理	197		

未払法人税等	204		有形固定資産	210
民間建設工事標準請負契約約款	204		遊水地	210
民間都市開発推進機構	205		優先株	210
民事債権・商事債権	205		有利子負債	210
民事再生手続き	205		ユニオンメルト溶接法	210
民事再生法	205		ユニットプライス型積算方式	210
民事調停	206		ユニバーサルデザイン	211
			指さし喚呼運動	211

【む】

無形固定資産	206			
無権代理	206		用心棒料などの要求行為	211
無限定適正意見	206		容積率	211
無効	206		用途地域	211
			溶融スラグ	212

【め】

			預金小切手	212
明許繰越	206		預金保険機構	212
メガストラクチャー	206		横請け	212
メゾネットタイプ	206		予算の繰越	212
目潰し	207		予想配当利回り	213
免震工法	207		預手	213
			予定価格	213

【も】

			予納金	213
目論見書	207		4S運動	213
モジュール工法	207			

【ら】

持ち株会社	207			
元請負人	207		落札	215
盛土・切土	208		ラス張り工事	215
			ラーメン構造	215

【や】

			ランドスケープ	215
役員賞与引当金	209		ランマー	215
役員のうち常勤である者	209			

【り】

役員報酬	209			
薬液注入工法	209		利益準備金	215
野帳	209		利益剰余金	215
屋根	209		利益剰余金（経審）	215
屋根工事	209		リエンジニアリング	215
屋根窓	209		履行の強制	215
山津波	209		履行保証制度	216
			履行補助者	216

【ゆ】

			履行ボンド	216
誘引ユニット方式	209		リスクマネジメント	216
有価証券	209		リストラクチャリング	216
有価証券報告書	210		リースバック方式	216

索引

リテール事業	216	【わ】	
リーニエンシー	216	枠組壁工法	225
リノリウム	216	ワークシェアリング	225
リバースモーゲージ	216	轍掘れ	225
リバービオコリドー	217	渡り桟橋	225
リファイン建築	217	ワラント債	225
留置権	217	ワンイヤールール	225
流動資産	217	ワンストップサービスセンター事業	225
流動資産その他	218	ワンデーレスポンス	225
流動比率	218	【A】	
流動負債	218	AEコンクリート	227
流動負債その他	219	AE剤	227
療養補償給付	219	AHS	227
【る】		APEC	227
ルーバー窓	219	ASP	227
ルーフバルコニー	219	ATC	227
【れ】		【B】	
レインズ	219	BCP	227
劣後債	219	BEMS	228
劣後ローン	220	BIS基準自己資本比率	228
レトロフィット	220	BLT	228
連結財務諸表	220	BOO	228
連続繊維補強土工	220	BOT	228
連帯債務	220	BTO	228
連帯保証	220	【C】	
連担建築物設計制度	221	CAD	228
【ろ】		CALS/EC	228
ロアーリミット	221	CBR試験	228
労災統計の度数率・強度率	221	CCPM	228
労働安全衛生法	221	CDS	229
労働安全コンサルタント	221	CFP	229
労働基準法	221	CI	229
労働者災害補償保険	222	CI-NET	229
労務・安全（全建統一様式）	222	CI-NET LiteS	230
労務費	222	CM方式	230
六曜	222	CPD	230
ロックフィルダム	222	CS	230
ロードアンドキャリ工法	223	CSR	230
ロフト	223	CS放送	230
ローンパーティシペーション	223		

CTC	230	LLC	234
		LTV	234

【D】

DBO	230		
DDS	231	M&A	235
DEN	231	MF 工法	235
DJM 工法	231		

【E】

【N】

		NATM 工法	235
EBITDA	231	NEDO	235
EMS	231	NGO	235
ESCO 事業	231	NPO	235
E コマース	232		

【F】

【O】

		ODA	235
FB	232	OEM	236

【G】

【P】

GIS	232	PBR	236
GMP	232	PC 造	236
GPS	232	PFI	236
		PM	236

【H】

		PML	236
HB	232	PPP	237
HPC 工法	232	PSC	237
H 型鋼	233	PUBDIS	237

【I】

【Q】

IAS	233	QBS	237
IFRS	233	QC	237
IH クッキングヒーター	233		
IOSCO	233		

【R】

IR	233	RCC	237
ISO	233	RCCM	237
ISO 9001	234	RCD 工法	237
IT	234	RLT	238
ITS	234	ROE	238

【J】

【S】

JV	234	SI 住宅	238
		SOHO	238

【L】

		SPC	238
LCC	234	SRI	238

【T】

TBM	238
TEC-FORCE	238
TES	239
TMO	239
TOB	239

【V】

VaR	239
VE	239
VE方式	239
VFM	239
VICS	239

【W】

WTO	239

あ

■アウトソーシング

　業務の一部を他社に委託すること。外部委託。これまではコンピュータシステムの構築や運営を外部に委託することに限ってアウトソーシングと呼んでいたが、最近では委託される業務も拡大し、保守関連業務（施設管理、防犯システム運用）、物流関連業務（梱包、発送）から、経理、人事、営業などの業務にも及んでいる。利益に結び付かない間接部門を外部委託によって削減したり、専門業者の高度なノウハウ活用で競争力を強めることが狙いである。建設業においては、建設業の許可の新規申請・更新・変更届、経営事項審査などの手続きを専門に行う行政書士事務所がある。

■アウトプレースメント

　再就職斡旋業。人員削減を予定している企業の依頼により、会社と従業員の間に入って、従業員解雇に伴う諸手続きや労使紛争の処理、従業員の再就職の斡旋などを代行するビジネス。近年企業におけるリストラが多く、適職に就くためには個人の努力だけでなく、企業もその支援を行い労働の流動化による企業構造の改革を進めなければならないが、その方法として能力開発と職業選択を一体とした再就職活動がとられている。

■アウトフレーム（アウトポール）設計

　柱を押入やクローゼットの中、バルコニーなどに設置し、部屋の柱の出っ張りをなくす方法。柱の出っ張りが室内にあると、家具の配置などがしにくくなるが、アウトポールにすると、室内のコーナー壁面がフラットになり、圧迫感もなく家具が置きやすくなる。

■アウトレットボックス

　電気工事で配線工事の配管の中間、又は端末に取り付けられるボックス。電線の引き出しや配線器具・コンセント類・照明器具・電話など電気器具類の取り付けに使われる。

■アカウンタビリティー

　説明責任。政府・企業・団体などの社会に影響力を及ぼす組織で権限を行使する者が、株主や従業員といった直接的関係を持つものだけでなく、消費者、取引業者、銀行、地域住民など、間接的関わりを持つ全ての人・組織にその活動や権限行使の予定、内容、結果等の報告をする必要があるとする考えをいう。

■明石海峡大橋

　神戸市（垂水区舞子）と淡路島（淡路市松帆）とをつなぐ、橋長3,911.1m、中央支間長（塔と塔の距離）1,990.8mの世界最大の吊り橋（愛称パールブリッジ、1998年4月5日開通）。潮流が激しく、水深が深い明石海峡に、橋梁技術の粋が集められ建設された。設計面では、地盤との相互作用を考慮した動的解析・三次元風洞実験等の活用により高い耐震・耐風性能が確保され、兵庫県南部地震の際にもほとんど問題がなく施工は約1ヵ月間ストップしたのみであった。

■赤字国債

　国が一般会計の赤字補填のために発行する国債。国債（国の発行する債券）には「建設国債（主に公共工事に使われるために発行される国債）」と「赤字国債」の2種類がある。「赤字国債」は、税収が落ち込んだ場合に、歳入不足を補うために発行される国債であるが、発行するためには特別立法を必要とする。1975年度補正予算から発行してきたが、財政再建とバブル期の税収増で90年度には発行額がゼロとなり、いったんは赤字国債依存体質から脱却したが、その後94年度から再び赤字国債を発行している。

※参照「建設国債」

■赤伝処理

　建設工事において、元請負人と下請負人の間で様々な諸費用が発生するが、元請負人がこれらの諸費用を下請代金の支払時に差し引く（相殺する）行為のことをいう。諸費用と

は①下請工事の施工に伴い副次的に発生する建設廃棄物の処理費用、②下請代金の支払に関して発生する諸費用（下請代金の振込手数料等）、③その他諸費用（駐車場代、弁当ごみ等の処理費用、安全協力会費等）などをいう。赤伝処理を行うこと自体が直ちに建設業法上の問題となることはないが、元請負人と下請負人双方の協議・合意がなく、元請負人が自己の取引上の地位を不当に利用して、下請代金から一方的に諸費用を差し引く行為は、建設業法違反（第18条、第19条の3、第20条第3項）となるおそれがある。赤伝処理を行う場合は、元請負人と下請負人双方の協議・合意が必要で、その内容を見積条件・契約書に明示することが必要となる。

■上がりかまち
　玄関の土間床と廊下の床材との間にある建材のこと。一般的にマンションでは御影石や人造大理石が多く用いられている。上がりかまちは、靴を着脱する時の腰掛け代わりに使われていたが、つまずきやすく事故につながるため、最近では段差を少なくしたバリアフリー設計が多くなり、上がりかまち用の手すりを設備し、安全性を高めた物件もみられる。

■アクア・グリーン・ストラテジー
　Aqua Green Strategy
　河川の安全確保に加えて、水辺の自然環境の保全、自然との共生、さらには再生を目指し、真に水と緑が豊かで「魚・鳥・人にやさしい川づくり」を治水事業の柱として展開していこうという戦略。

■アクティブソーラーハウス
　ソーラーハウスの一つ。ソーラーハウスとは、太陽光線からエネルギーを得て、これを冷暖房、給湯などに利用するシステムを備えた住宅であるが、工法には「アクティブソーラー」と「パッシブソーラー」に大別される。アクティブソーラーは、太陽熱温水器、太陽光発電などの設備機械を使い、太陽熱を積極的に利用するシステム。一方のパッシブソーラーは、機械を使わず、窓を大きくするなど建物の構造や間取り、方位などの工夫によって、太陽熱や自然風などを利用するシステムである。

■アグリビジネス
　農業関連産業。化学肥料や農機具などの農業生産資材提供部門、農産物の加工・流通販売部門、農業生産部門のほか、その周辺産業までを包括する概念。農林水産省による「農政改革大綱・農政改革プログラム」によって、農業法人の規制緩和が進み、商社や食品会社などによる農業関連産業への新規参入が進んでいる。また、バイオテクノロジーを利用した有機農産物の生産など、従来の農業から企業主導の新しいビジネスモデルへと移行しつつある。

■朝顔
　高層建築工事などで、上からの落下物を受け止め危険防止するためのもので、足場の途中などに設ける斜めに突き出した防護棚。

■アジテーター
　バッチャープラントより工事現場へ生コンクリートを運搬する場合、運搬途上で材料の分離を生じないようにトラックに攪拌（かくはん）できる運搬槽を取り付けたもの。現場に運ぶトラック（生コン車）をアジテータートラックともいう。

■足場
　工事用に組立てる仮設の作業床や作業員の通路、支持台のこと。現在はほとんど鉄製のパイプが用いられ、工事完了後には取り払われる。建設業の死亡災害の約4割を占める墜落・転落事故を防止する目的で、手すり先行工法を厚生労働省が推奨しており、国土交通省と農林水産省が2004年度から全ての直轄工事で標準採用している。

※手すり先行工法：転落事故が、足場の床板の組立・解体時に多く生じることに着目したも

の。足場の床板を取り付ける前に、一段上の場所に手すり部分を取り付けて行い、解体時は床板を取り外してから手すり部分を外す作業方法。

■預り金
　⇨流動負債

■アースドリル杭
　アースドリルという刃のついた回転バケットを使用し、建設現場で穴を掘り、コンクリートを流し込んで造る、場所打ち杭の一種。四角なシャフトの先端に取り付けた、歯のついた円筒バケットを回転して地盤中に径500～3,000㎜の穴をほり、地上でかご型に組んだ鉄筋を挿入し、トレミー管を通してコンクリートを打設する。アースドリル杭は、都市部での施工の多い建築関係で多く採用される。

■アスファルト
　石油を煮詰めたどろどろの黒い物質。煮詰め方によって、「ストレートアスファルト」と「ブローンアスファルト」に分かれる。
　「ストレートアスファルト」は主として道路舗装用に使用されている。日本の舗装道路の90％以上はアスファルト舗装であり、供用寿命は10年程度と考えられている。
　「ブローンアスファルト」は、主に屋根葺材などの防水材に使われる。その他電気の絶縁材の塗料にも使われる。いずれも熱すると柔らかくなり、さらに加熱すると液状になる。冷やすと固まる。

■アスファルト混合物事前審査制度
　公共工事におけるアスファルト混合物の品質管理に関する合理化と品質の安定化を図ることを目的とした制度。アスファルト混合物の品質を事前に第三者機関が審査・認定をする制度のこと。1994年（平成6年）4月からスタートした制度で、アスファルトの混合物の品質を確保することにより、発注者、請負者、製造者の合理化と省力化が図られる。

■アスファルト舗装
　道路構造上の下層路盤から路面までの部分を舗装というが、その舗装部分の材料により、アスファルト舗装、コンクリート舗装、及び簡易舗装に区分される。アスファルト舗装は路床上に、路盤、基層及び表層の順に構成され、表層の上に更に摩耗層を設けることがある。表層は舗装の最上部にあって加熱アスファルト混合物を用いて造られ、車両による摩耗とせん断に抵抗して、滑りにくく、雨水が浸透しないようになっている。基層も加熱アスファルト混合物を用いて造られている。最近では透水性舗装の開発も進んでいる。

※コンクリート舗装：路床、路盤及びコンクリート版で構成される。コンクリート舗装は剛性舗装と呼ばれることもある。現在我が国では舗装道路の殆どはアスファルト舗装で占められ、コンクリート舗装は極めて少ない。参照「白舗装」

※簡易舗装：基層を有しないで路盤及び表層から構成され、表層の厚さが一般に3～4㎝程度の舗装のこと。市町村道のほとんどは簡易舗装といわれている。

■アスベスト
　ギリシャ語で「不滅」という意味を持ち、日本語では「石綿」という。珪酸マグネシウムを主成分にした繊維状の鉱物で、耐熱材、耐火断熱材、絶縁材、補強材など幅広く建築材料として使われてきた。日本では特に消費量が多いが、直径1ミクロン以下の細長い微細な繊維を吸い込むと、肺がんなどを引きおこすとして、近年使用規制が厳しくなっている。2006年9月「労働安全衛生法施行令」が改正され、代替が困難な一部の製品を除いて、石綿をその重量の0.1％を超えて含有するすべての物の製造・使用が禁止された。また、建て替えなどに伴う建物解体時のアスベスト飛散を防止する目的で「大気汚染防止法」が改正され（2006年10月施行）、アスベストを含む建材を使用した建物などを解体する場合、都道府県への届出が必要となった。

■アセット・マネジメント

　個人や法人の資産（アセット）を運用・管理することで手数料をもらうビジネスをいう。不動産の資金運用や事業性の判断、マンションやビルの投資のアドバイス、売却による資金回収、マンション経営のサブリース（又貸し、転貸）保証など、総合的で専門性の高い役割を担う。

■圧壊（あっかい）

　構造物又はそれを構成している部材に外部から力が加わったとき、局部的に圧縮されて壊れる現象をいう。部分的に材質が粗であったり、十分密実されないで硬化してしまったような、材質内部に欠陥のある場合、力がその部分に集中して予想以上の応力が加わって、組織が破壊されてしまい圧壊となる。また、構造物や部材の形状が均一でない場合、他の部材との接合部面積が異常に狭くなって、外力が集中してしまい、部材等が局部的に破壊することもある。部材相互の接合部に十分応力が伝達される設計が望ましい。

■圧気工法（あっきこうほう）

　トンネル掘削等に利用される工法。湧水の多い場合に、その掘進先端にシールドを挿入し、これに圧縮空気を送水して内部の湧水を押さえて掘進する工法のこと。①地下水面下の工事を高品質かつ安全に施工できる　②周囲の地盤沈下が起きない　③掘削中の土圧及び水圧による土砂の崩壊や流入を防ぐことができる等、多くのメリットがある。

■圧縮記帳

　国庫補助金、工事負担金等の受贈益、保険差益又は交換、出資、収用、換地処分等で取得した資産の帳簿価額をその受贈益又は譲渡益相当額を減額して損金に計上することにより、実質的に、その受贈益又は譲渡益を相殺し、一時的に課税利益が生じないようにする制度をいう。その取得した資産の減価償却を行う場合、又は、その資産を譲渡した際の譲渡原価を計算する場合には、その減額した後の帳簿価格を基礎として計算することになるため、減価償却を通じて、又は譲渡の際に、取得時に課税されなかった収益の課税が実現することから、課税繰延べの制度といえる。

■圧着工法（あっちゃくこうほう）

　タイル施工法の一つ。下地に混和剤（こんわざい）を混入した貼付けモルタルを塗り、それが硬化する前にタイルを押しつけて貼る方法。

■圧密

　透水性の低い土（粘性土）が外力を受け、その間隙の水を排出しつつ長時間かかって体積が減少していく現象。土は、土粒子（固体）、水（液体）、空気（気体）から構成されており、このうち水と空気から成り立っている部分を間隙という。ちなみに「圧密沈下」とは、地表面に構造物などを構築すると、間隙中の水や空気が排出され間隙の体積が減少し、地表面では沈下として現れる現象をいう。

■圧密沈下
　⇒圧密

■アドプト制度

　道路や河川など公共施設の維持管理に民間のボランティアを活用すること。ボランティアの代償として、その功績を称える看板を掲示するケースが多い。清掃活動なども含まれる。アメリカでは、地元企業の社員がボランティアで清掃する代わりに、企業広告の看板を路側に掲示している光景がみられる。アドプトとは養子縁組という意味で、道路などを養子、参加者を里親に例えている。通常のボランティアと違う点は、参加団体が公共施設管理者と合意書を締結することなどがあげられる。

■あばた
　⇒豆板（まめいた）

■アーバナイト TN

爆発源を制御して振動、騒音、飛散をコントロールして、安全に、静かに、高い効率の破砕を行うための火薬。大成建設と日本油脂が共同開発したもの。これを用いて行われる工法を TN 制御発破工法と呼ぶ。

■雨仕舞（あまじまい）

建築用語の一つで、雨水を建物内部に浸透させないこと、あるいはそのための工法。例えば、1階の屋根と2階の壁との取合い部分などは各々の建築材料の端が出会うことになるため、構造が不連続となる。この接合部分から雨水が浸水することも多く、これを防ぐために一般的には雨押えと呼ばれる金属板を取り付ける工事を施す。

■㈱奄美群島振興開発基金

奄美群島振興開発特別措置法（昭和29年法律第189号）に基づき、1955年（昭和30年）9月10日設立。その後、特殊法人等整理合理化計画に基づき、2004年（平成16年）10月1日に「奄美群島振興開発基金」は解散し、「独立行政法人奄美群島振興開発基金」が設立された。経営規模が零細で信用力・担保力に乏しい奄美群島内の中小事業者を対象に地域に密着したきめ細かい信用保証、融資業務などを一元的に実施することにより、奄美群島の振興開発に資する諸産業の支援を総合的に実施している。

■洗い屋（あらいや）

掃除をする職人。建築美装ともいう。元々は、お寺や神社などの木造建築物の汚れ、シミ等を灰汁洗いしていた職人のこと。現在では、マンションや住宅が建築されて、引渡しの前の一斉掃除や、タイル工事、石工事などで貼り付け、据え付け終了後にタイルや石を洗う職人として活躍の場がある。

■アルコーブ

マンションなどで、共用通路から少し引っ込んだところに玄関を配置したタイプのこと。ドアの開閉時に歩行者から覗かれにくいので、プライバシーを守る効果があり、また、ドアを開けた時に歩行者に当たらないというメリットもある。アルコーブをさらに発展させたポーチ付きなら、鉢植えなどで飾ることも可能。

■アロケーション

費用の割り当て・割り振りの意。異なる管理者が費用を出し合って、1つのものを建設するとき等に採られる措置。多目的ダムを河川管理者と複数の利水者が共同で建設する場合や、橋梁を道路管理者と河川管理者が負担して建設する場合などがある。多目的ダムの場合は、その建設費及び維持費を利水者（水道事業者、工業用水事業者、発電事業者、治水事業者など）がそれぞれの負担割合で費用負担する。

■アンカー

構造物を地中や土台などに固定させること。土木・建築コンクリート構造物に固着するアンカーは、コンクリート打設前にアンカーを所定の位置に設置後、コンクリートを打設してアンカーを固着させる「先付けアンカー工法」と、コンクリート硬化後に穿孔しアンカーを固着させる「あと施工アンカー工法」に大別される。

■アンカーボルト

鉄骨造の柱の脚部、木造土台・機器などをコンクリート又は鉄筋コンクリート基礎に、据付けるため埋め込むボルト。建物の耐震性を左右する重要な部材である。

■安全委員会

労働安全衛生法第17条において設置が義務付けられている委員会。建設業の業種では、常時50人以上の労働者を使用する事業場の事業者に設置が義務付けられている（同施行令第8条）。安全委員会は、次の事項を調査審議し、事業者に対し意見を述べることができる。①労働者の危険を防止するための基本と

なるべき対策に関すること　②労働災害の原因及び再発防止対策で、安全に係るものに関すること　③労働者の危険の防止に関する重要事項。

■安全衛生委員会
　労働安全衛生法第19条において設置が義務付けられている委員会。衛生委員会の設置義務がある場合（業種を問わず常時50人以上の労働者を使用する事業場）は、安全委員会と衛生委員会それぞれの委員会の設置に代えて、安全衛生委員会として一本化することができる。
※参照「安全委員会」

■安全衛生推進者等
　安全管理者及び衛生管理者の選任が義務付けられていない、常時10人以上50人未満の労働者の従事する事業場において、安全衛生業務を担当させるため、事業者に選任を義務付けている安全衛生管理体制（労働安全衛生法第12条の2）。安全衛生推進者等は、その選任すべき事由が発生した日から14日以内に選任しなければならない。

■安全衛生責任者
　統括安全衛生責任者を選任すべき事業者以外の請負人（下請業者）で、その仕事を自ら行うものが選任しなければならない者（労働安全衛生法第16条）。安全衛生責任者は、統括安全衛生責任者との連絡や労働災害の危険の有無の確認など厚生労働省令で定める事項を行わなければならない。

■安全管理者
　事業者から選任され、事業者の統括安全衛生管理者からの指揮命令を受けて、労働者の安全に関する技術的事項を管理する者（労働安全衛生法第11条）。常時50人以上の労働者を使用する事業者（建設業を含む）は、安全管理者を選任しなければならない。

■安全靴
　⇒踏み抜き

■アンダーピニング
　既設の構造物に対して、新たな基礎を新設、改築、増強する工事のこと。増築による荷重増加、地下状況の変化による支持力の低下、又はその直下に地下鉄などを造る場合などに用いられる。

い

■異議申立提供金
　手形が6ヵ月の間に2回、不渡りとなると、銀行取引は停止処分がなされ、実質上、倒産として扱われている。支払銀行が不渡届を提出する不渡事由には、第1号不渡事由の資金不足、取引なし、第2号不渡事由の契約不履行、詐取、紛失、印鑑相違、偽造・変造等がある。このうち第2号不渡事由については、異議申立てができる。例えば、相手が契約の履行をしないため、手形金の支払いを拒絶するという場合には、資力がないために支払拒絶をするのではないことを証明するため、手形金相当額の異議申立提供金を支払銀行に提供すれば、不渡り扱いを免れることになる。これが異議申立提供金で、不渡事故解消届が提出された場合や異議申立日から2年を経過した場合などに、返還される。

■イギリス積み
　煉瓦の積み方の一種。煉瓦を長手面だけの段と、小口面だけの段と一段おきに積む方式のこと。イギリス積みは、土木構造物や鉄道の橋梁などでよく見られる。ちなみに一段に煉瓦の長手面と小口面を交互に積む方式を、「フランス積み」という。

■遺構
　⇒埋蔵文化財

■イコス工法
　イタリアのイコス社が開発した地中連続壁工法。円形又は長方形のコンクリート壁を土

中に形成する工法のこと。ガイドウォールを構築し、それを定規にベントナイト泥水を満たしつつクラムシェルバケットなどで掘削し、かご状に組み立てられた鉄筋体を掘削孔につりおろし、トレミー管を用いて掘削孔底よりコンクリートを打設する。これをくり返して連続壁を造る。

■いざなぎ景気

　1965年（昭和40年）〜1970年（昭和45年）にかけて続いた消費主導型の大型好景気のこと。期間は1965年11月から70年7月までの57ヵ月（4年9ヵ月）。期間中の実質成長率は平均で10％を超える超高度成長であった。造船、鉄鋼、石油化学工業を中軸とする全国への工場立地・コンビナート化と、自動車等の対米輸出拡大などが景気を押し上げた。サラリーマンなど個人所得も順調に増えて消費が活発化し、家庭にカラーテレビ、クーラー、自動車が急速に普及した。

※「いざなぎ」とは古い神話に登場する神様の名前で、最初に国土をつくったとされる男神「伊奘諾尊」（いざなぎのみこと）のこと。それほど昔にさかのぼらないと、この期間の好況が言い表せないとの理由から通称に使われた。

※2002年（平成14年）1月から始まった景気拡大局面は、「中国特需」や、リストラの進展に伴う企業利益の改善等をテコにして、2006年11月（平成18年）に「いざなぎ景気」を超える景気の拡大が確認されている。

■石工事

　建設業法第2条に規定する建設工事の一つ。石材（石材に類似のコンクリートブロック及び擬石を含む）の加工や積方により工作物を築造したり、工作物に石材を取り付ける工事をいう。具体的工事例として、石積み（張り）工事、コンクリートブロック積み（張り）工事（建築物の内外装として擬石等をはり付ける工事や法面処理、擁壁としてコンクリートブロックを積み、貼り付ける工事）などがある。

■石出し水制
　⇨水制

■石張り

　法面保護の目的として用いられる河川護岸工の一種。通常法勾配が1対1より緩い勾配の法面を保護するために用いられる。張り方には空石張りと練石張りがあり、その材料は、玉石、割石、雑石などが使われる。

■異常硬化

　住宅建築工事の際、コンクリート、モルタル、左官材、接着剤、塗料等建物の一部を形成する材質の硬化が不十分なため、所定の強度が得られないことをいう。建築現場は工場内部と違い、気温や湿度、風雨や日照等いろいろな外的な要因を受けやすく、特に水分の蒸散によって硬化を促進させる水硬性の材料（例えばコンクリートやモルタルなど）は、硬化養生中の温度が低すぎたり高すぎたりすると、外見からは十分硬化しているように見えていても硬化不十分な場合がある。したがって、コンクリート打設等の際は、打設後の養生・管理に特に注意すべきである。

■石綿
　⇨アスベスト

■石綿含有産業廃棄物

　石綿を含む廃棄物のうち、特別管理産業廃棄物に該当する「廃石綿等」（飛散性アスベスト）以外で、「工作物（建築物を含む）の新築、改築及び除去に伴って生じた産業廃棄物であって、石綿をその重量の0.1％を超えて含有するもの」を指す。これは、従来から20種類ある産業廃棄物の種類に新たに追加されたものではなく、「廃プラスチック類」や「がれき類」等に含まれるもので、具体例としては、スレート版、Ｐタイル等がある。2006年10月1日から「廃棄物の処理及び清掃に関する法律」の一部が改正され、石綿を含む廃棄物の処理基準が強化されている。

■遺跡
⇨埋蔵文化財

■一年基準
⇨ワンイヤールール

■一括下請負
請け負った建設工事の全部又はその主たる部分を、一括して他の業者に請け負わせること。「丸投げ」ともいい、建設業法第22条において原則禁止している。建設業者は、その請け負った建設工事の完成について誠実に履行することが必要であるので、元請負人がその下請工事の施工に"実質的に関与"していると認められるときを除き、下表のような場合は一括下請負に該当する。

	具体的事例
①請け負った建設工事の全部又はその主たる部分を、一括して他の業者に請け負わせる場合	・請け負った一切の工事を、他の１業者に施工させる場合。 ・建築物の電気配線の改修工事において、電気工事のすべてを１社に下請負させ、改修工事に伴って生じた内装仕上げ工事のみを自ら施工し、又は他の業者に下請負させる場合。
②請け負った建設工事の一部分であって、他の部分から独立してその機能を発揮する工作物の工事を一括して他の業者に請け負わせる場合	・戸建住宅５戸の新築工事を請け負い、そのうち１戸の工事を１社に下請負させる場合　など

■一括下請の禁止
建設業法第22条では、発注者の書面による同意がなければ、請け負った工事全部を一括して下請に出すことを禁止している。なお、公共工事については、「公共工事の入札及び契約の適正化の促進に関する法律」第12条により、全面的に禁止されている。また、民間工事においても「共同住宅を新築する建設工事」については、発注者の書面による承諾がある場合でも、一括下請負が禁止となった（2008.11.28施行）。一括下請負の禁止に違反した建設業者に対しては、行為の態様、情状等を勘案し、再発防止を図る観点から、監督処分（営業停止）が行われる（建設業法第28条）。

■一級河川
河川法上の分類名称で、国土の保全上、又は国民経済上特に重要な水系について、国が政令で指定した河川。河川の分類は一級河川、二級河川に分かれ、その特徴は水系ごとに指定されているので基幹となる河川が一級に指定されると同一水系であれば支川、脈川の小規模な河川でも一級河川○○川水系△△川と呼ばれている。

※河川管理者：河川を管理している者。一級河川については国土交通大臣（同法第９条）、二級河川については都道府県知事（同法第10条）、準用河川については市町村長（同法第100条）。
※二級河川：一級河川に指定された水系以外の水系にかかる河川で、地域的に見て重要であるとして都道府県知事が指定した河川（同法第５条）。二級河川の管理は都道府県知事が行っている。
※準用河川：一級河川、二級河川以外の「法定外河川」のうち、市町村長が指定し管理する河川（同法第100条）。大部分の準用河川は、本流が一級河川や二級河川の場合、その水系に含まれる。

■溢水管（いっすいかん）
タンク、洗面所、バスタブなどで、上からあふれ出ないように、ある水位で水を外に出すための管。完全に容量オーバーする前に水を逃がす管のことで、オーバーフロー管ともいう。溢水管は直接排水管につなぐと、下水が逆流した場合にタンクの水を汚染する恐れがあるので、いったん管を離して、大気に開放した後に落ちるようにしておく（間接排水）。

■一般会計

国の一般的な会計で、国が一般行政を進めるため必要な基本的な経費をまかなうための会計。租税収入、日銀納付金などの税外収入、国債発行による収入を財源としており、教育、社会保障、防衛、公共事業などに支出される。国の財政は元々1つの会計で処理することができ、これを予算の単一主義という。しかし現状では予算全体を1本にして処理するには複雑すぎるので、特別な事業や、特別な資金の運用を対象とするものは、特別会計として別に処理している。

■一般管理費等

営業経費のこと。工事現場の費用とは直接関係ないが、企業の本社等の継続運営に必要な費用を「営業経費」というが、販売のためのコストである販売費と、事務所の維持などのためにかかる一般管理費がある。販売費と一般管理費を完全に区分することは難しいために、営業経費のことを正式には、「販売費及び一般管理費」という。建設業法施行規則別記様式第15号第16号に定める販売費及び一般管理費等の項目は以下のとおりである。

役員報酬、従業員給料手当、退職金、法定福利費、福利厚生費、修繕維持費、事務用品費、通信交通費、動力用水光熱費、調査研究費、広告宣伝費、貸倒引当金繰入額、貸倒損失、交際費、寄付金、地代家賃、減価償却費、開発費償却、租税公課、保険料、雑費。

※参照「損益計算書」

■一般競争入札

公共工事で発注官庁が建設業者を決める入札制度の一つ。一定の参加条件を満たす複数の業者に自由に入札させる制度のこと。その方法は、工事概要などを示した公告をし、原則不特定多数のものに競争させる入札方式である。1993年のゼネコン（総合建設業者）汚職で公共工事の入札制度に批判が高まった結果、従来の指名競争入札に代わって94年度から導入されている。指名競争入札においては、事前に業界側が受注業者を決める談合が問題となったが、一般競争入札だと業界内の拘束も効かず、結果として入札が透明になるものと期待されている。

■一般建設業者

建設業の許可は、一般建設業の許可と特定建設業の許可とに区分して与えられる（建設業法第3条）が、このうち、一般建設業の許可を受けた者を「一般建設業者」という。一般建設業者は、発注者から直接請け負った1件の建設工事について、税込3,000万円（建築一式工事の場合は4,500万円）以上の工事を下請負人に施工させることができない。下請契約の金額が制限されるのは、発注者から直接請け負った工事に関してであるので、元請負人から請け負った工事について、下請負人が更に次の下請負人と締結するいわゆる孫請け以下の下請契約については、金額の総額に制限はない。2008年3月末現在、484,649業者が一般建設業の許可を取得している。

■一般廃棄物

廃棄物処理法では、事業活動に伴って生じた廃棄物のうち、燃え殻、汚泥、廃油、廃酸、廃アルカリ、廃プラスチック類、その他政令で定める廃棄物を産業廃棄物とし、それ以外は全て一般廃棄物と定義している。事業活動以外の廃棄物、指定された以外の事業活動に伴う廃棄物の全てが含まれ、それらは市町村に処理の責任がある。

■一般廃棄物処理業者

一般廃棄物の収集、運搬、中間処理、最終処分を市町村から請け負って代行することを業とするもの。事業活動を行う地区の市町村長の許可が必要（廃棄物の処理及び清掃に関する法律第7条第5項及び第10項）。一般廃棄物の収集・運搬及び処分は、市町村に処理責任があり、市町村自らが行うのが原則である（同法第6条、第6条の2）。しかし、市町村で行うことが困難な場合に限り、市町村長は一定の要件を満たした業者の申請により、一般廃棄物処理業の許可を与えることが

できる（同法第7条第5項及び第10項）。収集作業だけを見ても約50％が外部業者に委託されている。
※参照「一般廃棄物」

■一般廃棄物処理施設
「廃棄物の処理及び清掃に関する法律」第8条で規定された一般廃棄物処理施設をいう。一般廃棄物処理施設の種類としては、①ごみ処理施設　②し尿処理施設　③一般廃棄物の最終処分場である。

※ごみ処理施設：ごみの焼却施設、高速堆肥化施設、破砕施設、選別施設、圧縮施設、固形燃料化施設など。単なるごみの中継施設や運搬車両は該当しない。

※し尿処理施設：し尿に生物学的又は理化学的な操作を加え、短期間に分解又は分離処理して、衛生的に無害化・安定化させる施設。下水処理場は下水道法の適用を受け、浄化槽は浄化槽法の適用をうけるため、し尿処理施設には該当しない。

※一般廃棄物の最終処分場：ごみやその焼却灰などの一般廃棄物を埋立処分する場所。

■委任状
一般に、ある人に一定事項の事務処理を委任したことを記載する文書。実際にはその事項に関する代理権を与えたことを示すもの。例えば、請負契約では、請負者が本社名義で、契約事務を支店が行うとき、本社から支店への委任状が発注者に提出される。

■遺物
⇒埋蔵文化財

■違約金
請負者の責に帰すべき一定の事由が生じた場合には、発注者は契約を解除でき、契約が解除された場合には、請負者は、あらかじめ定められた一定の違約金（通常、請負代金の10％）を支払わなければならないことを規定している（公共工事標準請負契約約款第47条第2項）。この違約金の定めは、損害賠償額の予定である。したがって、仮に実損害が違約金の額より大きくても、発注者は違約金を超える額を請求することはできない。

※損害賠償額の予定：請負者の責により契約が解除された場合、損害の有無、損害賠償額の算定が容易でないことから、債務不履行があれば、債務者の過失の有無、実損害の額を問わずに債務者に予定の賠償額を支払わせること。

■違約金特約条項
国土交通省が直轄工事を対象に契約約款に特約条項を設け、入札談合など不正行為をした場合、請負業者は発注者に対して契約金額の10％の違約金を支払う義務を負うとした特約条項のこと。2003年6月1日以降に入札手続きを開始する工事の請負契約について適用している。入札談合への社会的批判が高まり、住民代位訴訟が広がり、損害賠償請求訴訟を認める判決が出たことから、契約条件であらかじめ違約金条項を織り込み、損害相当分を請求できるようにした措置。この制度はまたたく間に地方自治体に波及したが、自治体の中には、国の基準より高く設定しているところ（奈良県30％、宮城・長野・鳥取県20％、茨城県15％など）もある。国土交通省も再犯など悪質なものは15％に引き上げた。また、2008年7月2日　国土交通省は違約金特約条項を改正し、談合で情報提供して公正取引委員会の課徴金納付命令を免れた会社に対しても、違約金を請求できるよう違約金特約条項を強化している。

■イリバレン試験
コンクリートのコンシステンシー（硬さ）を測定する方法の一つ。測定しようとするコンクリートの上面を"こて"で平らにして、その上に静かにイリバレン器をのせ、その沈下後コンクリートに侵入した部分の器の直径（mm）を測り、コンクリートなどの硬さの目安を知る試験方法である。

■遺留分（いりゅうぶん）
兄弟姉妹以外の相続人に与えられる相続財

産確保の権利をいい、その遺留分は、直系尊属のみが相続人のときは被相続人の財産の3分の1、「その他の場合」は被相続人の財産の2分の1である（民法第1028条以下）。例えば、父が亡くなり母と子2人が4,000万円の遺産を相続する場合の遺留分は、前記の「その他の場合」に当たり、被相続人の財産の2分の1の2,000万円（母がその2分の1の1,000万円、子がその2分の1の500万円ずつ）となる（同法第1028条、第900条）。遺留分は相続人を保護するためのものであって、被相続人の意思（遺言）によっても侵害することができないので、上記4,000万円のうち3,000万円を父がAに遺贈したとすると、母は遺留分に侵害を受けた500万円を、子は同様にしてそれぞれ250万円ずつを、Aに対して減殺請求することができる（同法第1031条）。なお、相続開始前の遺留分の放棄は、家庭裁判所の許可を必要とする（同法第1043条）。

■インキュベーション・センター
　誕生したての企業育成などを目的にした、情報提供、経営相談などで一定の保護支援を行う施設、機関。インキュベーションとは「孵化・卵をかえすこと」と訳され、ビジネス上は「事業の創出・支援のこと」をいう。事業を立ち上げて間もない人が、一人で事業プランを作り始めると「時間」や「労力」、「コスト」などの課題が出てくるため、やる気があるのに挫折しそうになってしまうことがあり、事業を立ち上げて間もない人や創業希望者が早期に事業を軌道にのせ、自立した事業者に成長できるように事業のサポートを行う機関である。

■インサイダー取引
　企業の役員・従業員・株主、及び証券会社などの会社関係者が、その職務や地位によって得た未公開の重要な情報（会社の経営・財務など投資判断に影響を及ぼすような情報）を利用して、自社株などを売買すること。「内部者取引」ともいう。金融商品取引法第166条で規制されている。これに違反した場合、個人については、5年以下の懲役若しくは500万円以下の罰金、又はこれらを併科される。法人については、5億円以下の罰金に処される。

■インダクションユニット方式
　空気調和設備方式の一種。誘引ユニット方式ともいう。空気調和機で処理した外気を各室に設けた誘引ユニットに送り、ノズルから高速で吹き出すことにより室内空気を誘引し、これに冷水（又は温水）を通したコイルで冷却（又は加熱）して室温を制御する方式。

■インターネットバンキング
　パソコンや携帯電話などの端末を使い、インターネットを経由して金融機関のサービスを利用すること。預金の残高照会、入出金照会、口座振り込み・振り替えなどの利用ができる。顧客は自宅のパソコンを通じて銀行と直接、取引できるため、店舗に足を運ばなくてすむというメリットがあり、銀行側も、窓口の維持管理にかかるコストを削減できることから導入に積極的なところが多い。多くの銀行では、24時間取引を可能にしているほか、手数料を店舗利用するよりも安く設定しているところも多い。

■インターンシップ
　学生が在学中に一定期間企業等の中で研修生として働きながら、会社や仕事の実態を体験的に知る制度。若年層の離職率の高さが深刻な社会問題となる中で、学生と企業とのミスマッチを解消していくための制度として期待されている。文部科学省、経済産業省、厚生労働省などの各省庁がインターンシップを積極的に推進しており、インターンシップに興味を持つ学生、インターンシップを導入する企業は、共に年々増加している。ただし、建設業の場合、特に現場作業の安全確保がネックとなり、なかなか普及が進んでいない。CSR（企業の社会的責任）の観点からも、

建設現場でのインターンシップ普及に向け業界を挙げての努力が期待されている。

■インテリアコーディネーター（民間資格）

主に居住空間のインテリアについて、住む人の個性、年代やライフスタイルを反映させた適切なアドバイスを行う専門家。
- ●実施機関：㈳インテリア産業協会
  Tel 03-5379-8600
  http://www.interior.or.jp/

■インテリアプランナー（国家資格）

インテリアの企画から設計、工事監理を行う専門家として認定される国家資格。国土交通省所管の㈶建築技術教育普及センターが行う試験に合格し、登録を受けた資格者のこと。インテリアプランナーの活躍の場は、インテリアデザイン事務所、建築設計事務所、建設会社、インテリア設計・施工会社等で、オフィス、公共施設、店舗、学校、工場、住宅等幅広い分野が対象となる。
- ●実施機関：㈶建築技術教育普及センター
  Tel 03-5524-3105
  http://www.jaeic.or.jp/

■イントラネット

インターネット標準の技術を用いて構築された企業内ネットワークのこと。イントラ（intra）とは「内部」の意で、組織内の情報やノウハウなどを共有化し、生産性の向上を図るのが狙い。インターネットとの大きな違いは、社内や庁内などに限定されたネットワークとして利用されている点で、WWW（World Wide Web）ブラウザを使用してデータの検索や電子メールや電子掲示板の利用などを行うことができるなど、限定された範囲でのインターネットといえるものである。

■インフラ
　⇒インフラストラクチャー

■インフラストラクチャー

社会的生産基盤。略して、インフラとも呼ぶ。経済活動の基盤を形成する基礎的な施設のこと。道路、河川、港湾、農業基盤、空港、下水道など経済活動に密着した社会資本のこと。

う

■ウェルポイント工法

地下水位を低下させる工法。地下水の処理はもちろん、経済的な軟弱地盤の改良工法として広く普及している。ウェルポイントという長さ70cm外径50mmのストレーナー（濾過網）を持った集水管に、ライザーパイプ（吸水管）を取り付けたものを地面に何本も打ち込んで、ウェルポイントポンプによって地下水を吸い上げ、必要な範囲の地下水位を低下させる。

■右岸・左岸

河川を上流から下流に向かって眺めたとき、右側を右岸、左側を左岸と呼ぶ。

■請負契約

請負人がある一定の仕事を完成させ、注文者がこれに報酬を支払う契約をいう（民法第632条）。一般的には建物の建築とか土木工事など、有形的な仕事について締結される。注文者は完成した目的物の引渡しを受けるのと同時に報酬を払えばよい（同法第633条）。これに瑕疵があれば修補や損害賠償の請求ができる（同法第634条）。また、注文者は仕事が完成するまでならいつでも請負人の損害を賠償して契約を解除することができる（同法第641条）。

なお、土木建築等の業者との請負契約については、紛争予防のため必ず法定の内容の書面（通常は契約書）を作成交付しなければならず（建設業法第19条）、工事について紛争を生じたときは、建設工事紛争審査会でもその解決を図る途が開かれている（同法第25条以下）。

■請書
　請負契約書の作成を省略する場合に、契約の主要事項について、請負契約書の作成に代えて、契約の相手方（請負者）から契約の履行を誓約させるために注文者が取る書類のこと。注文書に対して承諾を示す文書。

■受取手形
　⇒流動資産

■受取利息配当金
　⇒経常利益

■牛枠（うしわく）水制
　⇒水制

■雨水集排水施設（うすいしゅうはいすいしせつ）
　埋立地外に降った雨水が埋立地に流入しないように、また、埋立て前の区域に降った雨水がごみ層に流入しないように雨水を集排水するために設ける施設をいい、排水溝、区画堤などがある。

■打上契約
　砂利や生コンクリート等を買い入れるとき、工事完了までに要する全数量を計算し、その数量で買い入れ契約をし、その後は実際の使用量に増減があっても契約を変更せず、工事完了まで納入の責任を負わせること。

■内断熱
　建物の快適な室内環境を保つためには、外部の熱を遮断したり、内部の暖かい空気が外部に逃げないようにする（断熱する）必要がある。建物の構造躯体の室内側で断熱することを内断熱、外部側で断熱することを外断熱といい、それぞれ内断熱工法、外断熱工法といわれている。
　従来、日本ではほとんどの建築物で内断熱工法が採用されてきたが、最近は外断熱工法で建築されるものも増えつつある。日本の伝統的な工法である木造建築の例では、外壁の内部に断熱材を充填して断熱することが一般的であるが、この場合、壁の内部の柱などの部分は避けて断熱材を取り付けることから、この部分の断熱が欠損することになる。また、内断熱工法の場合、外壁の温度と室内の温度に差があることから壁体内部で結露しやすいという欠点があり、結露対策が欠かせない。しかし、コストは外断熱工法と比べると安く施工できるという利点がある。

■内法面積
　⇒専有面積

■内訳を明らかにした見積り
　建設業法において、「建設工事の見積書は「工事の種別」ごとに「経費の内訳」が明らかとなったものでなければならない」と定めている（同法第20条第1項）。建設工事の請負契約を締結するに際しては、請負金額の算定にあたり、適正な見積りを実施することが重要であるが、工事費の内訳が明らかにされた見積りを行うことにより、見積金額の算定根拠を明確にすることは、元請下請の折衝において、適正な請負金額の設定を促すことにつながるだけでなく、ダンピングを防止する効果が期待される。
※工事の種別：請け負う建設工事がどのような工事の種別に分けられるかは、その内容により異なるが、例えば、切土、盛土、型枠工事、鉄筋工事のような「工事の別」ごと、本館、別館のような「目的物の別」ごと等に明らかになっていることをいう。
※経費の内訳：労務費、材料費、共通仮設費、現場管理費、機械経費等について、それぞれの内訳が明らかになっていることをいう。

■売上原価
　⇒損益計算書

■売上総利益
　売上高から売上原価を控除して計算される利益。粗利益ともいう。売上高よりも売上原価の方が多額でマイナスの場合は、売上総損

失となる。売上高は完成工事高、商品・製品の販売総額、手数料収入等、当該企業の本業によって獲得された収益である。売上高を営業収益ともいう。売上原価は、完成工事原価、販売された商品・製品の仕入原価、製造原価等である。売上総利益は、商品製品やサービスの販売提供などから得られる利益を示し、それらの商品力、魅力度、顧客から見た付加価値を示しているといえる。

売上総利益＝売上高－売上原価

■売上高経常利益率

経営事項審査の経営状況（Y）8指標の一つ。

この指標は、売上高に対して、どれだけの経常的な利益を上げたか（金融収支を考慮した経常ベースの収益力）を表す比率。財務力を含めた総合的な収益力を表す重要な比率で、数値は高いほど好ましくなる。

売上高経常利益率＝経常利益／売上高×100

（経営事項審査の経営状況（Y）では、上限値：5.1％　下限値：-8.5％）

（注）個人の場合は、経常利益を事業主利益と読み替える。

※参照「売上利益率」

■売上利益率

売上高と利益との関係を示す比率。分子となる利益の種類によって、経常利益を用いた「売上高経常利益率」、営業利益を用いた「売上高営業利益率」、売上総利益を用いた「売上高総利益率」などがあり、分析目的によって使い分けがされている。

※主な指標

売上高経常利益率	・売上高に対して、どれだけの経常的な利益を上げたかを表している。財務力を含めた総合的な収益力を表す重要な比率 経常利益／売上高×100（％）
売上高営業利益率	・売上高に対して、どれだけの営業利益を上げたかを表している。企業本来の営業活動による収益力を表し、工事採算性の良否及び一般管理費の多寡に左右される。 営業利益／売上高×100（％）
売上高総利益率	・売上高に対して、どれだけの総（粗）利益を上げたか（工事採算性の良否）を表している。期間損益の源泉を表す比率。 売上総利益／売上高×100（％）

■売掛金債権

得意先などに商品や製品を掛売りした場合の債権をいう。物を買う場合にお金を渡し物を受け取れば、売買契約は成立すると同時に終了するが、一般の取引においては、売買代金の支払いが製品や、原材料を受け取った後に支払う内容の契約も多くある。この場合、物を売った側は、売買代金を支払えという債権を取得することになる。これを売掛金債権という。

■上請け

中小建設業者が元請負人として受注した工事を、大手建設業者に対して下請けに出すこと。通常の元請・下請関係と企業規模が逆転しているのでこう呼ばれる。元請負人として実質的に工事に関与していなければ、建設業法違反の一括下請（丸投げ）に該当する場合がある。

※参照「実質的に関与」

■上乗せ規制

水質・大気などについて、国が法律で定めた（大気汚染防止法、水質汚濁防止法）汚染物質の規制基準（一律基準）では生活環境が守れない場合に、都道府県が独自に条例でさらに厳しい基準を定めることができる。これを「上乗せ規制」といい、その基準値を「上

乗せ基準」と呼ぶ。

え

■営業外収益
　⇨経常利益

■営業外収益その他
　⇨経常利益

■営業外費用
　⇨経常利益

■営業外費用その他
　⇨経常利益

■営業活動キャッシュフロー
　⇨キャッシュフロー計算書

■営業キャッシュフロー
　経営事項審査の経営状況（Y）8指標の一つ。
　この指標は、企業が営業活動により実際にどの程度キャッシュ（資金）を獲得したかをみる絶対額の指標であり、数値は高いほど好ましくなる。

営業キャッシュフロー＝営業キャッシュフロー／1億円（2年平均）
（経営事項審査の経営状況（Y）では、上限値：15.0億円　下限値：-10.0億円）

【営業キャッシュフローの計算】

営業キャッシュフロー＝経常利益＋減価償却実施額－法人税、住民税及び事業税
±引当金（貸倒引当金）増減額
±売掛債権（受取手形＋完成工事未収入金）増減額
±仕入債務（支払手形＋工事未払金）増減額
±棚卸資産（未成工事支出金＋材料貯蔵品）増減額
±受入金（未成工事受入金）増減額

■営業所
　建設業法第3条に規定する「営業所」とは、本店又は支店若しくは常時建設工事の請負契約を締結する事務所とされている。本店又は支店は、常時建設工事の請負契約を締結する事務所でない場合であっても、他の営業所に対し請負契約に関する指導監督を行う等建設業に係る営業に実質的に関与する事務所であれば、第3条の営業所に該当する。
※常時建設工事の請負契約を締結する事務所とは、請負契約の見積り、入札、狭義の契約締結等請負契約の締結に係る実体的な行為を行う事務所をいう。必ずしもその事務所の代表者が契約書上の名義人であるか否かを問わない。

■営業所における専任の技術者
　建設工事の請負契約の適正化を図り、発注者を保護するために、建設業の許可要件として、建設業者は営業所ごとに専任の技術者を置かなければならない（建設業法第7条第2項）。営業所における専任の技術者とは、「営業所に常勤して専らその職務に従事することを要する者」をいう。なお、当該営業所で契約された建設工事の現場の職務に従事しながら実質的に営業所の職務にも従事しうる程度に工事現場と営業所が近接し、当該営業所との間で常時連絡をとりうる体制にあるものについては、当該営業所における専任の技術者が当該工事現場の主任技術者又は監理技術者となった場合についても、「営業所に常勤して専らその職務に従事」しているものとして取り扱われる。
※参照「営業所」

■営業停止
　建設業法第28条で定められた監督処分の一つで、処分の最長期間は1年。全地域、又は指定された地域での営業行為が一時停止される。監督処分にはこのほか、不適正な事実是正を命ずる行政命令の指示処分と建設業許可の取り消しがある。国土交通省は、経営事項審査の虚偽記載申請、一括下請負、主任技術者等の不設置は15日以上の営業停止処分の明

確化を示したほか、複数の不正行為の繰り返しには営業停止期間を1.5倍に、独占禁止法に基づく排除措置を応諾した場合には15日から30日に2倍に引き上げるなどの新たな監督処分基準を作成している。
※参照「監督処分」

■営業利益
　売上総利益から販売費及び一般管理費を控除して計算される利益。会社の本業による利益獲得力を示す。マイナスの場合は営業損失となる。販売費・一般管理費は本業に欠かせない費用のうち、売上原価以外のもの、給料や福利厚生費、広告宣伝費や事務経費等である。

営業利益＝売上総利益－販売費及び一般管理費

■衛生管理者（国家資格）
　安全で健康的な職場環境を維持・推進する専門家として必要な国家資格。労働安全衛生法により、配置が義務付けられている。50人以上の従業員が働いている職場では、最低1人を配置することとなっている。第一種衛生管理者は全業種の事業場を対象にでき、第二種衛生管理者は、情報通信業、金融・保険業、卸売・小売業など一定の業種の事業場においてのみ、衛生管理者となることができる。
●実施機関：㈶安全衛生技術試験協会
　Tel　03-5275-1088
　http://www.exam.or.jp/

■液化石油ガス設備士（国家資格）
　液化石油ガス設備工事において、硬質管を接続する作業等の特に重要と認められる作業において、工事の責任者として認定されるための国家資格。液化石油ガス設備士の免状は、都道府県知事が交付する。例えば、一般家庭用等のLPガス供給・消費設備の設置工事又は変更工事（硬質管相互の接続及び気密試験等の作業）等を行う場合、必ず取得しなければならない資格である。
●実施機関：高圧ガス保安協会試験センター
　Tel　03-3436-6106
　http://www.khk.or.jp/

■液状化現象
　液状化とは、砂がゆるく堆積してできた地盤が振動によって液体のように流れやすくなることである。地盤が液状化すると、砂が地下水とともに地表に噴出する噴砂現象が生じたり、地盤を支える力が失われて、建物が沈下や傾斜するという被害が発生することになる。液状化現象が世間の注目を浴びたのは、昭和39年の新潟地震のときであった。新潟地震では、地盤の液状化により4階建ての鉄筋コンクリート造アパートが転倒するなどの大きな被害が出た。また、平成7年の阪神・淡路大震災では、直径数cmもの石が地面から噴出する噴石現象が発生した。これも地盤の液状化の一つとみられている。

■役務提供委託
　⇒下請法が適用される取引

■エクイティ
　⇒デットとエクイティ

■エクステリア
　住宅の外側、外観のこと。エクステリアには、「外部、外面、外観」という意味があり、庭や門扉、フェンスや生け垣など、住宅の外回りの景観を構成するものの総称。室内の装飾を指す「インテリア」の対義語。これまでは主に造園業者や工務店が商品の販売と工事の施工を手掛けていたが、専用の販売コーナーを店舗の外などに設けるホームセンターが多くなり、商品を買って自らの手でエクステリア作りを楽しむ人も増えてきた。日本では侵入者を防ぐために生け垣などで敷地を囲うスタイルが主流だが、最近では西洋風のエクステリアデザインも多くなり、囲わない庭も増えている。また、道路との境を囲わず、低い樹木を配するなどした開放的な外構も増え

ている。

■エコキュート

　ヒートポンプで空気の熱を集めてお湯を沸かす環境配慮型給湯器。貯湯式で割安な夜間電力を使用するので、ランニングコストはガス給湯器の5分の1程度といわれ、最高で約90度の高温での沸き上げが可能。ヒートポンプは、オゾン層の破壊に影響を与えるフロン冷媒を使用していないので、オゾン層破壊係数はゼロであり、地球温暖化への影響が少ない環境にやさしい給湯器である。

■エコファンド

　1999年8月に日興証券が売り出した商品「日興エコファンド」の名称が一般化した。投資信託会社が個人や法人から集めた資金を、証券会社などを通して企業の株式などに投資する「信託投資」の一種。財務内容などの従来からの経済的銘柄選択に加え、企業の環境に対する配慮を評価に加え、投資する銘柄を選定する。環境マネジメントシステムの導入、グリーン調達、リサイクルの実施、省資源、省エネルギーへの対応、環境報告書など、企業の環境に対する情報開示などがチェック項目。環境対策への取組などを尺度とする投資家層のすそ野が広い欧米では、間接的な社会貢献になるということから、市民権を得ており、大きな市場規模へと成長している。

■エコロジカルネットワーク

　分断された生物の生息・生育空間を相互に連結することにより、劣化した生態系の回復を図り、生物多様性の保全を図ろうとする構想のこと。生物の生息・生育空間として重要な緑地を核として、都市間に点在する自然や緑地を相互に連結するネットワークを構成することによって、自然環境の保全と形成を図り、生物の移動を容易にし、多様な生物生息空間を確保する。エコロジカルネットワークの形成を進めるためには、自然環境の質や配置のあり方を十分に検討するプロセスが重要であり、「緑の基本計画」や「都市計画」との連動にも配慮しながら、環境共生時代における主柱として取り組んでいく姿勢が欠かせないといわれている。

■エセ右翼政治活動
　⇒社会運動等標ぼうゴロ

■エセ同和行為
　⇒社会運動等標ぼうゴロ

■江戸間・京間

　和室の広さは4.5畳や6畳などと表現されるが、江戸間とか京間などといった和室の造りのうえでの広さの違いがある。京間は江戸間より大きなサイズの畳を使うため、京間の方が部屋は大きくなる（京間の6畳は江戸間の7.1畳に相当する）。

※畳の大きさ比較

	江戸間	京間	中京間
長さ	5尺8寸（176cm）	6尺3寸（191cm）	6尺（180cm）
幅	2尺9寸（88cm）	3尺1寸5分（95.5cm）	3尺（90cm）

■エフロレッセンス
　⇒白華現象

■エンジェル

　創業間もないベンチャー企業に資金の提供と事業の支援を行う個人投資家のこと。エンジェルは私財を投じるだけではなく、経営にも積極的に関与して、経営ノウハウを伝授する。もともとアメリカでミュージカルを制作する際に、資金提供するお金持ちのことを「天使」と呼んだことに因んでいるといわれている。その際、ベンチャー企業の株式を所有するが、これについて1997年にエンジェル税制が作られ、優遇措置が講じられることに

なった。これにより、エンジェルの投資が刺激できれば、ベンチャー企業の資金供給も増えると考えられている。
※エンジェル税制：正式名はベンチャー企業投資促進税制。ベンチャー企業への投資を促進するために、ベンチャー企業へ投資を行った個人投資家に対して税制上の優遇措置を行う制度。個人投資家がベンチャー企業の新規発行株式を金銭の払込により取得した場合に対象となる（発行済株式を他の株主から買ったり、譲り受けたりした場合は対象とならない）。
※ベンチャー企業に投資した年に受けられる優遇税制：以下のAとBの優遇措置のいずれかを選択できる。

A	・（ベンチャー企業への投資額－5,000円）を、その年の総所得金額から控除 ・控除対象となる投資額の上限は、総所得金額×40％と1,000万円のいずれか低い方 ・平成20年4月1日以降の投資が対象
B	・ベンチャー企業への投資額全額を、その年の他の株式譲渡益から控除 ・控除対象となる投資額の上限なし。

※未上場ベンチャー企業株式を売却した年に受けられる優遇措置：未上場ベンチャー企業株式の売却により生じた損失を、その年の他の株式譲渡益と相殺できるだけでなく、その年に相殺しきれなかった損失については、翌年以降3年に渡って、順次株式譲渡益と相殺ができる。

■エンジェル税制
⇒エンジェル

お

■応急危険度判定士
　大地震やその後の余震などにより、被災した建築物の倒壊や部材の落下等の二次災害を防ぐため、建物の被害の状況を調査し、二次災害発生の危険の程度の判定に基づき表示を行う者。1993年（平成5年）に発生した阪神・淡路大震災が契機となった。ボランティアとして協力してくれる民間の建築士や建築技術者等が、応急危険度判定に関する講習を受講することにより、「応急危険度判定士」として都道府県知事が認定・登録する。危険の度合に応じて、「危険（立入り不可）」「要注意（居住不可）」「調査済（居住可能）」の3種類のステッカーを、玄関などの出入り口の見やすい場所に表示する。ちなみに、2008年3月末現在、全国の応急危険度判定士の数は100,819名となっている。

■屋上緑化
　新たな緑化、ガーデニング空間を地上部につくることが難しい都市部で、集合住宅やオフィスビルの屋上空間を利用し、そこに植物を植えて庭をつくることをいう。都市景観の向上やヒートアイランド現象の防止、生態系の確保、大気汚染の浄化、夏季の室内温度上昇抑制効果による省エネルギー化などの効果が期待されている。その一方で屋上防水や躯体への荷重軽減といった課題もある。

■送りだし工法
⇒ステージング式架設工法

■オゾン層
　大気中のオゾンは、その90％が地上から10〜50km上空の成層圏と呼ばれる領域に集まっており、「オゾン層」と呼ばれている。地球をとりまくオゾン層は、太陽光に含まれる紫外線のうち有害なものの大部分を吸収しているが、このオゾン層が特定フロンなどの物質により破壊されることにより地上に到達する有害紫外線の量が増加し、人の健康や生態系などに悪影響が生じるおそれがあると懸念されている。

■汚泥（おでい）
　一般には、泥状のものをいい、工場排水、下水処理、浄水などの水処理施設の沈殿槽な

どで水から分離された泥状物や、河川や湖沼の水底に沈殿している泥状のもの（底質）などがある。

■オーバースペック
　スペックとは、機械や建物の仕様書、明細事項のこと。したがって実際の工事等が仕様書の範囲を超えて、過大な内容となっていることを指す。

■オーバーフロー管
　⇒溢水管

■オーバーレイ工法
　アスファルト舗装の表面に亀裂などが生じて補修する場合に、その上に直接アスファルト混合物を積み重ねて覆う工法。積み重ねるために路面が高くなる。

■帯金（おびきん）
　鉄筋コンクリート柱の主筋を、水平面で相互に連絡し、圧縮力によって主筋が外に出るのを防いでいるもの。主筋の組立て配置を確実にするとともに、柱の剪断（せんだん）補強に役立ち、さらに主筋の座屈、それに伴うコンクリートのはらみ出しを防ぎ、柱の圧縮強度を増大させる。

■オプション取引
　⇒デリバティブ

■オフバランス
　オフバランスシートの略。「貸借対照表に計上されない」という意味。通常、貸借対照表に計上される会計上の取引をオンバランス取引、計上されないものをオフバランス取引という。オフバランス取引は、事実上の借入金である場合や決算日前に損失が発生している場合であっても、貸借対照表に反映されないことになるので、自己資本比率が実態と乖離するなど、企業の財政状態を把握するにあたって、他の企業との比較ができない場合が生じるとの指摘がある。リース会計基準変更前のリース取引（ファイナンスリース）などがオフバランス取引に該当する。また、デリバティブ取引は、従来はオフバランス取引であったが、金融商品の時価会計基準が導入されたことに伴い、オフバランス取引ではなくなった。

※ファイナンスリース：リース会計基準の変更に伴い、2008年4月以降に始まる事業年度からオフバランス取引でなくなった。

■オフロード法
　「特定特殊自動車排出ガス規制等に関する法律」。
　特殊自動車のうち、公道を走行しないオフロード特殊自動車による窒素酸化物（NOx）の排出量は、自動車全体の排出量の18.8％の割合を占めている。特殊自動車の使用による大気汚染の防止を図り、国民の健康を保護するとともに、生活環境を保全することを目的として2006年（平成18年）10月より施行。オフロード特殊自動車は、工事現場内のみで使用されているナンバープレート無しの建設機械等について適用される。

■オープンシュート工法
　比較的急傾斜の原石山で、階段採掘法（ベンチカット法）を用いて原石を採取する場合、爆破された原石をそのベンチから搬出する方法として、ダンプでホッパーまで運搬する方法や、立孔に直接投入する方法がある。オープンシュート工法は、①下の段にブルドーザを用いて押し落とす（運搬距離50m以下）、②ホイールローダのロードアンドキャリ工法で放出する（運搬距離50〜150m）、③ショベル・ダンプ工法で放出する（運搬距離150m以上）などの方法で原石を落とし、そこからショベル・ダンプ工法などで原石ホッパーまで搬出する工法をいう。

※ロードアンドキャリ工法：原石の積込運搬の一連の作業をホイールローダ1台で行う工法。大型ホイールローダの積込能力と走行性能を利用して、バケットに積込んだまま原石投入箇所まで運搬する。

■オープンスクール

間仕切りのない教室で構成された学校。開放的で明るく広々と感じるのが特徴。そのオープンさが、子供たちの人間関係を豊かにするといわれている。新しい学校建築の一つとして注目を集めている。誰でも自由に参加できる、学校や講座という意味もある。小・中学校の教室などを開放し、地域住民が指導者となって、様々な活動を体験させることで、教育、学校と地域社会との連携意識を強め、地域社会の教育力の活性化を図る。

■オープンスペース

敷地内で建物が建てられていないところで、歩行者用の通路や植栽などを整備した部分を呼ぶ。1961年（昭和36年）に特定街区制度、1970年に総合設計制度を国が創設し、マンションを含む建物を建設する時にはオープンスペースを設けて、一般の歩行者を自由に通行できるように推奨している。また最近ではヒートアイランド現象を和らげるため、オープンスペースを緑化することもみられる。

■オープンブック

CM（コンストラクション・マネジメント）方式でCMR（コンストラクション・マネジャー）が専門業者と「工事請負契約」を結ぶ際、契約金額を発注者に明らかにする方式。発注者がリスクを軽減するため、CMRに施工のリスクを負わせる「アットリスク型」CMの場合、発注者の利益を確保するため、CMRが施工業者と交わす契約などについて、発注者の事前の同意を得ることが必要とされており、契約金額を発注者に開示（オープン）する。

■親事業者
⇒下請法

■親事業者の義務（下請法）

下請取引の公正化及び下請事業者の利益保護のため、親事業者には、書面の交付、支払期日の定め方、書類の作成・保存、遅延利息の支払に関しての4つの義務が課されている。

※親事業者の義務とその内容

書面の交付義務 （第3条）	親事業者は、発注に際して、下請事業者への給付の内容、下請代金の額、支払期日及び支払方法等を記載した書面を下請事業者に交付する義務がある。
支払期日を決める義務 （第2条の2）	親事業者は、下請事業者との合意の下に下請代金の支払期日について物品等を受領した日（役務提供委託の場合は、下請事業者が役務の提供をした日）から起算して60日以内でできる限り短い期間で定める義務がある。
書類の作成・保存義務 （第5条）	親事業者は、下請事業者に対して製造委託、修理委託、情報成果物作成委託又は役務提供委託をした場合は、給付の内容、下請代金の額等について記載した書類を作成し、2年間保存する義務がある。
遅延利息の支払義務 （第4条の2）	親事業者は、下請代金をその支払期日までに支払わなかったときは、下請事業者に対し、物品等を受領した日（役務提供委託の場合が、下請事業者が役務の提供をした日）から起算して60日を経過した日から実際に支払する日までの期間について、その日数に応じ当該未払い金額に年率14.6%を乗じた額の遅延利息を支払う義務がある。

■親事業者の禁止事項（下請法）

下請取引の公正化及び下請事業者保護のため、親事業者には、次の11項目の禁止事項が課せられている。

※親事業者の禁止事項（下請法）

禁止事項	概要
①買いたたきの禁止 （第4条第1項第5号）	類似品の価格又は市価に比べて著しく低い下請代金を不当に定めること

②受領拒否の禁止 （第4条第1項第1号）	注文した物品等の受領を拒むこと
③不当な返品の禁止 （第4条第1項第4号）	受け取った物品等を返品すること
④下請代金の減額の禁止 （第4条第1項第3号）	あらかじめ定めた下請代金を減額すること
⑤下請代金の支払遅延の禁止 （第4条第1項第2号）	物品の受領後60日以内に定められた支払期日までに下請代金を支払わないこと
⑥割引困難な手形の交付の禁止 （第4条第2項第2号）	一般の金融機関で割引を受けることが困難であると認められる手形を交付すること
⑦購入・利用強制の禁止 （第4条第1項第6号）	親事業者が指定する物・役務を強制的に購入・利用させること
⑧不当な経済上の利益の提供要請の禁止 （第4条第2項第3号）	下請事業者から金銭、労務の提供をさせること
⑨不当な給付内容の変更及び不当なやり直しの禁止（第4条第2項第4号）	費用を負担せずに注文内容を変更し、又は受領後にやり直しをさせること
⑩報復措置の禁止 （第4条第1項第7号）	下請事業者が親事業者の不公正な行為を公正取引委員会又は中小企業庁に知らせたことを理由として、その下請事業者に対して取引数量の削減・取引停止等の不利益な取扱いをすること
⑪有償支給原材料等の対価の早期決済の禁止 （第4条第2項第1号）	有償で支給した原材料の対価を、当該原材料を用いた給付に係る下請代金の支払期日より早い時期に相殺したり、支払わせたりすること

■オール電化

家庭で使われているエネルギーを全て電気でまかなうこと。IHクッキングヒーター・エコキュートなどの住宅設備は、石油・ガスを使用しないため安全性やクリーン性、効率面などに優れ、住む人にやさしい快適住宅だといわれている。

か

■㈳海外建設協会（海建協）

　1955年6月建設大臣（当時）の許可を得て設立された社団法人。「海外における建設事業に対する我が国建設業者の協力を推進し、我が国建設業の健全な発展に寄与するとともに、諸外国との親善及び経済提携の強化に資する」ことを目的としている。海建協では、①海外における建設事業に対する我が国建設業者の協力及び諸外国との交流、親善の推進、提携の強化　②海外建設事業に関する各種の調査・研究、情報資料の収集・提供　③官公庁に対する要望・建議及び諮問に対する答申　等の事業を行っている。会員の内訳は、2008年6月1日現在、①正会員：海外において建設工事を施工するに足りる能力及び信用を有する建設業者（会員数45社）②特別会員：建設事業に関係ある団体で本会の目的に賛同するもの（会員数8）③賛助会員：前各項に該当していない法人又は個人で本会の目的に賛同するもの（会員数6）により構成されている。

◆所在地／電話番号
　〒104-0032　東京都中央区八丁堀2-24-2
　日米ビル7階
　Tel　03-3553-1631

■開業費
　⇒繰延資産

■会計監査
　⇒監査役

■会計監査人

　会社法上、大会社に求められる会計監査を行う監査人。計算書類及びその附属明細書、臨時計算書類、連結計算書類の監査を行い、会計監査報告を作成する（会社法第396条第1項）。経営事項審査における「その他の審査項目（社会性等）」の一つに「建設業の経理の状況」があり、その項目の一つである「監査の受審状況」は、会社が作成する財務諸表が一般に公正妥当と認められる基準に、どれだけ準拠しているかを評価するもので、①会計監査人設置20点、②会計参与設置10点、③社内実務責任者による経理処理の適正を確認した旨の書類の提出2点の評価となる。

※会計監査人設置：会計監査人を設置している会社において、会計監査人が当該会社の財務諸表に対して、無限定適正意見又は限定付適正意見を表明している場合に、加点評価の対象となる。有価証券報告書又は監査証明書の写しが確認資料として必要。

※会計参与設置：会計参与は、取締役と共同して計算書類及び附属明細書を作成し、会計参与報告を作成する者。会計参与は、公認会計士、監査法人、税理士、税理士法人でなければならない（会社法第333条第1項）。会社法により新設された任意設置機関であり、会計監査人を設置していない中小会社などで、会社情報の外部信頼性を向上されること等を目的した活用が見込まれている。経営事項審査においては、会計参与を設置している会社が加点評価の対象となる。会計参与報告書の写しが確認資料として必要。

※経理処理の適正を確認した旨の書類の提出：社内の経理実務責任者で、公認会計士、会計士補、税理士及びこれらになる資格を有する者並びに登録経理試験の1級に合格した者（建設業経理事務士1級有資格者を含む）のいずれかに該当する者が、「経理処理の適正を確認した旨の書類」に署名提出することにより加点評価される。

■会計基準

　主に企業会計における財務諸表の作成に関するルールをいう。貸借対照表や損益計算書などの財務諸表は、決められた会計基準に従って作成されるが、全ての企業が同一の基準で決算を行っているわけではない。財務指標を利用して投資判断を行う場合は、その企業がどのような会計基準で財務諸表を作成したのかを確認することが重要である。会計基準は、同一国内でも選択の幅があり、また、国

際間では更に幅広い会計基準が存在する。現在、「国際会計基準」という統一基準が作成されつつある。

■会計参与
　⇨会計監査人

■会計年度
　官庁会計において、公共機関の収入及び支出を整理分類し、その一定期間の事務事業の遂行の結果責任を明らかにするための制度である。日本では、財政法及び地方自治法の規定により、毎年4月1日から翌年の3月31日までの期間とされている。

■外形標準課税
　⇨法人事業税

■会計法
　国の収入・支出・契約手続きなどについて規定している。予定価格の範囲内でなければ契約できないという上限拘束性規定があり、現在の入札制度の根拠となっている。さらに詳しく定めているのが予算決算及び会計令。通常は予決令と呼ばれる。公共工事の入札・契約の実体や、時代の変化に対応していないことから、改正論議がたびたび出されるが、実現していない。

■開削工法（かいさくこうほう）
　地下構造物を築造するために、必要な長さと幅と深さを確保しながら地面を掘り下げ、その掘削した空間に構造物を築造した後、構造物の外周を埋め戻して地表面を元の状態に復旧する工法。特に道路の下水管埋設などに適し、工費も安く、標準的な工法であるが、工事公害等が発生しやすい。開削工法では、土の崩れを防ぐ土留め壁が必要不可欠となる。

■概算要求基準
　⇨シーリング

■会社更生手続き
　経済的に窮境にあるが再建の見込みのある株式会社について、破産を避けて再建を目指す法的手続き（会社更生法第1条）。会社更生は、対象を株式会社に限って行われることから、大企業を対象として想定した会社の再建手続きであり、会社の事業を継続しつつ（旧経営陣は退陣）、再建を図る法的手続きである。会社更生手続きの主な流れは、次のとおり。

●原因の発生	・弁済期にある債務を弁済できない、会社に破産の原因たる事実の生じるおそれ　等。
●手続き開始申立て	
●保全命令	
●保全管理人の選任	・保全管理人は、業務執行、財産管理にあたるとともに、当該会社の再建の見込みについて調査し裁判所に報告。
●更生手続き開始決定・更生管財人の選任	・債権届出期間、債権調査期日、更生計画提出期限等を決定。
●第1回関係人集会	・開始決定後1カ月半から2カ月後。
●債権届出と債権調査	
●更生計画案の作成	・更生管財人は、会社財産の評価、債権内容の調査、事業計画の検討を行いながら、再生計画案を作成して裁判所に届け出る。再生計画案の提出期限は、開始決定から1年以内。
●第2回・第3回関係人集会	・通常、同日に開催。更生計画が可決されると、裁判所は更生計画について即日許可決定。
●更生計画の遂行	

●更生手続きの終了	・弁済が終了し、又は終了することが確実（70％ないし80％の弁済完了）と裁判所が認めた時は、裁判所により終結決定がされ、更生手続きは終了。

※更生計画が可決されなかった場合は、更生手続きは廃止され、破産手続きに移行することになる。

■会社更生法

　経営困難ではあるが、再建の見込みがある株式会社について、利害関係人（債権者や株主）の利害を調整しながら、事業の維持更生を図る法律。民事再生法と同様に、法的効力を伴って再建する「法的整理」の一手段。1952年（昭和27年）施行。2003年4月に施行された改正会社更生法では、手続きの迅速化・合理化が図られた。

※2003年4月に施行された改正会社更生法では、破綻会社の再建を迅速にする狙いから、手続き（裁判所への計画案提出を1年以内に義務化）や債権者の同意条件（債権総額の3分の2以上から2分の1以上に）が変更された。

※参照「会社更生手続き」

■会社分割

　企業が機動的に組織を再編し、効率的な経営ができるよう事業部門を分離・独立させる手法。部門を子会社化する分社化と違い、会社分割は会社の資産や負債を2つ以上に分けて資本関係もなくしてしまう。会社分割には、分割する会社の営業を承継する会社が新しく設立される「新設分割」と既存の会社が承継する「吸収分割」の2種類がある。

■会社法

　会社の設立と運営の基本を定める法律。これまでの、「商法第二編」、「株式会社の監査等に関する商法の特例に関する法律」（商法特例法）、「有限会社法」といった会社に関する法律を一つにまとめた法律（2006年5月1日施行）。最低資本金制度が撤廃され起業しやすくなったほか、配当制限もなくなり、四半期配当が可能になった。またその一方で、大会社（資本金額が5億円以上又は負債総額が200億円以上の企業）については、内部統制システムの構築を義務付けるなど、昨今の社会経済情勢の変化に対応したコンプライアンス（法令遵守）の強化を目的とした改正となっている。

■解体工事業者の登録制度

　建設産業は我が国で利用される資源の相当部分を利用している産業であることから、産業廃棄物及びその最終処分量に占める建設資材廃棄物の割合も高いものとなっている。また一方で、最終処分場の不足や、建設資材廃棄物の不法投棄が全国で多く見られる等、建設資材廃棄物の処理をめぐる問題が深刻になっている。この解決策として、資源の有効な利用を確保する観点から、「建設工事に係る資材の再資源化等に関する法律」が制定され、2002年（平成14年）5月30日から完全施行された。この中で、適正な解体工事の実施を確保する観点から、解体工事業者の都道府県への登録制度が創設されている（同法第21条）。本法においては、軽微な解体工事のみを請け負うことを営業とし、建設業の許可が不要な小規模の解体工事業者についても都道府県知事の登録を受けることとし、すべての解体工事業者に最低限必要となる資質・技術力を確保することとしている。登録有効期間は5年間であり、その更新を受けなければ効力を失う。

■外注費
⇒完成工事原価報告書

■開発許可

　開発行為をしようとする者は、あらかじめ、都道府県知事（政令指定都市、中核市、特例市にあっては、当該市の長）の許可を受けなければならない。ただし、原則として、市街化区域においては1,000㎡未満、区域区分が定められていない都市計画区域及び準都

市計画区域においては3,000m²未満、都市計画区域及び準都市計画区域外の区域内においては1ha未満の開発行為については許可が不要とされている。また、市街化区域以外の区域内における農林漁業のための建築物の用に供する目的で行う開発行為のほか、社会福祉施設や医療施設等の公益的建築物の用に供する目的で行う開発行為、国や都道府県等の行う開発行為、都市計画事業の施行として行う開発行為等も許可が不要とされている。許可が必要とされた開発行為には、宅地に一定の水準を保たせようとするため道路や公園等の公共空地の確保、給排水施設の設置、防災措置等に関する技術基準（都市計画法第33条）が適用される。ただし、市街化調整区域における開発行為に限り、技術基準に加え、市街化調整区域において許可を受けることができる開発行為を限定する立地基準が適用され、他の区域よりも厳しい規制を受けることになる。

■開発費
　⇒繰延資産

■開発費償却
　⇒損益計算書

■外部監査制度
　地方公共団体が、外部の専門的な知識を有する者（外部監査人）と契約を結んで監査を受ける制度。カラ出張、カラ帳簿など地方自治体の公金の不正支出が各地で発覚、監査の重要性が認識されるようになり、第三者が地方自治体の行財政をチェックする外部監査制度の導入を柱とする改正地方自治法が1998年（平成10年）10月1日に施行された。外部監査人には、弁護士、公認会計士、税理士、国・地方自治体での財務に関する行政事務に精通した者が選任される（同法第252条の28）。外部監査には、包括外部監査と個別外部監査の2種類がある。

※包括外部監査：外部監査人が自ら特定のテーマを決めて監査を実施するもの。都道府県、指定都市及び中核市は、毎年度必ず実施しなければならない。契約期間は1年であるが、同じ外部監査人との契約が長期にならないように、連続しての契約は3年が限度とされている。監査結果は、外部監査人が議会、知事、監査委員及び関係委員会に報告・提出しなければならない（同法第252条の36～38）。

※個別外部監査：監査の請求又は要求があったときに（事務監査請求、議会・長からの監査請求、住民監査請求など）、その案件について個別に契約を結び、外部監査人が監査を実施するもの。住民監査請求の場合、請求人が必要と認めるときは、監査委員の監査に代えて個別外部監査を行うよう請求できる（同法第252条の39～44）。

■開放特許
　⇒休眠特許

■概略設計（予備設計）
　構造物の設計を行う場合は、「概略設計」と、具体的な「詳細設計」の2段階に分けて進められる。概略設計では、地形図、地質資料、現地踏査結果、文献又は設計条件に基づき、目的構造物の概略について（寸法・形態・配置・構造等）の比較案又は最適案を提案するものをいう。近年特に周囲の環境にマッチした景観上の配慮が求められるようになっている。

※詳細設計：構造物の基本方針（構造・工法・施工等）を定めた「概略設計」を受けて、実際に構造物の工事を施工するための構造図や寸法図、施工図、材料図などの図面（建築では、給排水関係、電気関係、機械設備などの関係図を含む）を作成し、工事費の積算基礎となる材料・資材の規格や数量を総括する作業のこと。

■かえり
　ドリルあけを行う場合、ドリル先端が鋼材の裏側に出るときに穴のまわりに円環状に生ずる突起。これは溶接のさいの障害となるので除去しなければならない。

■カエルプラグ

コンクリート壁などにドリルで穴をあけ、それにネジをさし込んで止める時に用いる鉛のさや。鏡やコンセントの取り付けに使用することが多い。

■価格カルテル

独占禁止法第3条で禁止されている「不当な取引制限」、又は同法第8条第1項第1号の事業者団体の禁止行為にあたる行為の一つ。建設業とその関連業界の関係で最もかかわりが多い入札談合は、競争入札によって受注者を決定する際に、入札参加者が事前に受注予定者を決定又は調整する行為であるので、取引先制限カルテルであるとともに、受注予定者が受注できるよう入札価格について申し合わせたりするので、価格カルテルでもある。公正で自由な競争をやらなければならないはずの事業者同士又は事業者団体が、共同して価格や取引先などを決めてしまい、競争を止めてしまう行為には、独占禁止法の中でも特に厳しい制裁を課されている。

※参照「独占禁止法」

※不当な取引制限：事業者が「共同して」、価格や取引先など、本来個々の事業者がそれぞれ自主的に判断して決めるべきことを決定し、「公共の利益」に反して、「一定の取引分野」における「競争を実質的に制限」すること（同法第2条第6項）。取引を制限する内容ごとに、価格カルテル、供給量制限カルテル、市場分割カルテル、取引先制限カルテルなどがある。

■格付け・等級

公共工事の発注者が、公共工事の受注を希望する企業が提出する競争入札参加資格申請書類を審査し、その結果をランク付けする制度。発注者が定める発注標準に基づき、Aランク、Bランク等、工種ごとに順位付けされ、ランクにより入札に参加できる金額が決まる。公共工事受注希望者は経営事項審査の受審が義務付けられており、この経審結果が客観点数となり、発注者ごとに独自に技術力などを審査する主観点数とあわせ、総合点数が決められる。主観点数では、その発注者における工事種別の工事成績や施工実績などをみるほか、企業のISO9001や14001の認証取得を加点対象とする発注者もある。

※参照「主観点数・客観点数」

■確定判決

通常の不服申し立て方法による取り消しのできなくなった判決。債権者が債務者に対して訴訟を起こし、勝訴の判決をもらったからといって、その判決をもとに強制執行の申立てをできるわけではない。その理由は、その判決が確定したものかどうかわからないからである。訴訟に負けた債務者は、判決が下された日から2週間以内に、控訴することができる。控訴されれば、争いは継続することになる。判決から2週間を経過して、控訴がされない場合には、判決は確定したことになる。強制執行に必要な判決についての執行文は、判決が確定しないともらえない。

■確率年

過去の降雨や洪水のデータを統計処理したとき、その現象が何年に一度生じるかを表す言葉。再現期間ともいう。例えば10年間に1回の割合で起こるような洪水の規模を「10年確率洪水」あるいは1/10の確率洪水という。10年に1回の意味は、毎年1/10の確率で発生する前提を意味しており、10年間の発生確率を意味していない。

■駆け込みホットライン

建設業法違反通報窓口。2007年4月から、国土交通省の各地方整備局の許可行政部局に設置されている窓口。国土交通大臣許可業者を対象に、建設業に係る法令違反行為の情報（通報）を受け付けている。寄せられた情報のうち、法令違反の疑いがある建設業者には、必要に応じ立入検査等を実施し、違反行為があれば監督処分等により厳正に対応している。

建設業法令遵守推進本部「駆け込みホットライン」

◆通報先：0570-018-240（ナビダイヤル）
◆受付時間：10：00〜12：00
　　　　　13：30〜17：00
　　（土日・祝祭日・閉庁日を除く）

■笠木（かさぎ）
　一般に塀、手摺（てすり）などの上部材を指す。鉄筋コンクリート造陸屋根の建物においては屋上のパラペットの上に付いている笠の部分をいい、立上り防水層の末端部を保護する役目がある。材質によってコンクリート製のものと金属製のものとに大別できる。この笠木に変形や取付部のシール切れ、笠木コンクリートのひび割れなどが発生すると、雨漏りの原因となる。

■瑕疵（かし）
　ある物に対し一般的に備わっていて当然の機能が備わっていないこと。あるべき品質や性能が欠如していること。例えば、りんごの売買において一部りんごが腐っている場合や、建売住宅の売買において建物の土台にヒビが入っている場合等がこれにあたる。商品の売主は、買主が瑕疵を発見してから1年以内であれば、損害賠償責任や契約解除（瑕疵が重大で契約の目的を達成できない場合）の責任を負うことになっている（民法第570条）。これを瑕疵担保責任という。
※参照「瑕疵担保責任」「瑕疵担保責任の特例」

■貸し渋り
　経営に問題がない企業などに対して、銀行など金融機関が貸し出しに慎重な態度をとること。1997年秋以降の日本で起きた「貸し渋り」は、銀行の自己資本が不良債権処理で減少し、必要な自己資本比率を確保するために広がった。最近においては、サブプライムローン問題に端を発した米国発の金融危機（2008年9月リーマンブラザースの破綻）が瞬く間に世界中に広がり、我が国においても、中小企業（特に建設業・不動産業）などに対する貸し渋り・貸し剝がしが集中して行われてい

るといわれている。建設業においては、公共事業費の削減や低価格入札の横行などにより、特に地方の建設業は大変厳しい状況に置かれている。

■貸倒損失
　⇒経常利益
　⇒損益計算書

■貸倒引当金
　⇒流動資産

■貸倒引当金繰入額
　⇒経常利益
　⇒損益計算書

■瑕疵担保責任
　売買の目的物に隠れた瑕疵があったとき、売主が買主に対して負う責任をいう（民法第570条）。「売主の担保責任」の一形態である。瑕疵とは、建物にシロアリが付いていたとか、土地が都市計画道路に指定されていたことなどをいう。買主は、善意無過失である限り、契約時にわからなかった瑕疵のために損害を受けたときは、売主に対して賠償請求をすることができる。また瑕疵のため契約の目的を遂げることができない場合には、契約を解除することができる（同法第570条において準用する第566条第1項）。ただしこれらは、買主が瑕疵を知った時から1年以内にしなければならない（同法第570条、第570条において準用する第566条第3項）。

■瑕疵担保責任の特例（住宅品質確保法）
　住宅品質確保法に定められた民法の瑕疵担保責任規定の特例規定。新築住宅の請負契約の請負人は注文者に引き渡した時から10年間、新築住宅の売買契約の売主は買主に引き渡した時（請負契約に基づき請負人から売主に引き渡された場合はその引渡しの時）から10年間、住宅のうち構造耐力上主要な部分又は雨水の浸入を防止する部分として政令で定

めるものについての瑕疵についての担保責任を負うとする特例（住宅品質確保法第94条第1項、第95条第1項）であり、この特例に反する特約で注文者に不利なものは無効とされる。請負契約の場合、その注文者には、修補請求、修補請求に代わる損害賠償請求、修補請求とともにする損害賠償請求が認められ、売買契約の場合、修補請求、修補請求に代わる損害賠償請求、修補請求とともにする損害賠償請求、契約の解除（契約の目的を達成することができない場合）が認められる。

■ガス化溶融炉

ごみを直接燃やさず、ガス化してから、このガスを1,000～1,300度の高温で燃やすことで、低温焼却で発生するダイオキシンの発生量を減らし、灰分を高温で溶かした後、冷却固化するシステム。固化してできるガラス状のスラグは、道路の路盤材など土木建設資材に使え、最終処分するごみを大幅に減らすことができ、鉄分も回収できる。

■ガス主任技術者

ガス工作物の工事、維持及び運用に関する保安に関して、必要な知識及び技能を持つ者として認定される国家資格。ガス事業者においては、経済産業省令によりガス主任技術者を置くことが義務付けられている（ガス事業法第31条）。取り扱う内容により、甲種・乙種・丙種に分類されている。

※ガス主任技術者の種類（同法施行規則第37条）

甲種ガス主任技術者	・ガス工作物の工事、維持及び運用
乙種ガス主任技術者	・最高使用圧力が中圧及び低圧のガス工作物並びに特定ガス発生設備等に係るガス工作物等の工事、維持及び運用
丙種ガス主任技術者	・特定ガス発生設備に係るガス工作物の工事、維持及び運用

●関連団体：㈶日本ガス機器検査協会
　Tel　03-3960-0159
　http://www.jia-page.or.jp/jia/top.html

■ガス消費機器設置工事監督者（国家資格）

特定ガス消費機器の設置又は変更の工事（特定工事）を行う者（特定工事事業者）の、工事の監督を行うために必要な知識及び技能をもつ者として、認定される国家資格。特定ガス消費機器とは、ガス事業法で定める「消費機器」又は液化石油ガス法で定める「消費設備」で、例えば「ガスバーナー付きふろがま」や「ガス湯沸器」などのことをいう。

●関連団体：㈱製品評価技術基盤機構
　Tel　03-3481-1935
　http://www.nite.go.jp/

■ガス溶接作業主任者（国家資格）

アセチレン溶接装置又はガス集合溶接装置を用いたガス溶接作業を行うために必要な国家資格。ガス溶接作業は、爆発などの災害を防止するために、高度な技術を有する技術者による管理・指導が不可欠となる。

●実施機関：㈶安全衛生技術試験協会
　Tel　03-5275-1088
　http://www.exam.or.jp/

■河川管理施設
　⇒河川工作物

■河川管理者
　⇒一級河川

■河川工作物

河川管理施設及び許可工作物を総称して河川工作物という。「河川管理施設」は、河川流量や水位を安定させたり、洪水による被害防止などの機能を持つ河川管理者が管理する施設のこと。具体的には堤防、護岸、床止

め、堰、水門、樋門等をいい、治水のためのダムもこれに含まれる。「許可工作物」とは、河川の流水を利用するため、あるいは河川を横断する等のために河川管理者以外の者が、河川法に基づく許可を得て設置する工作物。河川敷地の占用を伴うため、占用工作物ともいう。

■河川整備基本方針

　長期的な観点から、国土全体のバランスを考慮し、基本高水、計画高水流量配分等、抽象的な事項を科学的・客観的に定めるもの。このため専門的知識を有する学識経験者を主たる構成員とする「社会資本整備審議会河川分科会」の意見を聴いて、国土交通大臣が定めることとしている。

　なお、「河川整備計画」は、河川整備基本方針に沿って計画的に行われることとなる河川の区間について、地方公共団体や地域住民の意見を反映し、概ね20～30年の間に実施する河川工事、河川の維持の両面にわたり、河川整備内容を定めるもの。

■河川整備計画
　⇨河川整備基本方針

■河川法

　河川について、災害の発生が防止され、適正に利用され、機能が維持されるよう管理し、国土の保全と開発に寄与するために、1964年（昭和39年）に施行された法律。1997年5月に一部改正され、それまでの「治水」「利水」の目的に、「河川環境の整備と保全」「地域の意見を反映した河川整備計画制度の導入」等が追加された。

■片持式工法
　⇨ステージング式架設工法

■課徴金

　法を犯した企業や人物に対して金銭的な負担を課すことで、違反行為を抑制する行政処分のこと。「独占禁止法」では談合やカルテルなどにより不当な利益を得た企業に課している。また、「金融商品取引法」ではインサイダー取引違反や有価証券報告書などでの虚偽記載に対して適用している。

■課徴金減免制度

　入札談合やカルテルなど（不当な取引制限）により独占禁止法に違反した事業者が、自らの違反事実を公正取引委員会に報告し、資料を提出したときに、課徴金を免除ないし減免する制度（同法第7条の2第7項～）。2006年1月施行の改正独占禁止法で導入された。談合やカルテルは、秘密裡に行われ証拠の収集が困難なことから、違反事業者からのいわば「自首」による申告に課徴金の減免措置を行い、独占禁止法違反行為の早期発見、競争秩序の早期回復を図ろうとしている。減免内容は、下記のとおり。

※減免内容

	課徴金の減免額
調査開始日前の1番目の申告事業者	全額免除
調査開始日前の2番目の申告事業者	50％減額
調査開始日前の3番目の申告事業者	30％減額
調査開始日以後の申告事業者（ただし、計3事業者まで）	30％減額

■合冊工事

　河川工事と道路工事を同時に発注する場合や近接又は同じ現場において、国庫補助事業と県単独事業を同時に発注する場合など、設計書はそれぞれ別々に作成して1冊にまとめて発注する方法（工事番号も別個で諸経費も調整せず、設計書の鏡に併記して合計額とする）。

■カーテンウォール
　建築構造上取り外し可能な壁のことで、建物の自重及び荷重はすべて柱、梁、床、屋根等で支え、直接荷重を負担しない壁のことをいう。カーテンウォールはガラスやアルミなど様々な材料が使われ、防火、耐風など建物を守る役割を担っている。高層ビルなどの外壁は、工法や安全性などからカーテンウォールの利用が多い。

■河道
　⇨計画高水流量

■矩計図（かなばかりず）
　建物の垂直方向の断面を詳細に表した図面のことで、建物の各部分の高さや下地の寸法や細部の納まりまでも詳細に記入され、建物を施工する上で重要な設計図の一つである。一般に20分の1〜30分の1の縮尺で作成される。在来木造住宅の建築において、主要構造物の加工の詳細や必要断面を算定するために、大工が原寸で作成する図のことも矩計図という。

■カフェテリア・プラン
　住宅、医療、育児などの福利厚生について、会社が一律に決めるのでなく、社員がメニューから選ぶ制度。多様化する社員ニーズの充足と、増加する企業福祉費の効率化を目的に、1970年代のアメリカで生まれた福利厚生制度である。我が国では、西友、ベネッセコーポレーションがいち早く導入した。年度初めに企業が社員福祉の予算を項目ごとに示し、社員はあらかじめ決められた限度内で各項目から自由に選択する。企業側としては福利厚生費を抑制できるメリットがあり、日本でも導入する企業が増えている。

■株券電子化
　⇨有価証券

■株式公開買い付け
　⇨ TOB

■株式交換制度
　企業の合併・買収や持ち株会社を設立する場合に、双方の企業の株式移転をスムーズにする制度。買収の場合、買収される企業の発行済み株式を買収企業（親会社）が発行する新株式とを交換する。既存株主に税負担がかからないように、株式の交換時に発生する譲渡益への課税の繰り延べができる。また、少数株主の反対があっても企業を100％子会社にできる等の利点がある。

■株式交付費
　⇨繰延資産

■株主総会
　株主によって構成される、株式会社における最高の意思決定機関。株主は、その持株数に応じた議決権をもつ。常置の機関ではなく、「定時株主総会」（決算期ごとに召集される）と「臨時株主総会」（随時に召集される）がある。定時株主総会では、①取締役・監査役の選任　②取締役・監査役の報酬決定　③計算書類の承認　④自己株式の取得　等が議決される。

■株主代表訴訟
　株主が会社に代わって、取締役の会社に対する責任を追及する損害賠償請求訴訟（会社法第847条）。6ヵ月前から株式を有する株主であれば、低額の訴訟手数料（13,000円）で訴訟を提起できるようになり急増している。具体的な手続きとしては、株主は先ず会社（監査役など）に対して書面にて取締役の責任を追及する訴訟の提起を請求する。会社がこの請求より60日以内に訴訟を提起しない時は、株主は株主代表訴訟を提起することができる。ただし、責任追及の訴えが、その株主や第三者の不正な利益を図る目的の場合や会社に損害を加えることを目的としている場合には、訴えを起こすことはできない。

■壁芯面積
　⇨専有面積

■壁つなぎ
　足場の倒壊を防ぐため、建築物本体の壁面と足場をつなぐ部材のこと。仮設材、単管、丸太及び番線などでつなぐ。

■カーボンフットプリント
　⇨ CFP

■釜場（かまば）
　地下の湧水、透水を集めるために掘り下げたピット（穴）。集めた水は揚水ポンプで排水する。

■カミソリ堤
　洪水のたびに既存の堤防の堤体が薄いと決壊することを良く切れるという意味と堤体が薄いのと両方をかけてカミソリ堤と称する俗語。河川の改修計画に従って堤防の嵩上げや腹付けをして堤防を補強する必要がある。またパラペット式のコンクリート製の直立護岸をカミソリ堤と呼ぶこともある。

■火薬類製造保安責任者（国家資格）
　火薬類による災害防止のため、専門の知識・技術を有する製造保安責任者として認定する国家資格。火薬類製造保安責任者は、火薬類の製造数量及び種類によって甲種・乙種・丙種の3種別がある。
●実施機関：資格・試験【火薬類製造保安責任者試験】（経済産業省）
●関連団体：㈳全国火薬類保安協会
　Tel　03-5835-5781
　http://www.zenkakyo-ex.or.jp/

■火薬類取扱保安責任者（国家資格）
　火薬類による災害防止のため、専門の知識・技術を有する取扱保安責任者として認定される国家資格。火薬類取扱保安責任者は、火薬類の貯蔵量又は消費量によって甲種・乙種の2種別がある。
●実施機関：資格・試験【火薬類製造保安責任者試験】（経済産業省）
●関連団体：㈳全国火薬類保安協会
　Tel　03-5835-5781
　http://www.zenkakyo-ex.or.jp/

■ガラス工事
　建設業法第2条に規定する建設工事の一つ。工作物にガラスを加工して取り付ける工事をいう。具体的工事例として、ガラス加工取り付け工事などがある。

■ガラパゴス化現象
　グローバル化が進む中で、日本独自の進化を遂げた技術やサービスが、世界の標準から乖離していく状態をいう。高品質で素晴らしいものでも、世界市場ではほとんどシェアを握れないケースが見られ、これが将来の日本企業の危機に繋がるのではないかと指摘されている。建設業でも例えば、地震の多い日本では土木建築構造物に対して厳しい耐震基準が設けられているため、日本の建設業者が有する技術は世界のトップ水準であるが、きわめてコスト高である。高度な技術水準は、地震のない国では活かせないというのが、日本の建設業の抱える課題といわれている。その意味では、建設業でも「ガラパゴス化現象」が起こっているといわれている。建設市場が半減に向かう状況の中で、内需依存型産業の典型としての建設産業は、長期的な成長戦略が求められている。

■仮請負契約
　地方公共団体が締結する請負契約のうち、契約金額が多額で議会の議決が必要なため、請負者と仮に結ぶ請負契約を仮請負契約という。仮請負契約は議会の議決を経て正式契約となる。地方自治法第96条第1項第5号は、「その種類及び金額について政令で定める基準に従い条例で定める契約」の締結を議決案件としている。ちなみに、政令で定める基準（同法施行令第121条の2（別表第3））は、次のとおりである。

	都道府県	500,000千円
工事又は製造の請負	指定都市	300,000千円
	市（指定市を除く）	150,000千円
	町村	50,000千円

■仮囲い

　工事現場と外部との仕切り。仮囲いは、万能鋼板、板、有刺鉄線などを使用し、交通遮断、内外の安全、盗難防止などのため現場の周辺に設ける。最近では、「仮囲いは街の景観の一部」という考えが広く浸透してきている。例えば、仮囲いに白いボードを取り付け、その街の歴史と風俗を描いたアートを施したり、緑化した仮囲いを設置したり、現場の状況を見ることできる「のぞき窓」を備えたりするなど、工事現場と街を隔てていた仮囲いが大きく変化してきている。こういった変化は、道行く人の目を現場に向かせるとともに、工事に従事する人が気持ちよく仕事ができる環境を作り出す役割もしている。

■仮差押え

　金銭債権を保全するため、債務者の財産を確保し、将来の強制執行を確実なものにする目的で差し押さえることをいう。これらの債権の弁済を受けるためには、最終的には判決を得て強制執行に着手するのであるが、それまでの間に債務者が財産の隠匿、逃亡等しないように、仮差押えをして財産等の処分禁止をしておく。債権者は、自己の債権と保全の必要性を疎明し、保証金を積んで裁判所の仮差押命令をもらい（民事保全法第20条以下）、債務者の不動産、動産、債権等の仮差押執行をする（同法第47条以下）。債務者は仮差押えられた財産を処分しても仮差押債権者には対抗することができない。

■仮処分

　物の引渡しを求めうる権利などについての強制執行を保全するため、その目的物について保管人を置いたり、相手方に一定の行為を命じたりする仮の処分をいう。土地や家屋の引渡しの強制執行は、その物の占有者を相手方とする裁判等により、その占有を排除して行われるが、判決等を得て執行するまでの間に、占有者が代わったり現状を変更されたりすると、その判決で執行することができなくなったり、著しく困難となったりするので、仮処分が利用される。債権者は自己の権利と保全の必要性を疎明し、保証金を積んで裁判所の仮処分命令をもらい（民事保全法第23条以下）、仮処分の執行をしておく（同法第52条以下）。命令に反した場合、仮処分債権者に対抗することができない。

■仮登記

　終局登記（本登記）を行うことができるだけの実体法上又は手続法上の要件が完備していない場合に、将来の登記の順位を保全するため、あらかじめ行う登記をいう（不動産登記法第105条）。後日要件が完備して本登記がされれば、仮登記の順位が当該本登記の順位になるという順位保全効力を有する（同法第106条）が、仮登記のままでは対抗力はない。このような仮登記の一時的・仮定的性格にかんがみ、実務上仮登記申請の際には登記済証（登記識別情報）、利害関係人の承諾書の添付は必要とされず、さらに法律上仮登記権利者が単独で、仮登記義務者の承諾書を添付してする方法（同法第107条）や仮登記仮処分命令によってする方法（同法第108条）等、仮登記申請の特則が設けられている。

■簡易舗装
　⇨アスファルト舗装

■環境アセスメント

　環境影響評価。大規模な事業を行うにあたって、その事業が周辺環境に与える影響を事

前に調査・予測・評価してその結果を公表し、必要な環境保全措置の対策を検討することをいう。無秩序な地域開発には、計画段階でストップをかけたり、計画内容の変更を求めるために、科学的裏付けを得ると同時に地域住民の意見を反映することが狙い。我が国では1972年6月の閣議決定で環境アセスメントに関する本格的な取り組みが始まった。1997年には「環境影響評価法」（環境アセスメント法）が成立・1999年6月施行。

■環境会計

　環境保全活動のコストや効果を定量的に把握するための手法。企業等の事業活動における環境保全のためのコストと、その活動により得られた効果を認識し、その活動の成果を金額に換算し、費用対効果を検証する。環境会計を用いて数字を出す目的は、企業として社会に対して説明責任を果たすことと、環境対策にかけるコストの意思決定を行うためである。

■環境管理士（民間資格）

　日本環境管理協会が実施する民間資格。私たちが社会生活を営むために必要な環境を守り、より良い環境へと改善、指導を行う専門的な職業資格。協会の定める環境管理についての、一定の基礎知識（理解度）、専門的職業知識（判断力）、学術的知識（応用力）について、専門的な識見を有する人をさす。「地域住民の生命と財産を守る」ことと、「企業における公害防止」の2つの使命を持つ。

■環境基準

　環境基本法第16条第1項に基づき政府が設定する、人の健康を保護し、又は生活環境を保全する上で維持されることが望ましい基準。大気、水、土壌、騒音をどの程度に保つことを目標に施策を実施していくのかという目標を定めたもの。環境基準は、「維持されることが望ましい基準」であり、人の健康等を維持するための最低限度としてではなく、より積極的に維持されることが望ましい目標として、確保を図るものである。

■環境共生住宅（エコハウス）

　地球環境の保全の観点から、エネルギー・資源・廃棄物などの面で十分な配慮がされ、周辺の自然環境と調和し、住居者が主体的にかかわりながら、健康で快適に生活できるように工夫された住宅及びその地域環境をいう。旧建設省（現国土交通省）では、1999年3月に、地球温暖化防止のために、これまでの住宅の省エネルギー基準を改正して、「住宅に係るエネルギーの使用の合理化に関する建築主の判断と基準」及び「同設計及び施行の指針」（通称、次世代省エネルギー基準）を定めた。

■環境計量士（国家資格）

　経済産業省が「計量法」に基づいて実施する国家資格。汚染・騒音・振動・有害物質などのレベルを正確に測定し、分析を行う専門知識と経験を持った技術者。都道府県知事の登録を受け、環境測定結果の証明を行う環境計量証明事業所では、環境計量士の有資格者を置く義務がある。1974年に計量法が改正され、「一般計量士」（工場・百貨店・スーパー等の計量管理や計量器の検査を行う）と「環境計量士」（環境測定を主として行う）に分かれることになった。その後、大気・水質・土壌等の汚染濃度の測定・分析と、騒音や振動被害等の測定・分析とでは、要求される知識や技術が異なることから、環境計量士資格は「濃度関係」と「騒音・振動関係」の二種類に分類されることになった。

■関係会社株式

　⇒固定資産

■関係会社出資金

　⇒固定資産

■管工事

　建設業法第2条に規定する建設工事の一つ。冷暖房、空気調和、給排水、衛生等のた

めの設備を設置したり、金属製等の管を使用して水、油、ガス、水蒸気等を送配するための設備を設置する工事をいう。具体的工事例としては、冷暖房設備工事、冷凍冷蔵設備工事、空気調和設備工事、給排水・給湯設備工事、厨房設備工事、衛生設備工事、浄化槽工事、水洗便所設備工事、ガス管配管工事、ダクト工事、上下水道等の配管工事（家屋その他の施設の敷地内の配管工事及び上水道等の配水小管を設置する工事）、管内更生工事などがある。

※浄化槽工事：し尿処理に関する施設の建設工事の考え方は、規模の大小を問わず浄化槽（合併処理槽）により、し尿を処理する施設の建設工事が「管工事」に該当し、公共団体が設置するもので、下水道により収集された汚水を処理する施設の建設工事は「水道施設工事」に該当し、公共団体が設置するもので、汲取り方式により収集されたし尿を処理する施設の建設工事が「清掃施設工事」に該当する。

■管工事施工管理技士（国家資格）

管工事に関する高度な知識と応用力をもつ者として、管理・監督業務を行うための国家資格。主に指導・管理業務を行う1級管工事施工管理技士と、技術者として施工管理を行う2級管工事施工管理技士がある。1級管工事施工管理技士は、建設業法における監理技術者（管工事）及び特定建設業の営業所専任技術者となり得る資格であり、2級管工事施工管理技士は、主任技術者（管工事）及び一般建設業の営業所専任技術者となり得る資格である。

※注：監理技術者及び特定建設業の営業所専任技術者となり得る資格を有する者は、主任技術者及び一般建設業の営業所専任技術者となり得る。

●関連団体：(財)全国建設研修センター
Tel　03-3581-0139
http://www.jctc.jp/

■官公需法

正式名称は「官公需についての中小企業者の受注の確保に関する法律」。官公需とは国や地方自治体などが実施する物品の購入、工事の発注をいう。大企業と比べて競争力が弱い中小企業の保護育成を目的に、受注機会の確保を目的としている。政府は毎年度、中小企業向けの契約目標を決める。

■慣行水利権

⇒パンク河川

■監査意見不表明

監査意見の一つ。監査人は、会社が作成した財務諸表等を適正性の観点から監査し、その結果を意見として表明する。監査意見は監査報告書の中で述べられ、監査した会社の経営者に提出される。監査意見は「無限定適正意見」、「限定付適正意見」、「不適正意見」、「意見不表明」のいずれかとなる。「意見不表明」とは、重要な監査手続きが実施できず、十分な監査証拠が入手できない場合で、その影響が財務諸表等に対する意見表明ができないほどに重要と判断した場合。財務状況を「適正に表示しているかどうかについての意見を表明しない」とし、その理由も記載する。

※「無限定適正意見」…一般に公正妥当と認められる企業会計の基準に従って、財務状況を「すべての重要な点において適正に表示している」と認められる場合。

※「限定付適正意見」…一部に不適切な事項はあるが、それが財務諸表等全体に対してそれほど重要性がないと考えられる場合。その不適切な事項を記載して、財務状況はその事項「を除き、すべての重要な点において適正に表示している」と表明する。

※「不適正意見」…不適切な事項が発見され、それが財務諸表等全体に重要な影響を与える場合。不適正である理由を記載して、財務状況を「適正に表示していない」と表明する。

■監査役

監査役は株主総会で選任され、取締役の職務執行を監査する者。資本と経営の分離が進

んでいる現代の会社にあって、経営者の職務執行を監視するための株式会社の常設機関として位置付けられている。監査役の監査は、原則として、いわゆる業務監査と会計監査の両面に及ぶ。大会社（資本金5億円以上、又は負債総額200億円以上の株式会社）の会計監査については、1974年の商法改正により、監査の専門家である公認会計士又は監査法人による監査が実施されることになったため、監査役は公認会計士又は監査法人の監査結果等の相当性について意見を述べることになった。

※業務監査：取締役の職務の執行が法令・定款を遵守して行われているかどうか監査する。一般に適法性監査と呼ばれている。

※会計監査：計算書類及びその附属明細書を監査すること。大会社かつ公開会社では、公認会計士又は監査法人を会計監査人として選任しなければならない。

※公開会社：自社の株式の全部又は一部について、譲渡制限（定款で会社に無断で株式を譲渡できないと定めていること）を設けていない会社のこと。

■乾式工法（かんしきこうほう）

水を必要とするコンクリートや漆喰などの材料を使わずに、建築物を組み立てる方法。例えば、外装タイルの施工においては、下地には窒素系サイディングを張り付ける工法。湿式工法（モルタル等で下地を作り、セメント系接着剤を使って張り上げる工法）より、スピーディで施工期間が短縮できる。

■完成工事原価
⇒損益計算書

■完成工事原価報告書

損益計算書に表示された、完成工事原価の内訳明細書。建設業法施行規則様式第16号「損益計算書」の中で、「完成工事原価報告書」の様式を示している（個人企業の場合、完成工事原価報告書を作成せず、損益計算書の「完成工事原価」の内訳として、材料費等の明細を示すだけで良い（建設業法施行規則様式第19号））。建設業者は、建設業法施行規則に基づき、毎年、完成工事原価報告書を作成し、その期における完成工事の材料費、労務費、外注費及び経費を明示することとされている。

※完成工事原価報告書

材料費	・工事のために直接購入した素材、半製品、製品、材料貯蔵品勘定等から振り替えられた材料費（仮設材料の損耗額等を含む）。
労務費	・工事に従事した直接雇用の作業員に対する賃金、給料及び手当て等。工種・工程別等の工事の完成を約する契約でその大部分が労務費であるものは、労務費に含めて記載することができる。
（うち労務外注費）	・労務費のうち、工種・工程別等の工事の完成を約する契約でその大部分が労務費であるものに基づく支払額。
外注費	・工種・工程別等の工事について素材、半製品、製品等を作業とともに提供し、これを完成することを約する契約に基づく支払額。ただし、労務費に含めたものを除く。
経費	・完成工事について発生し、又は負担すべき材料費、労務費、及び外注費以外の費用で、動力用水光熱費、機械等経費、設計費、労務管理費、租税公課、地代家賃、保険料、従業員給料手当、退職金、法定福利費、福利厚生費、事務用品費、通信交通費、交際費、補償費、雑費、出張所等経費配賦額等のもの。
（うち人件費）	・経費のうち従業員給料手当、退職金、法定福利費及び福利厚生費。

■完成工事高
⇒損益計算書

■完成工事補償引当金
⇒流動負債

■完成工事未収入金
⇒流動負債

■官製談合
　国や地方自治体による公共事業を発注するときに行われる競争入札において、公務員が談合に関与して、不公平な形で落札業者が決まる仕組みのこと。官製談合を防ぐため、2003年（平成15年）1月、官製談合防止法（入札談合等関与行為の排除及び防止に関する法律）が施行された。同法は、国や地方自治体などの職員が談合を指示したり、予定価格などの秘密を漏らした場合に、改善措置を求める権限を公正取引委員会に与えている。また、各省庁の大臣や地方自治体の首長は、談合にかかわった職員に対し、損害賠償を速やかに求めなければならない。その後、2006年には、福島県と和歌山県と宮崎県で相次いで官製談合事件が発覚し、3人の知事が逮捕されるという異例の事態となった。これを受け、談合に関与した公務員への罰則などを新たに設けた「入札談合等関与行為の排除及び防止並びに職員による入札等の公正を害すべき行為の処罰に関する法律」（改正官製談合防止法）が、2007年（平成19年）3月14日から施行されている。

■完成届
　建設工事の請負人が、工事が完成したことを発注者に通知する書類のこと。公共工事標準請負契約約款第31条第1項では、工事が完成したときは、請負者は、発注者にその旨を通知すべきことを義務付けている。この通知は、書面により行うこととされているが（同約款第1条第5項）、これは、一般的に「完成届」という名称で発注者において書式を定めている。発注者は、この通知を受けた日から14日以内に完成検査をし、検査結果を請負者に通知しなければならない（同約款第31条第2項）。

■間接工事費
　各工事部門の実施に対して、共通的に使用されるものに要する費用。大別すれば共通仮設費と現場管理費に分類される。「共通仮設費」は、工事用仮設道路などの各工種に共通の仮設に要する費用（機械器材の運搬費、準備費、安全費等）。「現場管理費」は共通仮設費以外の工事現場を管理運営するために必要な費用で、現場作業員の給与、福利厚生、保険料、租税公課、工事現場での環境対策やイメージアップなどの取り組みの費用を含む。

■監督員
　請負契約の的確な履行を担保するため、注文者の代理人として、設計図書に従って工事が施工されているか否かを監督する人。建設業法第19条の2第2項に規定されている。監督員は、材料調合、見本検査等にも立ち会うのが通例とされている。これは、建設工事は性質上、工事完成後に施工上の瑕疵を発見することは困難であり、仮に瑕疵を発見することができても、それを修復するには相当の費用を要する場合が多いので、施工の段階で逐次監督することが合理的であることによる。

■監督処分
　建設業者が建設業法や入札契約適正化法に違反すると、建設業法上の監督処分の対象になる（同法第28条）。建設業者は、建設業法はもちろん、建設業の営業に関連して守るべきその他の法令の規定を遵守するとともに、建設工事の施工に際しては、業務上必要とされる事項に関して注意義務を怠らず、適正な建設工事の施工を行うことが必要である。監督処分は、刑罰や過料を課すことにより間接的に法律の遵守を図るために設けられる罰則とは異なり、行政上直接に法の遵守を図る行政処分である。具体的には、一定の行為について作為又は不作為を命じたり（指示）、法の規定により与えられた法律上の地位を一定期間停止し（営業の停止）、あるいは剥奪する（許可の取消）ことにより、不適正な者の是正を行い、又は不適格者を建設業者から排除することを目的とするものである。

※参照「営業停止」「指示処分」

かんりぎじ

※許可取消処分：不正手段で建設業の許可を受けたり、営業停止処分に違反して営業したりすると、許可行政庁（監督行政庁）によって、建設業の許可の取消しが行われる（同法第29条）。一括下請の禁止規定の違反や独占禁止法、刑法など他の法令に違反した場合などで、情状が特に重いと判断されると、指示処分や営業停止処分なしで、即、許可取消しとなる。いったん許可が取り消されると、5年間は新たに許可を受けられない。

■監理技術者

建設業法では、建設工事の施工の技術上の管理を行う主任技術者又は監理技術者を工事現場に置かなければならない（同法第26条第1項、第2項）と定められている。発注者から直接請け負った特定建設業者が、総額で3,000万円（建築一式工事の場合は4,500万円）以上を下請に出す場合は、主任技術者に代えて監理技術者を設置しなければならない。この監理技術者は、建設業者と直接的かつ恒常的な雇用関係にあることが必要であり、在籍出向等は認められていない。また、「公共性のある施設若しくは工作物又は多数の者が利用する施設若しくは工作物で政令で定めるもの」に関する建設工事で、2,500万円（建築一式工事の場合は5,000万円）以上のものについては、工事現場ごとに専任の者でなければならない（同法第26条第3項）。なお、監理技術者の専任配置が必要な工事には、民間工事であっても監理技術者資格者証と監理技術者講習修了証の携帯が義務付けされている。

※監理技術者に必要な資格・経験：①当該建設工事の種類に応じた高度な技術検定合格者、免許取得者（例：土木一式工事→1級土木施工管理技士、技術士など）②主任技術者の資格要件に該当し、かつ、許可に係る建設業の工事について、元請として4,500万円以上の工事を2年以上指導監督した実務経験者　③前述①又は②と同等以上の能力があると認められる者。ただし、特定建設業のうち指定建設業（土木、建築、管、鋼構造物、ほ装、電気、造園工事業）の場合には、①又は①と同等以上の能力がある

と認められる者でなければならない。

※主任技術者：建設業の許可を受けている建設業者は、請け負った工事を施工する場合、元請・下請・金額の大小にかかわらず、「主任技術者」を工事現場に置かなければならない（同法第26条第1項）。主任技術者は、施工計画の作成や工程管理など、その工事現場における施工の技術上の管理を行う者で、建設業者と直接的かつ恒常的な雇用関係にあることが必要であり、在籍出向等は認められていない。主任技術者になり得る者は、①許可に係る建設業の工事について、高等学校の関連学科卒業後5年以上の実務経験者、大学の関連学科卒業後3年以上の実務経験者　②許可に係る建設業の工事について、10年以上の実務経験者　③前述の①又は②と同等以上の知識、技術、技能があると認められる者（当該建設工事の種類に応じた一定の資格取得者など→例えば建築一式工事の場合、1、2級建築施工管理技士、1、2級建築士など）

※公共性のある施設若しくは工作物又は多数の者が利用する施設若しくは工作物で政令で定めるもの：建設業法施行令第27条で定められている。具体的には、①国、地方公共団体発注の施設又は工作物　②鉄道、索道、道路、上下水道などの公共性のある施設又は工作物　③電気事業用施設、ガス事業用施設など　④学校、図書館、寺院、工場、病院、デパート、事務所、ホテル、共同住宅など公衆又は多数の者が利用する施設などで、結局のところ個人住宅を除いたほとんどの工事が対象になる。

■監理技術者講習修了証

公共工事に監理技術者として配置されるためには、国土交通大臣の登録を受けた講習機関の講習受講が義務付けられており（建設業法第26条第4項）、この講習を修了した者に交付される修了証のこと。講習を修了した日から5年間有効。

2008年11月28日施行の改正建設業法により、民間工事であっても、公共性のある不特定多数が利用する施設など（同施行令第27条の1で定める施設）で、請負代金が2,500万円以上（建築一式工事は5,000万円以上）の工事において、監理技術者の専任配置が必要

な工事には、監理技術者資格者証の携帯と監理技術者講習の受講が義務付けられた。監理技術者講習修了証は、発注者等から提示を求められことがあるため、携帯しておくことが望ましい。

※参照「監理技術者」「監理技術者資格者証」

■監理技術者資格者証
　監理技術者は、建設工事の施工の技術上の管理を行う者であるが、この監理技術者の資格を有する者（1級施工管理技士等の国家資格者や一定の実務経験を有する者）に交付される資格証のこと。発注者が国・地方公共団体等で監理技術者の設置が必要な工事には資格者証の携帯が義務付けられているほか、2008年11月28日施行の改正建設業法により、民間工事（公共性のある不特定多数が利用する施設など（同施行令第27条の1で定める施設）で、請負代金が2,500万円以上（建築一式工事は5,000万円以上）の工事において）であっても、監理技術者の専任配置が必要な工事には、監理技術者資格者証の携帯と監理技術者講習の受講が義務付けられた。

※参照「監理技術者」「監理技術者講習修了証」

■監理技術者に必要な資格・経験
　⇒監理技術者

■完了検査
　建築主は、建築確認を受けなければならない建築物の工事を完了した場合には、その旨を工事完了の日から原則として4日以内に建築主事又は指定確認検査機関に到達するように届け出て、当該建築物が建築物の敷地、構造及び建築設備に関する法令に適合してるかどうかについて、建築主事等の検査を受けなければならない（建築基準法第7条第1項・第2項・第4項、第7条の2第1項）。
　また、建築主事等は検査の結果、適法と認めた時は、当該建築物の建築主に対して検査済証を交付しなければならない（同法第7条第5項、第7条の2第5項）。

※参照「建築主事」

き

■機械・運搬具
　⇒固定資産

■機械器具設置工事
　建設業法第2条に規定する建設工事の一つ。機械器具の組み立て等により工作物を建設したり、工作物に機械器具を取り付ける工事をいう。具体的工事例として、プラント設備工事、運搬機器設置工事（昇降機設置工事を含む）、内燃力発電設備工事、集塵機器設置工事、給排気機器設置工事（トンネル、地下道等の給排気用に設置される機械器具に関する工事）、揚排水機器設置工事、ダム用仮設備工事、遊技施設設置工事、舞台装置設置工事、サイロ設置工事、立体駐車設備工事などがある。

※「機械器具設置工事」には広くすべての機械器具類の設置に関する工事が含まれるため、機械器具の種類によっては「電気工事」、「管工事」、「電気通信工事」、「消防施設工事」等と重複するものもあるが、これらについては原則として「電気工事」等それぞれの専門の工事の方に区分する。いずれにも該当しない機械器具あるいは複合的な機械器具の設置が「機械器具設置工事」に該当する。

■機械損料
　請負工事費の積算に用いる機械経費の一部であり、建設業者が保有する建設機械等の償却費、維持修理費、管理費等のライフサイクルコストを1時間あたり又は1日あたりの金額で示したもの。建設機械損料は2年に一度、受注者が所有する建設機械等の取得費用、稼働実績、処分実績を調査し、この結果に基づいて決定されている。

■基幹技能者
　建設現場で働く技能者を束ね、指示、指導しながら優れた品質の建設生産物を作り上げる熟練技能者のこと。基幹技能者の役割として①現場の状況に応じた施工方法等の提案、

調整等　②現場の作業を効率的に行うための技能者の適切な配置、作業方法、作業手順等の構成　③一般の技能者の施工に係る指示、指導　④前工程、後工程に配慮した他の職長等との連絡調整があげられる。

※参照「登録基幹技能者」

■機関投資家

　生命保険、年金、投資信託など、主として他人から委託された資金を運用している投資家。資産運用のプロで、個人投資家以外の投資家をいう。証券投資による収益を重要な収益源とする生命保険会社、信託銀行、投資信託会社が代表的であるが、そのほかに企業年金基金、農林系金融機関、損害保険会社などがある。個人投資家と比べて資金量や運用に伴う情報量、手法などで優位に立ち、株式、債券、外国為替などの市場で大きな影響力を持つようになっている。

■企業短期経済観測調査

　単に「短観」とも呼ぶ。企業の経済活動の現状把握と将来の予測を狙いに、日本銀行が四半期に一度企業にアンケート調査し、4、7、10月の上旬と12月の中旬に結果を発表している。企業が景気をどう感じ、先行きをどう見ているか、いわゆる企業家心理（マインド）を知るうえで重要な調査。日銀が公定歩合を操作する際の有力な判断材料でもある。調査は①全国短観と②全国短観を補完する目的で、金融機関に対しても調査を実施している。

※全国短観：総務省の「事業所・企業統計調査」をもとに、資本金2,000万円以上の民間企業を母集団企業（約21万社）とし、その中から、業種別・規模別に設けた区分毎に統計精度等に関する一定の基準をもとに抽出した約1万社を調査対象企業とする標本調査。

■企業の農業参入

　高齢化に伴う農業の担い手不足や増大する耕作放棄地、農業の低い生産性などを改善するため、政府が段階的な規制緩和で後押ししている。企業の農業参入は、農地法とその関連法で規制されており、現在、株式会社については「農業生産法人」と「特定法人貸付事業」による参入がある。「農業生産法人」は、全国どこでも設立でき、農地の賃借権・所有権の取得も認められている。しかし、農業の売上高が半分以上であること、農業の常時従事者などの農業関係者が総議決権の4分の3以上などの要件があるため、通常の企業ではなく、家族経営の農業が企業化したものが多い。「特定法人貸付事業」による参入は、2003年に構造改革特別区域制度の中で認められ、全国展開されている。条件は、耕作放棄地が相当程度存在する区域において、企業が市町村と農業を適正に行う旨協定を交わした上で、リース方式により農業に参入するものである。「特定法人貸付事業」によるリース方式での農業参入は、2008年9月現在、155市町村で320法人、業種別には建設業が104、食品会社が65、組織形態別では株式会社が170、特例有限会社が85、NPO等が65となっている。

■企業連携

　⇒コンツェルン

■期限の利益

　法律行為の発生、消滅又は債務履行の時期を期限（民法第135条）といい、当事者はこの時期の到来まで、権利を失わないとか、自己の債務を履行しなくてもよいなどの利益を、期限の利益という。例えば金融業者から借金をし、その契約内で「30日以内に返済」となっている場合、債務者側は30日間は返済しなくても良い。つまり期限まで返さなくても良いという利益があることになる。

■危険予知活動

　安全管理上の手法の一つ。目に見えない職場の危険（潜在した危険要因）を洗い出し、それを事前に排除したり、事故に巻き込まれないように危険予知能力を向上させて、安全な作業を行うことで災害をなくそうという活

動である。略称は KYK。

■起債充当率
　建設事業の事業費の財源について、国庫補助金などの特定財源を除いた地方負担額のうち、地方債で充当しても良いとする比率。単独事業の場合は、予定された事業費のうち起債で賄っても良いとする比率のこと。毎年、総務省が策定する起債許可方針により、事業債ごとに示される。

■技術交渉方式
　⇨ ネゴシエーション契約

■技術士（国家資格）
　技術士法に基づいて行われる国家試験（技術士第二次試験）に合格し、登録した者（同法第32条第1項）。技術士は、企業や公的機関の依頼に応じて、技術上の問題点について相談、指導、プロジェクトの企画、設計、管理をし、各種の技術的事項について調査、評価、改善、提案などをする技術者のこと。技術士の専門分野は21部門からなり、各技術士は自分の専門分野を複数持っている者が多い。なお、建設業法における監理技術者及び特定建設業の営業所専任技術者となり得る資格は、下表のとおりである。

※注：監理技術者及び特定建設業の営業所専任技術者となり得る資格を有する者は、主任技術者及び一般建設業の営業所専任技術者となり得る。

※技術士法「技術士試験」資格

専門部門名	監理技術者となり得る建設工事
建設・総合技術監理（建設）	土木・とび土工・電気・ほ装・しゅんせつ・造園工事
建設「鋼構造及びコンクリート」・総合技術管理（建設「鋼構造及びコンクリート」）	土木・とび土工・電気・鋼構造物・ほ装・しゅんせつ・造園工事
農業「農業土木」・総合技術監理（農業「農業土木」）	土木・とび土工工事
電気・電子・総合技術監理（電気・電子）	電気・電気通信工事
機械・総合技術監理（機械）	機械器具設置工事
機械「流体機械」又は「暖冷房及び冷凍機械」・総合技術監理（機械「流体機械」又は「暖冷房及び冷凍機械」）	管・機械器具設置工事
水道・総合技術監理（水道）	管・水道施設工事
水道「上水道及び工業用水道」・総合技術監理（水道「上水道及び工業用水道」）	管・さく井・水道施設工事
水産「水産土木」・総合技術監理（水産「水産土木」）	土木・とび土工・しゅんせつ
林業「林業」・総合技術監理（林業「林業」）	造園工事
林業「森林土木」・総合技術監理（林業「森林土木」）	土木・とび土工・造園工事
衛生工学・総合技術監理（衛生工学）	管工事
衛生工学「水質管理」・総合技術監理（衛生工学「水質管理」）	管・水道施設工事
衛生工学「廃棄物管理」又は「汚物処理」・総合技術監理（衛生工学「廃棄物管理」）	管・水道施設・清掃施設工事

■技術提案型指名競争入札
　発注者が設計技術や施工方法に関する技術提案を求め、適切な提案実施者の中から落札者を決定する競争入札方式。

■技術力評価
　2008年4月1日から施行された経営事項審査において、見直しされた事項の一つ。技術職員の能力、資格、継続的学習への取組み等を反映したきめ細かな評価を行う観点から、

新たに建設業法施行規則に位置付けられた登録基幹技能者講習を修了した基幹技能者を加点評価し、専門工事業における人材育成の取組みを評価するとともに、監理技術者講習の受講者について加点評価することとなった。

また、専門工事業などの建設業者の業種ごとの得意分野を適切に評価する観点から、技術者の重複カウントを1人二業種までに制限することとし、技術職員の評価に関して2期平均を採用する激変緩和措置を廃止した。

さらに、公共工事の元請負人として求められるマネジメント能力を的確に評価する観点から、マネジメントをした工事の積み重ねを量的に評価できる元請完成工事高を評価することとした。

なお、総合評定値の算定に際して技術力の評点（Z評点）に乗じる係数を引き上げた（0.20→0.25）。

技術力（Z）の評点は、業種別技術職員数の点数（Z1）と工事種類別年間平均元請完成工事高の点数（Z2）を次の算定式に当てはめて求める。

Z評点＝業種別技術職員数の点数（Z1）×4/5＋工事種類別年間平均元請完成工事高の点数（Z2）×1/5

（注）評点に小数点以下の端数がある場合は切り捨て

■既製杭
RCパイル、PCパイル、RC節杭、鋼管パイルなど工場で製作された杭。

■擬制資産
⇒繰延資産

■基礎施工士（公的資格）
建設工事の中の基礎工事過程の場所打ちコンクリート杭工事に従事する技術者で、良質な工事を円滑かつ安全に施工するために必要な知識と技術の向上を図ることを目的とした大臣の事業認定に基づく資格。
●実施機関：㈳日本基礎建設協会
　Tel　03-3551-7018

http://www.kisokyo.or.jp/

■技能検定制度
働く人々の有する技能を一定の基準により検定し、国として証明する技能の国家検定制度。技能検定は技能に対する社会一般の評価を高め、働く人々の技能と地位の向上を図ることを目的として、職業能力開発促進法に基づき実施されている。技能検定は1959年（昭和34年）に実施されて以来、年々内容の充実を図り、現在137職種について実施されている。国が行う技能検定の等級には、特級、1級、2級、3級、単一等級などがあり、それぞれについて、実技及び学科試験が行われ、合格者には「技能士」の称号が与えられる。

※特級、1級、単一等級については、厚生労働大臣名の合格証書が交付される。
※2級、3級については、都道府県知事名の合格証書が交付される。

■寄付金
⇒損益計算書

■基本高水（きほんこうすい）
⇒計画高水流量

■基本測量
⇒測量業者登録制度

■客観点数
⇒主観点数・客観点数

■キャッシュフロー経営
積極的にキャッシュフローを高めるような経営。キャッシュフローとは、会社の事業活動によってもたらされる「お金の増減」。会計上は黒字でも資金繰りに行き詰まる、「勘定あって銭足らず」が避けられる。在庫やキャッシュの動きを正確に把握できるような体制にして、健全な企業体質に改善することが企業に求められている。

■キャッシュフロー計算書

現金の流れを見るための財務諸表。一会計期間における現金（キャッシュ）の増減（フロー）を示した計算書で、企業の資金情報が明らかになり、資金を獲得する能力、債務の支払能力、資金調達の必要性等に関して評価するための情報を広く提供することを目的としている。キャッシュフロー計算書は、株式を公開している企業に、その作成が義務付けられており、具体的には、営業活動、投資活動、財務活動の3つに区分してキャッシュフローを表すことになっている。

営業活動キャッシュフロー	・企業本来の営業活動に関わるキャッシュの出入りを示したもの。 ・営業活動により、どれだけの資金を獲得できたのか明らかになる。 ・本業で稼いだ結果残る現金であり、多いほど企業活動が良好といえる。
投資活動キャッシュフロー	・企業活動に不可欠な設備投資にどの程度の資金を支出し、どの程度の資金を回収したかを示している。 ・プラスが望ましいが、将来への投資は現金がある程度減少しても必要であり、マイナスであっても内容次第で問題は少ないといえる。
財務活動キャッシュフロー	・営業活動や投資活動を支えるためのキャッシュを、どのような方法で調達し、また、返済しているのかを示している。

■キャットウォーク

点検や作業のために、高所に設けられた狭い通路。劇場の舞台上部、スタジアムや体育館の天井面などに設けられている。また、一般住宅の吹抜けなどに設けられることもある。吊り橋のケーブルの上や普通の橋の通路の端に設けられる作業通路、ダムの中腹に設けられる管理用道路なども、キャットウォークと呼ばれている。

■休業補償給付
　⇒労働者災害補償保険

■急傾斜地

「急傾斜地の崩壊による災害の防止に関する法律」において、傾斜度が30°以上の土地をいう（同法第2条）。都道府県知事は、関係市町村長の意見を聞いて、急傾斜地の崩壊による災害から国民の生命を保護するため、急傾斜地崩壊危険区域を指定することができる（同法第3条）。急傾斜地崩壊危険区域においては、水の放流やため池などの築造など、都道府県知事の許可を受けなければならない行為が定められている（同法第7条）。

■休眠特許

使用されていない特許のこと。未使用特許とも呼ばれる。日本には有効な特許権が100万件程度あり、その約3分の2は休眠特許であるといわれている。その理由は商品化しても市場が小さく、利益を見込めないというのが大半であるが、特許侵害やクロスライセンスなど防衛用に保持している場合もある。大企業では、ある程度の規模の売上が期待できないものは製品化、事業化しないことが多いので、中小企業が小さな規模、ニッチな分野でうまく事業化できる場合もあり、新商品開発や新事業に活用しようという動きが、中小企業やベンチャー企業を中心に生まれてきている。休眠特許の内、権利者が他人に譲渡やライセンスしても良いと考えている特許は、「開放特許」という。

■業務監査
　⇒監査役

■強制執行

債務を履行しない（借金を返さない、購入した品物の代金を支払わない等）債務者に対して、裁判所を通して強制的に取り立てる手続き。債権者が訴訟に勝つと、裁判所は「被告は金○○円を支払え」という判決を出すが、判決が出たからといって、被告である債務者がお金を払ってくれるわけでも、国が立

て替えてくれるわけではないので、勝訴判決を得た債権者は、裁判所の執行機関に執行を申し立てて、裁判所の執行手続きによって権利の実現を図ることになる。金銭執行は、債務者の財産を差押えて換金し、その代金を債権者に支払う。金銭執行は、その対象となる財産の種類により、不動産執行、動産執行、債権執行とに分けられる。非金銭執行は、不動産の引渡しの強制執行、動産引渡しの強制執行などがある。

■行政に対する暴力的要求行為
　⇨暴力的要求行為

■行政不服審査法
　行政機関の処分等によって不利益を受けた国民が不服を申し立てて、これを行政機関が審査する手続きについて定めた法律。1962年（昭和37年）施行。行政不服審査法で定める手続きには、不服を申し立てる相手の区分により、「審査請求」（処分をした役所以外の役所に対して行う不服申立て）と「異議申立て」（処分をした役所に対して行う不服申立て）とがある。不服申立ては、不服申立てをする処分があったことを知った日の翌日から起算して60日以内に、役所に提出しなければならない。

■競争を制限する行為
　⇨独占禁止法

■競争を歪める行為
　⇨独占禁止法

■共通仮設費
　工事の施工において、共通的に必要な経費。具体的には、準備や跡片付けに要する費用等の準備費、機械等の運搬費、工事現場の安全対策に要する安全費、現場事務所等の営繕費など。

■共同企業体
　⇨JV

■共同溝
　電話ケーブル、電力ケーブル、ガス管、上下水道管などを収容する鉄筋コンクリート製の地下構造物のこと。共同溝の相互に隔離された堅固な鉄筋コンクリートの箱に収容されるので、地震等の災害時でもその影響を受けにくく、より確実な供給ができるようになる。また、維持管理という面においても安全・確実に行えるメリットがある。下水道やガス管などの敷設工事の都度、道路を掘り返すと、道路が傷められるほか、工事による交通渋滞や騒音が発生する原因にもなる。共同溝を造ることにより、再三にわたる道路の掘り返しがなくなり、良好な市民生活が確保できる。

■共同担保
　同一債権の担保として複数のもの（家屋とその土地など）の上に担保物権（先取特権、質権、抵当権）を設定すること。例えば、住宅ローンでは、土地と建物を共同担保として抵当権を設定する。共同担保にするかどうかが問題になるのは、追加担保を取る場合。例えば、極度額1,000万円で根抵当権を設定している場合に、債務者のほうで極度額を新たに500万円増加してほしいと言ってきた場合、債権者は通常、追加担保を要求する。この場合、新たに500万円の根抵当権を設定するか、又は極度額を1,500万円に変更し、従来の担保と新たな担保を共同担保にするか、どちらかの方法を取ることになる。競売の時点における不動産の価値は、担保権を設定した時点から変動しがちである。一つは上がるが、他方は下がるというケースもある。そのことを考慮すると、共同担保の方が危険負担は少ないといえる。

■胸壁
　⇨パラペット

■京間
　⇨江戸間・京間

■共用施設
　マンションのエントランスホールや駐車場、駐輪場、ゴミ置き場、集会室、宅配ロッカーなど、マンションの住民が快適で便利な生活を送るために、共通して使用できる施設のこと。

■共用部分
　マンションなどにおいて、専有部分は入居者が単独で所有する住居内のことであるが、共用部分は専有部分に含まれない建物の一部をいう。具体的には、マンションの基礎・壁面・支柱・屋根・廊下・階段・エントランス・管理室・集会所など。

■協力業者
　建設工事において、元請負人と下請負契約を締結した個人業者や専門工事業者のこと。

■許可工作物
　⇒河川工作物

■許可取消処分
　⇒監督処分

■切込砂利
　河原などから採取したままの砂利で、水洗いもふるい分けもしないもの。

■切土
　⇒盛土・切土

■亀裂
　⇒ひび割れ

■緊急保証制度
　米国に端を発した金融危機によって、企業の金融機関からの資金調達が難しくなっている、いわゆる金融収縮問題に対応するため、政府が中小企業の資金繰り支援策として2008年10月末から始めた制度。中小企業が金融機関から融資を受ける際、全国の信用保証協会が返済を全額保証する仕組みで、対象は698業種。対象の中小企業は一般保証とは別に、無担保8,000万円を含む最大2億8,000万円まで同協会の保証を受けられる。2009年1月9日現在で、承諾件数181,009件、金額は4兆1,525億円となっており、全国で利用の申込が急増している。

■銀行取引停止処分
　当座預金取引をしている者が、自ら振出した手形・小切手を資金不足により期日に決済できなかった時に下される処分で、6ヵ月間に2回不渡りを発生させると、2年間当座取引と融資取引ができなくなる。この処分を受けた者は、当座預金を強制的に解約され、借入金がある場合は即刻返済を要求される。一般に1回目の不渡りを出すと事業継続が困難となるといわれている。それは、その事実が手形交換所加盟金融機関全てに告知され、取引金融機関が一斉に警戒し回収態勢に入ること、及び取引先や信用調査会社から不渡り情報が駆け回り、信用力が地に落ち、仕入れや支払いに困難が生じるからである。

■銀行振出小切手
　⇒預手

■金銭債権
　金銭の給付を目的とする債権。金銭債権特有の効力としては、無利息の約束でなければ利息を請求できること、相殺の対象になること、公正証書を作成し執行認諾文言を付ければ、裁判を起こさなくても強制執行ができることなどがあげられる。

■金銭保証
　公共工事の履行保証制度には、請負者の契約不履行による損害を金銭的に補填する「金銭的な保証」と、工事の完成そのものを保証する「役務的な保証」に大別されている。金銭保証は「金銭的な保証」の一つで、金融機関と前払金保証事業会社などで扱っている。公共工事の請負契約の締結時に、請負者より発注者に納付される契約保証金の代わりとな

る。万一、請負者の都合により請負契約が解除された場合に、保証事業会社が、保証金額を限度として不履行による違約金を発注者に支払うもの。

■禁治産者（きんちさんしゃ）・成年被後見人
⇒制限行為能力者

■金融派生商品
⇒デリバティブ

■近隣対策
建設工事に関連して発生する近隣住民に及ぼす被害や迷惑に対して、対応をすること。近隣対策のエリアは、役所が指定するか、施工者側で決めることになる。例えば、市街地で賃貸マンションを計画する場合を想定すると、近隣対策で出てくる主な問題は、①日照阻害　②採光阻害　③通風阻害　④眺望阻害　⑤電波障害　⑥風害　⑦プライバシーの侵害　⑧圧迫感　⑨交通障害　⑩工事による騒音、振動等の障害　などが想定される。法規上、問題ないからと甘く考えると工事が遅れるだけでなく、計画そのものが実現できなくなる場合もあるので、近隣対策に十分配慮しなければならない。

■杭打ち型枠・連石（れんせき）
伝統的河川工法の一つ。木材又は鉄筋コンクリート杭等で枠を組み、中に詰石をしたもの。主に根固めを目的として用いられる。枠工ともいう。

■杭基礎
軟弱地盤の場所で、固い支持層まで杭を入れる工法。例えば家を建てる場合、軟弱な地盤だと家が沈んでいくので、固い支持層（地盤）の所まで杭を打ち込むことにより、家を安定させることができる。このように「杭」を使って、家を安定させる基礎のことを杭基礎という。打ち込む杭の素材には、木杭、鋼杭、コンクリート杭などの種類がある。

■杭出し（くいだし）水制
⇒水制

■グラウト
建設工事（トンネル工事、ダム建設、地すべり対策工事など）において、岩石や地盤、鉄骨柱などの隙間を埋める流動性の高い液体。一般的には、セメント系、粘土系、水ガラス系などがある。プレストレスト・コンクリートのポストテンション方式でPC鋼材と鉄のチューブにできた隙間を埋める際等にも使用されている。

■クラック
⇒ひび割れ

■栗石（ぐりいし）
10〜15cm程度（栗の実ぐらい）の丸みを帯びた川石。玉石ともいう。かごマットの中詰材や構造物の基礎、あるいはブロック積みの裏込め材等として使用される。

■繰越利益剰余金
⇒貸借対照表

■グリーストラップ
油脂などを分離する阻集器。レストランやホテル、食堂、給食センターなどの全ての業務用厨房から排出される汚水は直接、公共の下水に排水するのではなく、浄化槽の阻集器で浄化してから排出することが義務付けられている（水質汚濁防止法：1971年施行）。廃食油（グリース）をせき止める（トラップ）ことから、グリーストラップと呼ばれている。

■繰延資産
既に代価の支払いが完了し又は支払義務が確定し、これに対応する役務の提供を受けたにもかかわらず、来期以降にもその支出の効

果が期待されるという理由から、貸借対照表に資産として計上し、費用配分を長期に渡って行うもの。換金できない資産という意味で、擬制資産ともいう。旧商法上、認められている繰延資産は、創立費・開業費・開発費・試験研究費・新株発行費・社債発行費・社債発行差金・建設利息の8つである。なお、会社法では、繰延資産の限定列挙が廃止され、計上については会社慣行に委ねられている。

※繰延資産

創立費	・定款等の作成費、株式募集のための広告費等の会社設立費用。
開業費	・土地、建物等の賃貸料等の会社成立後営業開始までに支出した開業準備のための費用。
株式交付費	・株式募集のための広告費、金融機関の取扱手数料等の新株発行のために直接支出した費用
社債発行費	・社債募集のための広告費、金融機関の取扱手数料等の社債発行のために直接支出した費用。
開発費	・新技術の採用、市場の開拓等のために支出した費用（ただし、経常費の性格をもつものは含まれない）

■繰延税金資産
　⇒固定資産
　⇒流動資産

■繰延税金負債
　⇒固定資産
　⇒流動資産

■繰延ヘッジ損益
　⇒貸借対照表

■グリーンGDP
　⇒グリーンGNP

■グリーンGNP
　環境指数。環境対策にかかるコストや環境対策実施による利益などを数値化し、国々の環境をGNPのように比較可能にしたもの。

国の経済の状況を示す指標としてはGNP（国民総生産）やGDP（国内総生産）があるが、これらには環境汚染による国民生活の質の低下や、野生生物種などの枯渇が将来世代の選択の幅を狭めていることなどが反映されていない。グリーンGNPやグリーンGDPは、環境汚染等の経済的損失をGNPやGDPから差引いて算出する指標である。1993年国連が打ち出した「環境・経済統合勘定」に基づいて、各国で検討されている。

■グリーン庁舎
　環境配慮型官庁施設が正式名称。「環境基本法」の基本理念に則り、建物計画から建設、運用、廃棄に至るまでの、ライフサイクルを通した環境負荷の低減に配慮し、我が国の建築分野における環境保全対策の模範となる官庁施設をいう。

※グリーン庁舎事例

施設名	採用した主なグリーン化技術
敦賀駅前合同庁舎（福井県敦賀市）	・光格子（日射遮へいルーバー）・外壁、屋根の外断熱・太陽光発電システム・ノンフロン熱源システムなど
浪速税務署（大阪市浪速区）	・透水性舗装・ペアガラス・太陽光発電システム・雨水利用・ノンフロン熱源システムなど
島田労働総合庁舎（静岡県島田市）	・屋上緑化・透水性舗装・太陽光発電システム・氷蓄熱システム・雨水利用など

■グリーン調達（購入）

商品などを買う時に、価格や品質、利便性、デザインだけでなく環境のことも考えて、環境にやさしく、また、環境負荷の低減に努める事業者から優先して購入すること。2001年4月施行の「グリーン購入法」では、国の機関はグリーン購入に取り組むことが義務、地方自治体は努力義務、事業者や国民にも一般的責務があると定められている。

■黒字倒産

帳簿上は利益が出ていながら運転資金が調達できず、倒産してしまうこと。直近の決算発表で黒字を計上していた企業が、倒産するケースを指すことが多い。近年の例では、リーマンショック（158年の歴史を持つアメリカで第4位の証券会社が、サブプライムローン問題などの影響で2008年9月15日経営破たん）といわれる米国発の金融不安が、グローバルな金融危機・世界経済全体の悪化・後退へと混乱が拡大し、信用収縮が進む中、金融機関の融資姿勢が厳格化しており、「貸し渋り」「貸し剥がし」などが起きているといわれている。

※参照「貸し渋り」

■クロスコネクション

水道水を給水する管とその他の管（井戸水、工業用水、冷却水など）とを連結・接続している状態のこと。水道管とその他の管を直結し、バルブ等で切り替えて使用できるようにしている状態もクロスコネクションという。クロスコネクションは、上水道への流れ込みによる汚染や、上水道の流れ出しによる漏水防止のため禁止されている。クロスコネクションが発見された時は、水道管との切り離しが確認できるまで、水道法（第16条）などの規定に基づき（同施行令第5条）、水道事業者は給水をいったん停止する措置をとることができる。

■鍬入れ（くわいれ）

建設工事などの着工のときの儀式のこと。鍬入れ式ともいう。起工式や地鎮祭のときに、代表者が盛り砂に鍬入れを行う。「えいっ！えいっ！えいっ！」と声をあげて、3回鍬を入れる事が一般的に行われている。

け

■経営規模評価

2008年4月1日から施行された経営事項審査において、見直しされた事項の一つ。建設市場の量的拡大が望めないなど建設業を取り巻く環境が大きく変わる中で、企業評価においても、量的な側面だけでなく質的な側面を重視する観点から、完成工事高（X1）については、評点が上限となる金額を引き下げ（2,000億円→1,000億円）、これに伴って評点分布を圧縮するとともに、総合評定値の算定に際して完成工事高の評点（X1評点）に乗じる係数を引き下げた（0.35→0.25）。

また、自己資本を完成工事高で除した値、職員数を完成工事高で除した値を評価していた従来のX2については廃止し、利益額及び自己資本額を評点化して評価することに見直しされた。なお、総合評定値の算定に際してX2に乗じる係数を引き上げた（0.1→0.15）。

■経営業務の管理責任者

営業取引上、対外的に責任を有する地位にあって、建設業の経営業務について総合的に管理し、執行した経験を有した者をいう。建設業許可を受けるためには、法人の場合、その役員のうち常勤である者の一人が（個人の場合、その者又はその支配人のうち一人が）、許可を受けようとする建設業に関し、5年以上経営業務の管理責任者としての経験を有する者又は国土交通大臣がこれと同等以上の能力を有する者と認定した者であることを必要としている（建設業法第7条第1号）。

※役員のうち常勤である者：本社、本店等において休日その他勤務を要しない日を除いて、一定の計画のもとに、毎日所定の時間中、その職務に従事している者をいう。

※経営業務の管理責任者としての経験：営業取引上対外的に責任を有する地位にあって、建設業の経営業務について総合的に管理した経験をいう。具体的には、法人の役員、個人の事業主又は支配人、支店長、営業所長等の地位にあって経営業務を総合的に執行した経験をいう。

■経営業務の管理責任者としての経験
⇒経営業務の管理責任者

■経営事項審査
　公共工事を発注者から直接請け負おうとする建設業者が、必ず受けなければならない審査のこと。「経営事項審査」には、建設業者の経営状況を評価する「①経営状況分析（Y点）」と経営規模、技術力、その他（社会性等）の審査項目を評価する「②経営規模等評価（XZW点）」がある。①の審査については、国土交通大臣が登録する「登録経営状況分析機関」に申請する。また、②の審査については、建設業の許可をした行政庁（国土交通大臣又は都道府県知事）に申請する（建設業法第27条の24、第27条の26）。

■経営事項審査の有効期限
　経営事項審査の有効期限は、審査基準日（決算日）から1年7ヵ月と定められている（建設業法施行規則第18条の2）。毎年公共工事を発注者から直接請け負おうとする建設業者は、審査基準日から1年7ヵ月の「公共工事を請け負うことのできる期間」が切れ目なく継続するよう、毎年定期的に経営事項審査を受けることが必要になる。経営事項審査の申請が遅れると、審査や結果通知に遅れが生じることになり、その分だけ「公共工事を請け負うことができる期間」が短くなったり、期間が継続せず切れ目ができてしまうことがあるため、毎年事業年度経過後、決算関係書類が整い次第、速やかに経営事項審査の申請を行う必要がある。

■経営状況評価
　2008年4月1日から施行された経営事項審査において、見直しされた事項の一つ。企業実態を的確に反映させるために、評点分布と評価項目を全面的に見直している。「評点分布」については、ペーパーカンパニーが過大な評価とならないように、企業実態を反映した評点分布となるよう評点幅等を見直ししている。「評価項目」については、評価の内容が固定資産など特定の指標に偏らないようにし、「負債抵抗力」、「収益性・効率性」、「財務健全性」、「絶対的力量」を評価できる8指標となった。
※負債抵抗力：採用している指標は、「純支払利息比率」「負債回転期間」
※収益性・効率性：採用している指標は、「総資本売上総利益率」「売上高経常利益率」
※財務健全性：採用している指標は、「自己資本対固定資産比率」「自己資本比率」
※絶対的力量：採用している指標は、「営業キャッシュフロー」「利益剰余金」

■経営状況分析機関
　経営事項審査の経営状況の分析機関については、2004年3月より、それまでの指定制度から登録制度に改められ（建設業法第27条の24）、現在11の経営状況分析機関が登録されている（2008年1月現在）。

登録名	所在地	電話番号
財団法人建設業情報管理センター	東京都中央区	03-3544-6902
株式会社マネージメント・データ・リサーチ	熊本県熊本市	096-278-8330
平田　卓	東京都千代田区	03-5259-9508
ワイズ公共データシステム株式会社	長野県長野市	026-232-1145
有限会社九州経営情報分析センター	長崎県長崎市	095-811-1477

株式会社日本建設業分析センター	宮崎県宮崎市	0985-60-7717
有限会社北海道経営情報センター	北海道札幌市	011-820-6111
株式会社ネットコア	栃木県宇都宮市	028-649-0111
株式会社経営情報分析センター	東京都大田区	03-5753-1588
経営情報分析センター西日本株式会社	山口県宇部市	0836-38-3781
株式会社日本建設業経営分析センター	福岡県北九州市	093-474-1561

■経営承継円滑化法

正式には「中小企業における経営の承継の円滑化に関する法律」。内容は中小企業経営者の高齢化にかんがみ、円滑な承継による事業の継続を図るため、相続税の課税措置（税制改正）や民法上の特例、金融支援などの施策を整え支援するもの。2008年5月9日に成立し、民法特例を除き10月1日に施行となった。

※税制改正

	旧	新
課税措置 （相続税軽減措置）	・相続株式のうち発行済株式総数の3分の2又は評価額10億円までのいずれか低い額に対し10％減額。	・軽減対象となる株式限度額条件を撤廃し、中小企業基本法上の中小企業であれば、課税価格の80％納税を猶予する。
適用の要件	・被相続人と相続人（後継者）が親族関係であること。会社の代表者であることと、同人と同族関係者で発行済み議決権株式総数の50％超の株式を保有し、その中で筆頭株主であることの両方を被相続者・相続者間で引き継ぐこと等。さらに事業継続自体の要件として、承継後5年間は相続人が代表者であり、雇用の8割以上を維持することや相続した対象株式を継続保有すること。	

※金融支援：日本政策金融公庫法や沖縄振興開発金融公庫法に特例を設け、経営者の死亡等による相続税納税資金や株式、事業用資産の買収資金、遺留分減殺請求への対応資金も中小企業代表者への貸し付け対象に加える。

※民法の特例措置：生前贈与株式を遺留分の対象から除外することや、生前贈与株式の評価額をあらかじめ固定できることなど。ただし一定の要件を満たす後継者が、遺留分権利者全員の合意を得て所定の手続き（経済産業大臣の確認、家庭裁判所の許可）を経ることが前提になる。また、特例を利用できる中小企業の要件として、3年以上継続して事業を行っていることも省令で規定されている。手続きは従来だと遺留分放棄者全員が個別に申し立てを行わねばならなかったが、今後は後継者が単独で申し立てできるようになる。施行は2009年3月1日から。

■計画高水流量（けいかくこうすいりゅうりょう）

河道（かどう）を設計する場合に基本となる流量。基本高水を各種洪水調節施設（ダムや遊水地、放水路など）により調節した後、河道により流下させることとした流量のこと。

※河道：河川において、水が流れている部分。

※基本高水：河川の各地点に、ダムや遊水地、放水路など洪水量を調節する施設が無い状態で、流出してくる流量。そのピーク流量は、治水計画を立てる上で基本となる流量。

■景観法

都市、農山漁村等における良好な景観の形成を促進することを目的にした、景観についての総合的な法律。2005年6月1日施行。良好な景観についての基本理念及び国等の責務

を定めるとともに、景観計画の策定、景観計画区域、景観地区等における良好な景観の形成のための規制等について定めている。景観法自体は直接、都市景観を規制しているわけでなく、景観行政団体が景観に関する計画や条例を作る際の法制度となっている。都市緑地法、屋外広告物法とともに景観緑（みどり）三法と呼ばれている。

■経済同友会

　1946年（昭和21年）4月に創立された経営者団体。略称は同友会。終戦直後の日本経済の堅実な再建のため、中堅企業の若手経営者83人が集まり設立された。企業の役員が個人で加入する点に特色があり、企業の利害を離れた国民経済的観点から発言するため、進歩的な意見が出やすいといわれており、時代の潮流に沿った柔軟な考え方に基づいた提言を行っている。

■経常建設共同企業体
　⇒ 8条協定書

■経常利益

　損益計算書では、営業利益に営業外収益を加え、さらに営業外費用を控除して計算される利益。会社の通常の事業活動全体から得られる利益獲得力を示す。マイナスの場合は経常損失となる。

※営業外収益：本業以外の経常的な収益。

受取利息配当金	受取利息	・預金利息及び未収入金、貸付金等に対する利息
	有価証券利息	・公社債等の利息及びこれに準ずるもの
	受取配当金	・株式利益配当（投資信託収益分配金、みなし配当を含む）
その他	有価証券売却益	・売買目的の株式、公社債等の売却による利益
	雑収入	・他の営業外収益科目に属さないもの

※営業外費用：本業以外の経常的な費用。

支払利息	支払利息	・借入金利息等
	社債利息	・社債及び新株予約権付社債の支払利息
貸倒引当金繰入額	・営業取引以外の取引に基づいて発生した貸付金等の債権に対する貸倒引当金繰入額（異常なものを除く）	
貸倒損失	・営業取引以外の取引に基づいて発生した貸付金等の債権に対する貸倒損失（異常なものを除く）	
その他	創立費償却	・繰延資産に計上した創立費の償却額
	開業費償却	・繰延資産に計上した開業費の償却額
	株式交付費償却	・繰延資産に計上した株式交付費の償却額
	社債発行費償却	・繰延資産に計上した社債発行費の償却額
	有価証券売却損	・売買目的の株式、公社債等の売却による損失
	有価証券評価損	・会社計算規則第5条第3項1号及び同条第6項の規定により時価を付した場合に生ずる有価証券の評価損
	雑支出	・他の営業外費用科目に属さないもの

■競売（けいばい）

　せり売り。複数の買い手に値をつけさせて、最高価格を申し出た者と売買契約すること。裁判所等の行う競売には、判決などに基づく強制執行として、金銭債権の取り立てのために行われる場合と、抵当権など担保権の実行として行われる場合とがある。前者の場合は、不動産の競売を強制競売といい、これに対し、後者の場合を担保不動産競売という。

■経費
⇨完成工事原価報告書

■軽微な建設工事
建設業法第3条に規定されている、許可を受けなくても請け負うことができる建設工事。建築一式工事（建物の新築・増築などの工事）では、一件の請負代金が1,500万円未満の工事（消費税込）又は延べ面積が150㎡未満の木造住宅工事（主要構造部が木造で、延べ面積の2分の1以上を居住の用の供するもの）が該当する。また、建築一式工事以外の建設工事では、一件の請負代金が500万円未満の工事（税込）を指す。

■景品表示法
不当な表示や過大な景品類の提供を制限又は禁止し、公正な競争を確保することにより、消費者が適正に商品・サービスを選択できる環境を守るための法律。正式には、「不当景品類及び不当表示防止法」という。

消費者が商品を選択する際の基準となる広告やパッケージなどに書かれている商品説明などが、実際よりも優れているような表示になっていたり、過大なオマケをつけて販売する等、不当な表示や過大な景品類の提供を制限又は禁止している。

■ケイマンSPC（Special Purpose Company）
英国領ケイマン諸島に設立される特別目的会社のこと。不動産証券化において、原資産の保有者であるオリジネーターと国内SPCとの倒産隔離を図るための仕組みとして慈善信託と組み合わせて利用されることが多い。ケイマンSPCを利用する理由は、法人税・源泉税が非課税、設立事務手続の利便性、政情の安定、慈善信託等を用いた倒産隔離が比較的容易なことなどである。

■契約後VE方式
契約後、受注者が施工方法等について技術提案を行い、採用された場合、当該提案に従って、設計図書を変更するとともに、提案にインセンティブを与えるため、契約額の一部に相当する金額を受注者に支払うことを前提として、契約額の減額変更を行う方式。

■契約社員制度
専門的な知識や技術をもつ人を、契約によって一定期間だけ採用する制度。一般的には、準社員、嘱託、非常勤、臨時社員など、正社員としての採用や労働条件に基づかない労働者の総称を契約社員と呼んでいる。中途採用と違って年齢制限がなく、能力さえあれば高齢者でも採用されるし、外国人でも採用される。契約社員の定義、給与形態及び待遇などは、会社によってまちまちである。雇用契約を結んだ労働者には変わりがなく、労働関係法令も適用されることになるので、労働契約を結ぶ際は、契約書（労働契約書・雇用契約書）、会社の就業規則なども慎重に確認することが大切である。

■契約保証
⇨金銭保証

■計量士（国家資格）
計量に関する専門的な知識と技術を有する者として、認定される国家資格。計量士は、計量器の検査その他の計量管理を行い、計量法の円滑な施行と適正な計量の実施を責務とする。計量物の種類により、「環境計量士（濃度関係）」「環境計量士（騒音・振動関係）」「一般計量士」に区分されている。
●実施機関：経済産業省
　Tel　03-3501-1688
　http://www.meti.go.jp/

■軽量盛土工法
道路などの盛土を軽くして地盤に加わる負荷を軽減しようとする工法全般のこと。軽量盛土工法に使用する軽量盛土材には、超軽量の発泡スチロールブロック、重量をある程度の範囲で調整可能な気泡混合軽量土、発泡ビーズ混合軽量土、さらに廃ガラスびんの副産

物として利用できるスーパーソル、石炭灰、水砕スラグ、天然土の火山灰等がある。

■激変緩和措置
　建設投資の縮小や競争激化の中で、財務体質の改善や職員数の削減、不採算部門の切捨て等のリストラを推進してきた建設企業が、経営事項審査において不利にならないようにするため、1998年導入された措置。2008年の改正においても、適用範囲は縮小されたが継続されている。具体的には、経営規模等評価を申請する際に、①完成工事高については、2年平均又は3年平均、②自己資本額については、審査基準日又は2期平均のいずれかを選択することができる。

■ケーシング
　ボーリングや場所打ちコンクリートの土砂が崩れないように、土中に埋め込んでいく円筒の鉄板、又は鋼管。建築・住宅関連では、ドアなどの建具のまわりにめぐらせた枠のことを指す場合が多い。

■下水道管理技術認定試験
　管路施設の維持管理を適切に行うために必要とされる技術を有すると認められるための試験。管路施設に関する、工場廃水、維持管理、安全管理及び下水道関連法規に関する一般的な知識が要求される。
●実施機関：日本下水道事業団
　Tel　03-6361-7800
　http://www.jswa.go.jp/

■下水道技術検定試験
　下水道の設計、工事の監督管理及び維持管理について、専門的な知識と技能を持つ者として認められる検定試験。担当する業務の内容により、第一種から第三種に区分されている。
●実施機関：日本下水道事業団
　Tel　03-6361-7800
　http://www.jswa.go.jp/

■ケーソン工法
　潜函（せんかん）工法。あらかじめ地上に造った構築物をその下部の土を掘り取って、構築物の重量で地中に沈ませ、所定の地中深度に設置する工法。ケーソン工法には、「ニューマテックケーソン工法」（地盤の掘削の際に湧き出してくる地下水を、空気圧で押しとどめながら掘削する）と、「オープンケーソン工法」（湧出水をポンプで排水しながら、常圧で掘削する）とがある。

■欠損（けっそん）
　剥落（はくらく）、欠け（かけ）、等と同意語。外壁の仕上げがタイル張りであったり、モルタル塗りであったりする場合、それらの仕上げの一部分が躯体コンクリートから剥離して、ついにはそれが落下して思わぬ人身事故になることもある。特に大雨や台風の直後や小規模の地震の後などのほか、気温が急激に変化した翌日など、天候が著しく変化したときに剥落が起こる場合が多い。欠損は、まず庇の先端や軒先、バルコニーの鼻先など建物の異形部分に発生し、次いで壁、一般部分に広がっていくことが多い。

■結露（けつろ）
　空気中に含まれている水蒸気が冷たい物に触れたときに、朝露のような水滴となり、その物に取り付くことをいう。冬になると家庭では石油やガスストーブを使う機会が多くなるが、これらは水蒸気の発生を伴うので空気中の水蒸気が多くなる。一方、部屋の隅の壁やガラス窓は冷たいため、その壁等に触れた空気に含まれている水蒸気が水滴となって取り付くのであるが、壁の断熱性が悪いと雨漏りと間違えるほどの状態となる。結露が多すぎると畳等を濡らして腐朽の原因となるので、北風等が強く当たる部屋の押入れ等は注意が必要である。結露を防止するには、①壁の断熱性を良くすること、②室内の空気の循環（対流）を良くして、部分的な高湿度の空気部分をつくらないこと等が必要である。

■ケーブルエレクション工法
⇒ステージング式架設工法

■減価償却
　減価償却資産の取得に要した金額を、一定の方法によって各年分の必要経費として配分していく手続き。企業が事業などの業務に使用する建物、建物付属設備、機械装置、器具備品、車両運搬具などの固定資産は、時の経過等によってその価値が減っていく。このような資産を減価償却資産という。減価償却の方法は、平成19年3月31日以前に取得した減価償却資産については、「旧定額法」や「旧定率法」などの償却方法で、平成19年4月1日以後に取得した減価償却資産については、「定額法」や「定率法」などの償却方法で行うことになっている（平成10年4月1日以後に取得した建物の償却方法は、「旧定額法」又は「定額法」のみ）。

■減価償却費
⇒損益計算書
⇒減価償却

■元気回復事業
　国土交通省が2008年度の第二次補正予算に盛り込んだ「建設業と地域の元気回復事業」のこと。建設業団体や地方自治体、観光や林業など多業種の団体などで構成する協議会を設置し、地域の建設業者の人材や機材を活用して農業や林業など異業種と連携して地域を活性化する事業の立ち上げを国土交通省が支援する制度。2009年3月から5月中旬まで事業を募集し、6月に採択見通し。地域の基幹産業である中堅・中小の建設会社が保有する人材、機材、ノウハウなどを活用し、農業や林業、福祉、環境、観光などの異業種と連携しつつ、地域を活性化する事業を検討・実施する。国土交通省は、協議会の活動全般を支援し、補助金は㈶建設業振興基金に新しく基金を創設して、その中から1協議会当たり2,500万円を上限として定額で交付する。事業の実施期間は、2009年度から10年度まで。

■兼業事業売上原価
⇒損益計算書

■兼業事業売上高
⇒損益計算書

■現金預金
⇒流動資産

■健康保険
　日本における公的医療保険制度。健康保険に加入する者やその家族など（被扶養者）が、医療の必要な状態になったときに、公的機関などが医療費の一部を負担する制度をいう。我が国の医療保険制度は、国が義務としてその向上に努めなければならない社会保障制度の一つであり、国民保健の向上に寄与することを目的としており、全ての国民がいずれかの公的医療保険に加入しなければならない「国民皆保険制度」を国のルールとしている。

公的医療保険の種類	加入者区分
①国民健康保険	農業、自営業、年金受給者など
②政府管掌健康保険、組合管掌健康保険	サラリーマンなど
③国民健康保険組合	医師、歯科医師、薬剤師など
④各種共済組合	公務員、私立学校教職員など
⑤船員保険	船員

■建災防
　⇒建設業労働災害防止協会

■検索の抗弁権
　保証人に対して債権者が強制執行する場合、保証人が「債務者には支払いをするだけの資力があり、かつ執行が容易である」ことを証明した時には、先に債務者の財産に対して強制執行をしてくれと請求することができる（民法第453条）。これを検索の抗弁権という。これは普通の保証人の場合に認められる権利で、連帯保証人の場合には、検索の抗弁権は認められない。
※参照「催告の抗弁権」

■減収減益
　⇒増収増益

■減収増益
　⇒増収増益

■原子炉主任技術者（国家資格）
　原子炉の運転に関する保安・監督を行う技術者として認定される国家資格。電力会社などの原子炉の設置者は、原子炉の運転に関しての保安の監督を行わせるために、原子炉主任技術者を選任することが義務付けられている。
●実施機関：経済産業省
　Tel　03-3501-1511
　http://www.meti.go.jp/

■建設ICカード
　クレジットカードと同じ形状のプラスチックカードにIC（集積回路）チップを内蔵させ、建設現場の施工管理の効率化につながる情報を蓄積させるもの。一つの現場には工程ごとに様々な企業が関係し、人の出入りが複雑なため、企業や現場を越えて共通して参照できるカードが必要とされた。建設現場の入退管理、機械操作の資格確認などの合理化に使用されている。ICチップには「基本情報」（所持者ID番号、発行年月日、氏名、生年月日、性別など）、「個人情報」（住所、緊急連絡先、保険、年金情報など）、「免許・資格」（免許・資格コード、免許番号、有効期限など）、「特別教育履修」（特別教育名、実施日など）、「現場履歴」（過去12の現場の履歴）、「入退場記録」（最大50件の入退場記録）、「機械情報」（免許保持者にしか運転させないような管理機能の設定に使用可能）等が記録されている。

■建設汚泥
　建設工事に係る掘削工事から生じる泥状の掘削物及び泥水のうち、廃棄物処理法に規定する産業廃棄物として取り扱われるもの。建設汚泥は、産業廃棄物のうち無機性の汚泥として取り扱われる。含水率が高く粒子の微細な泥状の掘削物などで、標準仕様のダンプトラックに山積みができず、また、その上を人が歩いて渡れないような状態の泥を指す。
※参照「建設廃棄物」

■建設仮勘定
　⇒固定資産

■建設関連業
　道路、河川、ダム、橋梁などの公共施設は、測量・調査・計画・設計・施工・監理などの一連の業務の過程を経て建設される。これらの業務は、国や地方自治体などの事業主体から発注され、工事（施工）の部分は建設業によって担われるとともに、工事に先だって必要となる測量、調査、計画、設計、用地補償などの業務については、建設関連業によって担われている。この建設関連業は、測量業、地質調査業、設計業（土木と建築に分けられる）及び補償コンサルタントに分類され、これらの業を行う者を建設関連業者と総称している。

■建設機械施工技士（国家資格）
　建設機械施工に関する高度な知識と応用力をもつ者として、管理・監督業務を行うための国家資格。主に指導・管理業務を行う1級

建設機械施工技士と、技術者として施工管理を行う2級建設機械施工技士がある。1級建設機械施工技士は、建設業法における監理技術者（土木一式・とび土工・ほ装工事）及び特定建設業の営業所専任技術者となり得る資格であり、2級建設機械施工技士は、主任技術者（土木一式・とび・土工・ほ装工事）及び一般建設業の営業所専任技術者となり得る資格である。

※注：監理技術者及び特定建設業の営業所専任技術者となり得る資格を有する者は、主任技術者及び一般建設業の営業所専任技術者となり得る。

●関連団体：㈳日本建設機械化協会
　Tel　03-3433-1575
　http://www.jcmanet.or.jp/

■建設業
　元請・下請その他いかなる名義をもってするかを問わず、建設工事の完成を請け負う営業をいう（建設業法第2条第2項）。建設工事の完成を請け負うことを営業とするものに限られる。「請負」とは、当事者の一方がある仕事を完成することを約し、相手方がその仕事の結果に対して報酬を与えることを約する契約である（民法第632条）。

■㈶建設業技術者センター
　「資格者証の交付等を通じて工事現場における技術者の適正配置、技術力の向上等を図り、建設工事の適正な施工を図るとともに、建設業の健全な発展の促進を図る」ことを目的として、1988年（昭和63年）6月1日に設立された財団法人。㈶建設業技術者センターでは、①監理技術者資格者証の交付　②発注者支援データベース・システムの運営　③調査・研究事業　等の事業を行っている。

①監理技術者資格者証の交付	・国土交通大臣の指定資格者証交付機関。1988年9月から「監理技術者資格者証」の交付事業を行っている。 ・交付を受けた監理技術者は、約655,000人（2007年3月末現在） ・問合せ先：03-3514-4711
②発注者支援データベース・システム	・公共工事の発注者に、建設業者の財務・経営、工事実績、監理技術者の情報及び技術者の専任制確認情報をオンラインで提供し、入札・契約・施工の適切な執行及び事務の効率化を支援している。 ・問合せ先：03-3514-4671
③調査・研究事業	・建設工事の施工管理に関する調査・研究を行っている。

◆所在地：〒102-0084　東京都千代田区二番町3番地　麹町スクエア4F
◆電　話：03-3514-4711

■建設業経営支援アドバイザー
　⇒ワンストップサービスセンター事業

■建設業者
　建設業法において「建設業者」とは、建設業法第3条第1項の許可（国土交通大臣又は都道府県知事の許可）を受けて建設業を営む者をいう（建設業法第2条第3項）。建設業の許可については、一般建設業の許可と特定建設業の許可とに区分して与えられるので、それに応じて建設業者も、一般建設業者と特定建設業者の二者に分けられる。建設業の許可の適用除外となる軽微な建設工事のみを請け負うことを営業とする者（建設業法第3条第1項、政令第1条の2）は、建設業法にいう建設業者ではない。また、無許可業者（許可を受けなければならないのに、許可を受けないで建設業を営む者）も、建設業者には含まれない。

※参照「一般建設業者」「特定建設業者」

■建設業者団体
　建設業に関する調査、研究、指導等建設工事の適正な施工を確保するともに、建設業の

健全な発達を図ることを目的とする事業を行う社団法人又は財団法人は、建設業者団体として届出義務がある（建設業法第27条の37）。届出を必要とする建設業者団体は、社団又は財団のうち、その事業が一の都道府県の区域の全域に及ぶもの及びこれらの区域を越えるものに限られている（同規則第22条）。届出時期は、その設立の日から30日以内となっている（同規則第23条）。

※建設業者団体の届出：
　　国土交通大臣＝事業の活動範囲が、二以上の都道府県にわたるもの
　　都道府県知事＝事業が一都道府県の区域を活動範囲とするもの

■建設業者の不正行為等に関する情報交換コラボレーションシステム

　建設業における不正行為等の防止を図るため、国土交通省のホームページで公開している情報。①許可行政庁による監督処分情報（建設業者に対して監督処分・勧告等の措置を行った省庁や地方公共団体の各担当部署が、個別に公告又は閲覧に供している建設監督処分簿に準じた情報）と②公正取引委員会による措置（公正取引委員会が建設業者に対して採った独占禁止法上に基づく審決、排除措置命令及び課徴金納付命令等の情報）等の情報を掲載している。

http://www.mlit.go.jp/sogoseisaku/const/kengyo/collaboration/index.html
※参照「監督処分」

■㈶建設業情報管理センター

　1987年4月　建設大臣（当時）の許可を得て設立された財団法人。㈶建設業情報管理センターでは、①建設業に関わる調査研究　②技術の開発　③建設業情報処理の実施　④経営状況分析の実施　等の事業を行っている。

①調査研究	・建設業に係る情報の管理、提供及び企業評価制度について、その方法、在り方等に関する調査研究を行っている。
②技術の開発	・建設業に係る適切な情報を円滑に管理し、提供するために必要とする技術開発を行っている。
③建設業情報処理の実施	・建設業許可及び経営事項審査に係る情報をデータベースに登録・管理し、蓄積した情報を必要に応じ行政庁に提供している。
④経営状況分析の実施	・建設業法による登録経営状況分析機関（登録番号第1号）として、建設業者に係る経営状況分析を実施している。

◆所在地：〒104-0045　東京都中央区築地2-11-24　第29興和ビル7階
◆電　話：03-5565-6131

■㈶建設業振興基金

　建設産業界の近代化・合理化を推進し、建設産業の振興に寄与するために、1975年（昭和50年）7月に国と建設業者団体等からの拠出によって設立された財団法人。中小建設業の金融の円滑化、建設産業の構造改善・情報化の推進、建設業経理士試験、建設業経理事務士検定や建築及び電気工事施工管理技術検定等の諸事業を実施している。

◆所在地：〒105-0001　東京都港区虎ノ門4-2-12　虎ノ門4丁目MTビル2号館
◆電　話：03-5473-4570

■建設業退職金共済制度

　建設現場労働者のための退職金制度。中小企業退職金共済法に基づき創設され、㈵勤労者退職金共済機構が運営している。建設業の事業主は機構と退職金共済契約を結んで共済契約者となる一方、現場労働者を被共済者として、その労働者に機構が交付する共済手帳に労働者が働いた日数に応じ共済証紙を貼り、その労働者が建設業界の中で働くことをやめた時に、機構が直接労働者に退職金を支払う。労働者が現場を次々と移動し事業主が変わっても、労働日数を通算した退職金の支払い（国で定められた基準により計算されて

確実に支払われる）を受けることができる。また、公共事業の入札参加条件である経営事項審査はこの制度の加入者を加点評価するなどして制度の普及を支援している。2008年3月末現在で約274万人の建設労働者が加入している。

■㈶建設業適正取引推進機構

1992年（平成4年）10月　建設大臣（当時）の許可を得て設立された財団法人。㈶建設業適正取引推進機構では、①建設業関係法令に関する講習会の実施及び講習会に対する講師の斡旋　②建設業関係法令に関する助言・指導　③実務参考書の発行　④建設業に係る取引の適正化に関する調査・研究　等の事業を行っている。

①講習会	・建設業法、独占禁止法、暴力団対策法、その他建設業に係る取引に関する法令（入札契約適正化法、公共工事品確法、建設業におけるコンプライアンス等）について、講習会を実施している。 ・問合せ先：03-5570-0521　業務部
②法令の相談	・建設業法、独占禁止法に関する法令の適用に関する相談に応じている。
③書籍出版物	・新しい建設業法遵守の手引　・独占禁止法遵守の手引 ・官製談合防止の手引　・建設業法・独占禁止法一問一答 ・建設業のためのコンプライアンス ・建設業の元請・下請ルール　等 ※ホームページ上で、書籍の一部内容を見ることができる。 URL：http://www.tekitori.or.jp/

◆所在地：〒107-0052　東京都港区赤坂3-21-20　赤坂ロングビーチビル3F
◆電　　話：03-5570-0521

■建設業における労働力需給調整システム

建設技能労働者の雇用の安定を図り、建設業内で雇用の場を確保していくため、現状の請負システムの補完を目的として導入されたシステム。仕事が少ない時期に余った社員を、仕事が忙しい他社に派遣し融通しあうことで、不況を理由にした解雇を減らすことが目的。2005年10月　建設労働者雇用改善法が改正され、建設業務労働者の「有料職業紹介事業」、「就業機会確保事業」が、厚生労働大臣の認定を受けた、建設事業団体に限り実施できることになった。
※参照「派遣労働」
※建設業務有料職業紹介事業：厚生労働大臣より計画の認定を受けた事業主団体自らが実施する有料職業紹介事業。建設労働者を不足とする建設事業主と、離職を余儀なくされる建設労働者を就職あっせんする。事業主団体の構成事業主が求人者、事業主団体の構成事業主若しくは構成事業主に常時雇用されている労働者が求職者となる。求職者の職歴等の制限はない。

※建設業務労働者就業機会確保事業：労働者の一時的な送出事業である。受注減少などにより、一時的に余剰となる建設労働者（常用労働者）について、現在の雇用関係を維持したまま、他の建設事業主の下に送出して就労させる。事業主団体の構成事業主のうち、許可を受けた送出事業主が実施計画に従って、常用労働者の送出を実施する。送出先は団体の構成事業主に限る。

■建設業の下請取引に関する不公正な取引方法の認定基準

建設業の下請取引に対する独占禁止法の適用についての基準を明確にし、その規制を迅速かつ的確に行うため、公正取引委員会が告示で定めたもの。建設業における下請代金の支払遅延等に対する独占禁止法の適用については、この認定基準により処理されることとなった。建設業の下請取引において、元請負人が行う以下の行為は「不公正な取引方法」に該当する。
※建設業の下請取引に関する不公正な取引方法の

認定基準

①下請負人からその請負った建設工事が完了した旨の通知を受けたときに、正当な理由がないのに、当該通知を受けた日から起算して20日以内に、その完成を確認するための検査を完了しないこと。
②前記①の検査によって建設工事の完成を確認した後、下請負人が申し出た場合に、下請契約において定められた工事完成の時期から20日を経過した日以前の一定の日に引渡しを受ける旨の特約がなされているときを除き、正当な理由がないのに、直ちに、当該建設工事の目的物の引渡しを受けないこと。
③請負代金の出来形部分に対する支払又は工事完成後における支払を受けたときに、当該支払の対象となった建設工事を施工した下請負人に対して、当該元請負人が支払を受けた金額の出来形に対する割合及び当該下請負人が施工した出来形部分に相応する下請代金を、正当な理由がないのに、当該支払を受けた日から起算して1月以内に支払わないこと。
④特定建設業者が注文者となった下請契約（下請契約における請負人が特定建設業者又は資本金額が4,000万円以上の法人であるものを除く。後記⑤においても同じ）における下請代金を、正当な理由がないのに、前記②の申し出の日（特約がなされている場合は、その一定の日）から起算して50日以内に支払わないこと。
⑤特定建設業者が注文者となった下請契約に係る下請代金の支払につき、前記②の申し出の日から起算して50日以内に、一般の金融機関（預金又は貯金の受入れ及び資金の融通を業とするものをいう）による割引を受けることが困難であると認められる手形を交付することによって、下請負人の利益を不当に害すること。
⑥自己の取引上の地位を不当に利用して、注文した建設工事を施工するために通常必要と認められる原価に満たない金額を請負代金の額とする下請契約を締結すること。
⑦下請契約の締結後、正当な理由がないのに、下請代金の額を減ずること。
⑧下請契約の締結後、自己の取引上の地位を不当に利用して、注文した建設工事に使用する資材若しくは機械器具又はこれらの購入先を指定し、これらを下請負人に購入させることによって、その利益を害すること。
⑨注文した建設工事に必要な資材を自己から購入させた場合に、正当な理由がないのに、当該資材を用いる建設工事に対する下請代金の支払期日より早い時期に、支払うべき下請代金の額から当該資材の対価の全部若しくは一部を控除し、又は当該資材の対価の全部若しくは一部を支払わせることによって、下請負人の利益を不当に害すること。
⑩元請負人が前記①から⑨までに掲げる行為をしている場合又は行為をした場合に、下請負人がその事実を公正取引委員会、国土交通大臣、中小企業庁長官又は都道府県知事に知らせたことを理由として、下請負人に対し、取引の量を減じ、取引を停止し、その他不利益な取扱いをすること。

■建設業の新分野進出等モデル構築支援事業

2003年度（平成15年度）から国土交通省からの受託事業として、㈶建設業振興基金が実施している事業。地域における中小・中堅建設業者及び事業者団体の新分野進出・企業連携・経営統合等の優れた取組みを発掘し、その事業成果を広く普及することを目的としている。2008年度においては、新分野進出・経営革新モデルにおいて、応募195件のうち93件をモデル事業として選定。また、建設技能者確保・育成モデルにおいては6件の応募があり、そのうち5件をモデル事業として選定している。

■建設業法

1949年（昭和24年）に施行された法律で、建設工事の適正な施工を確保し、発注者を保護するとともに、建設業の健全な発達を促進し、公共の福祉の増進に寄与することを目的とした法律。建設業者が建設活動をするために必要な建設業許可の要件や手続き、経営業務の管理責任者の配置、技術者の配置、施工技術の向上のための技術検定制度の設置、建設工事の請負契約の適正化、下請負人を保護するための規定、建設業者の施工能力等を審

査する経営事項審査制度、建設工事から発生する紛争を処理するための審査制度などの内容が定められている。

■建設業法令遵守ガイドライン
　元請負人と下請負人との関係に関して、どのような行為が建設業法に違反するか具体的に示すことにより、法律の不知による法令違反行為を防ぎ、元請負人と下請負人との対等な関係の構築及び公正かつ透明な取引の実現を図ることを目的として策定したもの。2007年6月国土交通省が策定公表した。建設業の下請取引における取引の流れに沿った形で、見積条件の提示、書面による契約締結といった10項目について解説している。また、2008年9月には、工期が当初のものより短縮されることにより、下請のコストが増加しても元請が対応してくれない等の指摘がなされていることを受け、工期面での下請へのしわ寄せを防止するため、工期の変更に関しての項目をガイドラインに追加している。

■建設業務有料職業紹介事業
　⇒建設業における労働力需給調整システム

■建設業務労働者就業機会確保事業
　⇒建設業における労働力需給調整システム

■建設業労働災害防止協会（建災防）
　労働災害防止団体法に基づく厚生労働大臣の認可団体。建設業の事業主とその団体が会員となり、建設業における労働災害防止活動を自主的に推進している。建設労働災害を無くすため、労働者向けの教育、広報・出版、調査研究、国からの付託事業などに取り組んでいる。労働安全衛生法などの関係法令が定める講習会の実施や有資格者の養成、安全衛生思想の普及活動、技能講習用のテキスト出版などを実施している。
※建設業労働災害防止協会　本部　電話：03-3453-8201（代表）

■建設業を営む者
　建設業の許可の有無を問わず、全ての建設業を営む者をいう。許可を受けて建設業を営む者（建設業者）と、許可を受けないで建設業を営むことができる者（許可の適用除外となる軽微な建設工事のみを請け負うことを営業とする者）と、無許可業者（許可を受けなければならないのに、許可を受けないで建設業を営む者）とを合わせて「建設業を営む者」と総称する。

■㈶建設経済研究所
　1982年（昭和57年）9月　建設大臣（当時）の許可を得て設立された財団法人。㈶建設経済研究所では、①公共投資に関する調査研究　②建設産業に関する調査研究　③海外の公共投資及び建設産業に関する調査研究等の事業を行っている。

①公共投資に関する調査・研究	・長期的な公共投資政策のあり方、公共投資のフロー効果及びストック効果、公共投資の地域経済効果、住宅・土地問題に関する分析　等のテーマで調査・研究を行っている。
②建設産業に関する調査・研究	・建設産業の将来展望、建設市場・建設産業組織等の経済学的分析、建設産業をめぐる制度的な諸問題、経済社会における建設産業の機能と役割等のテーマで調査・研究を行っている。

◆所在地：〒105-0003　東京都港区西新橋3-25-33　NP御成門ビル8階
◆電　話：03-3433-5011

■建設工事
　建設業法における「建設工事」とは、土木建築に関する工事で別表の上欄に掲げるものをいう（建設業法第2条第1項）。建設業法の末尾にある別表第一には、土木一式工事及び建築一式工事の2つの一式工事のほか、大工工事、左官工事など26の専門工事があり、合計28種類の建設工事が掲げられている。な

お、次のようなものは建設工事に該当しないので、建設業許可は不要。

・樹木の剪定	・設備、機器等の保守点検のみの業務
・道路、河川等の維持管理業務における草刈、清掃	・船舶、航空機等土地に定着しない工作物の築造
・電気製品などの取り付けを伴う物品供給契約	・機械、装置等の運搬のみの業務

■建設工事標準下請契約約款

　一次下請段階における標準的な工事請負契約を念頭において、下請段階における請負契約の標準的約款として、建設業法第34条に基づき中央建設業審議会が作成したもの。複雑、多岐にわたる建設工事の当事者間の権利義務を明確にし、紛争を防止するための標準的な契約様式。民法で規定する請負契約は口答でも成立する（諾成契約）。ただし、建設業法第19条では一定の条項については書面への記載を求めている。約款の詳細は、下記で参照することができる。http://www.mlit.go.jp/sogoseisaku/1_6_bt_000092.html
（国土交通省HP→政策・仕事→総合政策→建設産業・不動産業→建設工事標準請負約款）

■建設工事紛争審査会

　建設業法第25条の規定により、建設工事の請負契約に関する紛争の解決を図ることを目的として設置されている機関。国土交通省に中央建設工事紛争審査会、各都道府県に都道府県建設工事紛争審査会が置かれ、紛争の処理にあたっている。審査会は、紛争の内容に応じて担当委員を指名し、「あっせん」「調停」「仲裁」のいずれかの手続きに従って紛争の解決を図る。

※平成19年度申請件数（単位：件）

	あっせん	調停	仲裁	合計
中央建設工事紛争審査会	7	47	6	60
都道府県建設工事紛争審査会	27	99	30	156
合　計	34	146	36	216

■建設国債

　公共事業費と出資金、貸付金の財源に充てるために発行される国債。財政法第4条の規定に基づいているため、4条国債ともいう。これに対して、国の一般会計予算のうち、経常経費の歳入不足を補てんするために発行する国債を赤字国債という。赤字国債は財政法で認められていないため、特別立法を必要とする。

■建設混合廃棄物
　⇒建設廃棄物

■㈳建設コンサルタンツ協会（建コン協）

　1963年3月　建設大臣（当時）の許可を得て設立された社団法人。「国民の要請に的確に対応し、かつ、環境の保全・創造に配慮した優れた社会資本の整備並びにその活用に貢献するため、建設コンサルタントの資質と技術力の向上を図り、もって公共の福祉の増進に寄与する」ことを目的としている。建コン協では、①建設コンサルタントの資質と技術力の向上に関する調査・研究　②建設コンサルタント業務に関する調査・研究　③建設コンサルタントの経営基盤の強化に関する調査・研究等の事業を行っている。会員の内訳は、2008年7月末日現在、建設コンサルタントを営む団体又は個人（会員数452社）により構成されている。

◆所在地／電話番号
〒102-0075　東京都千代田区三番町一番地　KY三番町ビル
Tel　03-3239-7992

■建設コンサルタント登録制度

主に土木に関する21の登録部門の全部又は一部について建設コンサルタントを営む者が、一定の要件を満たした場合に、国土交通大臣の登録が受けられる制度（国土交通省告示に基づく登録制度）。この登録は任意のもので、登録の有無に関わらず、建設コンサルタント業の営業は自由に行うことができる。なお、登録の有効期間は5年間で、有効期間の満了後引き続き建設コンサルタント業を営もうとする者は、有効期間満了の日の90日前から30日前までに登録の更新申請をしなければならない。

※21の登録部門

河川、砂防及び海岸・海洋部門	港湾及び空港部門	電力土木部門
道路部門	鉄道部門	上水道及び工業用水道部門
下水道部門	農業土木部門	森林土木部門
水産土木部門	廃棄物部門	造園部門
都市計画及び地方計画部門	地質部門	土質及び基礎部門
鋼構造物及びコンクリート部門	トンネル部門	施工計画、施工設備及び積算部門
建設環境部門	機械部門	電気電子部門

■建設産業政策2007

2007年6月国土交通省の建設産業政策研究会（総合政策局長の私的諮問機関）が取りまとめた、構造改革の方向と今後の建設産業政策に関する報告書。過剰供給構造等の現状認識を踏まえ「更なる再編・淘汰は不可避」と明言した上で、構造改革の方向性として、①産業構造の転換　②建設生産システム改革　③人づくりの推進　といった3つの改革軸を示している。そして3つの目的の実現に向けて、①公正な競争基盤の確立　②再編への取組みの促進　③技術と経営による競争を促進するための入札契約制度の改革　④対等で透明性の高い建設生産システムの構築　⑤ものづくり産業を支える「人づくり」　といった5つの政策テーマを提示している。

■㈳建設産業専門団体連合会（建専連）

1964年12月　建設大臣（当時）の許可を得て設立された社団法人。「職別事業、設備等工事業及び建設関連業の経営革新及び施工力の改善に関する事業並びに建設専門業の社会的経済的地位の向上に関する事業等を行い、もって公共の福祉に寄与する」ことを目的としている。建専連では、①建設専門業の経営力及び施工力の改善に関する調査研究　②建設専門業に係る契約・取引関係の適正化に関する事業　③技術・技能者の育成及び労働条件の改善等に関する事業　等の事業を行っている。会員の内訳は、2008年8月1日現在、①正会員：建設業法第27条の33に規定する国土交通大臣への届出を行った建設業者団体並びに建設関連業者団体のうち、その活動範囲が全国に及ぶと認められる団体で、本連合会の目的に賛同して入会した団体（会員数34団体）②特別会員：前項に規定する団体で、本連合会の事業を特別に賛同するため入会した団体（会員数7団体）③賛助会員：本連合会の事業を賛助するため入会した団体又は法人（会員数5団体）により構成されている。

◆所在地／電話番号
〒105-0001　東京都港区虎ノ門4-2-12　虎ノ門4丁目MTビル2号館6階
Tel　03-5425-6805

■建設残土

建設工事で土地を掘削することなどで発生する土砂や岩石のことをいう。産業廃棄物である汚泥と区別するため、コーン指数が2以上（上を人が歩ける程度の硬さ）であることが決められている。産業廃棄物は政令で定められており、アスファルト塊、コンクリート塊は産業廃棄物と定義されているが、建設残土は含まれていない。ただし、標準仕様ダンプトラックに山積みできるものであっても、運搬中に流動性を呈するものは残土ではなく汚泥にあたる。

※参照「建設汚泥」

■建設生産システム改革

「建設産業政策2007」が示す三つの構造改革の一つ。建設生産システム改革では、「対等で透明性の高い建設生産システムの構築」を目標として、具体的には、①多様な調達手段の活用（設計と施工のコンソーシアム、CM・PM方式等の活用）、②役割・責任分担の明確化と透明性の向上（発注者、設計者、施工者による三者協議の活用推進、施工方式事前提出方式の検討、日本型パートナリングの検討等）、③適切な元請下請関係の構築（建設業法令遵守ガイドラインの策定、支払ボンド制度の導入の検討等）を掲げている。

■建設投資推計

我が国の建設活動の実績を出来高ベースで把握したもので、国内建設市場の規模とその構造を明らかにすることを目的とし、1960年（昭和35年）から国土交通省が実施しているもの。推計項目は、建築投資と土木投資に大別され、建築投資は住宅と非住宅、土木投資は公共事業と公共事業以外というように、更に細かく区分されている。

※建設投資の区分

建設投資	建築	住宅	政府	
			民間	
		非住宅	政府	
			民間	
	土木	政府	公共事業	・治山、治水、海岸 ・道路 ・港湾、漁港、空港 ・生活環境施設（公園、下水道、環境衛生） ・災害関係 ・その他の公共事業（農業基盤、林道等）
			その他（地方公営関係事業等）	・鉄道（本四連絡高速道路㈱、鉄道・運輸機構、公営鉄道）、電力・ガス（公営電力、公営ガス）、上・工業用水道、土地造成その他（都市再生機構、中小企業機構、臨海土地造成等、住宅金融支援機構）
		民間		・鉄道（JR、私鉄、東京地下鉄㈱）、NTT、電力・ガス（9電力＋沖縄、電源開発、私営ガス）、その他の土木（民間土地造成、民間構築物）

■建設廃棄物

建設活動に伴い2次的に発生する建設副産物のうち、リサイクルによって再資源化・再利用が可能なものと、不可能なものの両者をいう。建設廃棄物は大別すると直接工事等から排出される廃棄物と現場事務所から排出される廃棄物がある。これらはそれぞれ処分方法が異なるため、分別して排出、処分することが必要である。建設工事においては、建設工事の発注者、建設工事を直接請け負った元

請業者、元請業者から建設工事を請け負った下請業者等関係者が多数おり、関係も複雑になっているため、廃棄物処理についての責任の所在があいまいになってしまうおそれがある。このため、建設廃棄物については、実際の工事の施工は下請業者が行っている場合であっても、発注者から直接工事を請け負った元請業者を排出事業者として、処理責任を負わせることとしている（建設廃棄物処理指針1999年3月23日付け）。

※建設副産物：建設工事に伴い副次的に得られた全ての物品。種類としては、「工事現場外に搬出される建設発生土」、「コンクリート塊」、「アスファルト・コンクリート塊」、「建設発生木材」、「建設汚泥」、「紙くず」、「金属くず」、「ガラスくず・コンクリートくず・陶磁器くず」、又はこれらのものが混合した「建設混合廃棄物」などがある。

※建設混合廃棄物：建設工事等から発生する廃棄物で、安定型産業廃棄物（がれき類、廃プラスチック類、金属くず、ガラスくず及び陶磁器くず、ゴムくず）とそれ以外の廃棄物（木くず、紙くず等）が混在しているもの。

※参照「産業廃棄物」

■建設副産物
　⇒建設廃棄物

■建設冬の時代
　1980年代前半の公共事業費抑制による建設投資の後退期をいう。建設投資は我が国の経済発展の中で、大きな役割を占めGDPに対して、15％から25％の間を推移する投資が行われてきた。1965年は日本経済の高度成長の最中で、第二次全国総合開発計画が打ち出されるなど建設投資に加速がかかり、1972年は日本列島改造ブームとなり、対GDP25％超えとなった。しかし、1973年の第一次オイルショック、1979年の第二次オイルショックで建設投資は打撃を受け、その後1985年まで毎年前年実績を下げ続け対GDP15％となった。この頃の建設業界は「建設冬の時代」といわれた。建設業の経営においても深刻な影響があり、希望退職の実施、新規採用の停止、不動産等の処分など減量経営に取り組んだにもかかわらず、利益率の圧縮や倒産も増えた。

■建設マスター制度
　優秀な建設技能者を国土交通大臣が顕彰しようという制度。正確には「優秀施工者国土交通大臣顕彰制度」という。「ものづくり」に携わっている者の誇りと意欲を増進し、その社会的評価・地位の確立を図り、建設業の健全な発展に資すること。さらには、業界の将来を担う若年層の建設産業への就業促進の一つの布石として、平成4年度に創設された。建設マスターの対象者は、建設現場において工事施工に直接従事し、現役として活躍している建設技術者のうち、特に優秀な技能・技術をもち、後進の指導・育成にも多大の貢献をしていることが要件となっている。

■建設リサイクル法
　正式名称は「建設工事に係る資材の再資源化等に関する法律」。建設工事において、資源の有効な利用の確保及び廃棄物の適正処理を図るため、国土交通省が環境省と立法化を図り、共同で法案を提出し、平成14年5月30日より全面施行された。「コンクリート」、「コンクリート及び鉄からなる建設資材」、「アスファルト・コンクリート」、「木材」の4つを特定建設資材として指定し、分別とリサイクルを行うことが義務付けられた。これらの義務付けは、一定規模以上の工事（対象建設工事）についてのみ行うことを定めている。なお、対象建設工事とは、①建築物の解体→延べ床面積80m²以上　②建築物の新築・増築→延べ床面積500m²以上　③建築物の修繕・模様替（リフォーム等）→請負金額1億円以上　④その他の工作物に関する工事（土木工事等）→請負金額500万円以上　と定められている。

■建設労働者の雇用の改善等に関する法律

建設業で働く者の労働条件を改善するために設けられた法律。1976年（昭和51年）10月1日施行。労働者の雇用の改善、能力の開発・向上、福祉の増進を図るための措置並びに建設業務有料職業紹介事業及び建設業務労働者就業機会確保事業の適正な運営の確保を図るための措置を講ずることにより、建設業務に必要な労働力の確保に資するとともに、建設労働者の雇用の安定を図ることを目的としている。

■減損会計（げんそんかいけい）
　企業が保有する土地・建物等の固定資産の時価が下落し、帳簿価格で回収できない可能性が高くなった場合に、強制的に評価損を計上する会計処理のこと。土地等の実勢価格が下落した場合に、帳簿価格を据え置いたままでいると、資産価値を過大に表示したまま損失を繰り延べていることになり、結果的には財務諸表に対する信頼が損なわれることになる。よって、実質的な資産価値に基づく会計処理により、企業の財務状況を明らかにしようとするものである。
　2002年8月、企業会計審議会により導入に向けての減損会計基準に関する意見書が公表され、2005年4月以降に開始する事業年度から減損会計の強制適用がなされている。

■建築一式工事
　建設業法第2条に規定する建設工事の一つ。総合的な企画、指導、調整のもとに建築物を建設する工事をいう。必ずしも二以上の専門工事が組み合わされていなくとも、工事の規模、複雑性等からみて総合的な企画、指導及び調整を必要とし、個別の専門的な工事として施工することが困難なものも含まれる。

■建築確認
　建築物を建築しようとする場合には、建築主はあらかじめ、その計画が建築物の敷地、構造及び建築設備に関する法令に適合するものであることについて、建築主事又は指定確認検査機関の「確認」を受けなければならない。建築確認申請をしなければならないのは、①特定の用途又は一定の規模以上の建築物を建築し、又は大規模の修繕若しくは大規模の模様替えをしようとする場合（建築基準法第6条第1項第1号～第3号）、②都市計画区域内若しくは準都市計画区域（いずれも都道府県知事が指定する区域を除く）若しくは景観法内又は都市計画区域外で都道府県知事が指定する区域内において建築物を建築しようとする場合である（同法第6条第1項第4号）。

■㈶建築技術教育普及センター
　1982年9月　建設大臣（当時）の許可を得て設立された財団法人。「建築設計・工事監理業務に関する試験の実施、設計・工事監理業務に係わる建築技術者の啓発及び資質の向上並びにこれらに係わる調査研究を行う」ことを目的としている。建築技術教育普及センターでは、①建築士試験等の実施に関する事業　②建築技術及び建築技術者教育に関する調査研究　③建築技術に関する図書、資料の刊行　等の事業を行っている。

◆所在地／電話番号
〒104-0031　東京都中央区京橋　2-14-1
Tel　03-5524-3105

■建築基準法
　建物を建築する時に守らなければならない、最も基本になる法律。「国民の生命、健康及び財産の保護」を目的に、1950年制定。建築する敷地と道路との関係、用途地域ごとの建築物の種類や規模、建築物の構造や設備の強度・安全性などについて、最低限の基準を定めている。一定規模以上の建築物を建てる場合は、事前に建築確認を受けることが必要になる。同法の技術的基準などの詳細を定めたものが「建築基準法施行令」。

■㈳建築業協会（BCS）
　1959年4月　建設大臣（当時）の許可を得

て設立された社団法人。1984年4月に財団法人から社団法人に組織変更。「建築業に関する技術の進歩と経営の合理化を図るとともに、建築業に係る諸制度の確立及び改善に努めることにより、建築業の健全な発展を図り、もって社会公共の福祉増進に寄与する」ことを目的としている。BCS（Building Contractor Society）では、①建築業の経営及び技術に係る調査研究を行うこと　②建築業に関連する問題について、建築業界の意見の調整及び関連各種団体との連携、協調を行うこと　③建築業に関連する諸制度の確立及び改善について、検討を行い、意見を具申し、その実現を推進すること等の事業を行っている。会員の内訳は、2008年7月1日現在、全国に建築業を営む総合建設業であって、本協会の目的に賛同した法人66社により構成されている。

◆所在地／電話番号
〒104-0032　東京都中央区八丁堀2-5-1
　　　　　東京建設会館8階
　Tel　03-3551-1118

■建築協定

　土地所有者及び借地権者が、建築基準法の定めるところにより締結する建築物の敷地、位置、構造、用途、形態、意匠又は建築設備に関する基準についての協定をいう。住宅地としての環境又は商店街としての利便を高度に維持増進するなど建築物の利用を増進し、かつ、土地の環境を改善することを目的としている（建築基準法第69条）。建築協定を締結しようとする土地所有者等は、その全員の合意により、協定の目的となっている土地の区域、建築物に関する基準、協定の有効期間及び協定違反があった場合の措置を定めた建築協定書を作成し、特定行政庁の認可を受けなければならない（同法第70条）。

■建築工事届

　建築主は、建築物（床面積の合計が10㎡以内のものを除く）を建築（新築、増築、改築又は移転）しようとする場合は、一定の事項を都道府県知事に届け出なければならない（建築基準法第15条第1項）とされており、これを建築工事届という。また、建築物を除却しようとする場合は、その除却工事の施工者に建築物除却届の提出が義務付けられている（同項）。
　知事は、建築工事届、建築物除却届等に基づいて建築統計を作成して国土交通大臣に報告することになっており（同法第15条第4項）、これは建築着工統計（建築物・住宅）及び建築物滅失統計（除却及び災害）として公表されている。

■建築士（国家資格）

　建築物の設計から工事管理までを一貫して行う専門家として認められる国家資格。1級建築士は、構造や規模による制限がなく、あらゆる建築物（住宅、学校、病院、大型商業施設、マンション、高層ビルまで）を扱うことができる。2級建築士は、建物の高さや広さ、使用材料などの制限がある。木造建築士は、木造2階建て以下、延べ面積300㎡以下に限定されている。1級建築士は、建設業法における監理技術者（建築一式・大工・屋根・タイルれんがブロック・鋼構造物・内装仕上げ工事）及び特定建設業の営業所専任技術者となり得る資格であり、2級建築士は、主任技術者（建築一式・大工・屋根・タイルれんがブロック・内装仕上げ工事）及び一般建設業の営業所専任技術者となり得る資格である。また、木造建築士は、主任技術者（大工工事）及び一般建設業の営業所専任技術者となり得る資格である。

※注：監理技術者及び特定建設業の営業所専任技術者となり得る資格を有する者は、主任技術者及び一般建設業の営業所専任技術者となり得る。

●実施機関：㈶建築技術教育普及センター
　Tel　03-5524-3105
　http://www.jaeic.or.jp/

■建築士会

建築士法第22条の2の規定に基づいて都道府県ごとに設立されている、民法第34条による社団法人として指定された団体。1級、2級、木造建築士を会員とし、「会員の協力によって、建築士の業務の進歩改善と建築士の品位の保持、向上を図り、建築文化の進展に資する」ことを目的としている。

■建築士事務所
　⇒建築士事務所協会

■建築士事務所協会
　建築士法第27条の2の規定に基づいて都道府県ごとに設立されている、民法第34条による社団法人として指定された団体。「建築士事務所の業務の適正な運営及び設計等を委託する建築主の利益の保護を図る」ことを目的としている。建築士法によって定められた「建築士事務所」が会員。法定団体として位置付けられている建築士事務所協会には、苦情の解決や研修会等の義務が課せられている。また、上部組織として、各都道府県建築士事務所協会を会員とする社団法人日本建築士事務所協会連合会（日事連）がある。
※建築士事務所：建築の設計・工事監理・建築工事の指導監督、建築工事契約に関する事務を行う建築設計事務所のこと。建築士法では、建築士が報酬を得て行う、設計、工事監理、建築工事契約に関する調査若しくは鑑定、建築に関する法律的手続きの代理を行う場合は、建築士事務所を設置して登録しなければならない。この登録は5年間有効で、更新することができる。

■建築士法
　1950年（昭和25年）に制定された法律で、建築物の設計、工事監理などを行う技術者の資格を定めて、その業務の適正を図り、建築物の質の向上に寄与させることを目的としている。建築士法では、建築物の技術的水準を確保し、報酬を得て建築物の設計、又は工事監理を行う建築士の資格・業務として、設計や工事監理を行う建築士事務所の登録・業務内容などに関して定めている。建築士とは、建築士法に定められている国家資格で、設計できる範囲によって「1級建築士」、「2級建築士」、「木造建築士」に分けられている。
※参照「建築士」

■建築主事
　建築基準法第4条により、建築確認を行うため地方公共団体に設置される公務員。建築物・工作物及び建築設備の計画が、関係法令の規定に適合するかどうかの確認並びに検査に関する事務を行う。都道府県及び政令で指定する人口25万人以上の市全てに必置。25万人未満の市町村で建築主事を置こうとする場合は、都道府県知事に協議し、その同意を得なければならない（同法第4条第3項）。なお、建築主事の資格は、市町村又は都道府県の職員のうち、建築基準適合判定資格者検定に合格し、国土交通省に登録されている者の中から市町村長又は都道府県知事が任命する。

■建築積算資格者（民間資格）
　建築物の生産過程において、極めて重要な工事価格決定のための基礎資料を作成する業務を行うために、必要な専門知識をもつ者として認定される民間資格。建築積算資格者は、工事に関する一般的な知識はもちろん、関連資料作成の能力、設計図から費用を読み取って積算を行うための実務処理能力が問われる。
●実施機関：㈳日本建築積算協会
　　Tel　03-3453-9591
　　http://www.bsij.or.jp/

■建築施工管理技士（国家資格）
　建築施工に関する高度な知識と応用力をもつ者として、管理・監督業務を行うための国家資格。主に指導・管理業務を行う1級建築施工管理技士と、技術者として施工管理を行う2級建築施工管理技士がある。1級建築施工管理技士は、建設業法における監理技術者（建築一式・大工・左官・とび土工・石・屋根・タイルれんがブロック・鋼構造物・鉄

筋・板金・ガラス・塗装・防水・内装仕上・熱絶縁・建具工事）及び特定建設業の営業所専任技術者となり得る資格であり、2級建築施工管理技士は、主任技術者及び一般建設業の営業所専任技術者となり得る資格である。2級建築施工管理技士には、「建築」「躯体」「仕上げ」の種別がある。例えば、2級建築施工管理技士（躯体）が主任技術者となり得る建設工事は、大工・とび土工・タイルれんがブロック・鋼構造物・鉄筋工事である。

※注：監理技術者及び特定建設業の営業所専任技術者となり得る資格を有する者は、主任技術者及び一般建設業の営業所専任技術者となり得る。

●実施団体：㈶建設業振興基金
　Tel　03-5473-1581
　http://www.kensetsu-kikin.or.jp/

■㈳建築設備技術者協会

1989年（平成元年）11月　建設大臣（当時）の許可を得て設立された社団法人。「建築設備技術者の相互協力により、建築設備技術者の資質及び社会的地位の向上を図るとともに、建築設備技術の進歩改善に関する調査研究及び普及を行うことにより、建築設備の健全化及び建築物の良質化に貢献し、もって公共の福祉の増進に寄与する」ことを目的としている。会員は、建築設備士である第一種正会員、工学会設備士である第二種正会員、準会員、及び賛助会員によって構成されており、建築設備士の登録機関である。建築設備技術者協会では①建築設備技術の進歩改善に関する調査研究及び普及　②建築設備技術の向上に関する研修会等の開催　等の事業を行っている。

◆所在地／電話番号
〒105-0004　東京都港区新橋6-9-6　東洋海事ビル7階
Tel　03-5408-0063

※工学会設備士：㈳空気調和・衛生工学会が検定する民間資格。建築設備における空気調和、給排水衛生設備の設計、施工、維持管理や教育、研究に携わる技術者を対象とした資格試験で、1956年（昭和31年）から毎年1回実施している。

■建築設備士（国家資格）

建築設備全般に関する知識及び技能を有し、建築士に対して、高度化・複雑化した建築設備の設計・工事監理に関する適切なアドバイスを行える専門家として認定される国家資格。

●実施機関：㈶建築技術教育普及センター
　Tel　03-5524-3105
　http://www.jaeic.or.jp/

■建築着工統計調査

全国における建築物の建築の着工動向について国土交通省が行っている調査で、統計法による指定統計に指定されている。調査は、建築基準法第15条第1項の規定によって建築主から都道府県知事に対してなされる建築工事届に基づいて知事が作成し、これを国土交通大臣に送付することにより行われる。届出のあった建築物全体については建築着工統計で、このうちの住宅については住宅着工統計でそれぞれの内容が詳しく調査される。結果の発表は、月別及び年計について行われている。

※「建築工事届」

■建築パース

建物の設計図をもとに、建物の外観や住居内を立体的に描く透視図のこと。Perspective を略して「パース」と呼ばれている。マンションの案内チラシなどに掲載されている完成予想図などがそれに該当。建物や景観を素材に質感や空間の雰囲気まで含めて立体的に捉え、設計者の意図する姿を直感的にイメージすることができる。

■建築物環境衛生管理技術者（国家資格）

ビルの空気環境の調整、給水及び排水の管理、清掃、ねずみ、こん虫等の防除の実施に

おいて、指導・監督することを認められた国家資格。
●実施機関：(財)ビル管理教育センター
　Tel　03-3214-4620
　http://www.bmec.or.jp/

■限定付適正意見
　⇨監査意見不表明

■現場管理費
　工事施工において、品質管理、工程管理、原価管理、労務管理、安全管理などを含めた、いわゆる工事管理を実施するために必要な経費。具体的には、工事現場で工事管理を行う従業員の給料手当、現場労働者の交通費、安全訓練費等、現場従業員の法定福利費、下請の一般管理費等など。なお、公共工事の積算にあたっては、標準的な工事価格が算定できるよう実態調査を行い、「土木請負工事工事費積算基準」などの積算基準を整備している。

■現場説明
　工事の入札前に、工事が行われる現場において、入札参加者に対して行われる現地の状況の説明及び図面及び仕様書に表示し難い見積条件を、書面で示したもの（現場説明書）のこと。なお、現場説明において入札予定者同士が入札前に会うこととなるので、談合防止の観点から、一般競争入札においては、原則として、現場説明は行わないこととされている。

■現場代理人
　請負契約の的確な履行を確保するため、工事現場の取締りのほか、工事の施工及び契約関係事務に関する一切の事項を処理する者として、工事現場に置かれる請負人の代理人のこと。建設業法で設置を義務付けられているものではないが、現場代理人を置く場合には、請負人は①現場代理人の権限に関する事項、②現場代理人の行為についての注文者の請負人に対する意見の申出の方法について、書面により注文者に通知しなければならない（建設業法第19条の2）。現場代理人の設置は、監理技術者等との密接な連携が適正な施工を確保する上で必要不可欠であると考えられており、中央建設業審議会で作成された「公共工事標準請負契約約款」では、監理技術者等と現場代理人はこれを兼ねることができるとしている（公共工事標準請負契約約款第10条）。

■建ぺい率
　敷地面積に対する建築面積の割合のこと。その敷地に対してどれくらいの規模の建物が建てられるかという割合のことで、用途地域ごとに制限されている。例えば、建ぺい率60％地域の150㎡の敷地には【150㎡×60％＝90㎡】となり、建築面積90㎡までの建物が建てられる。
※参照「容積率」

■権利落ち
　⇨配当落ち

こ

■コア・コンピタンス
　ある企業の活動分野において、顧客に対して特定の利益をもたらす技術、スキル、ノウハウの集合で競合他社を圧倒的に上回るレベル能力。成功を生み出す能力であり、競争優位の源泉となる。

■高圧室内作業主任者（国家資格）
　大気圧を超える気圧下の作業室又はシャフトの内部における作業を行うために必要な国家資格。労働安全衛生法に定める高圧室内において送気や排気などを行うため、事業者は高圧室内作業主任者を選任することになっている。
●実施機関：(財)安全衛生技術試験協会
　Tel　03-5275-1088
　http://www.exam.or.jp/

■広域下水道組合

複数の市町村が下水道事業を行う場合、計画規模が基準に満たず流域下水道で執行不可能なときに、単独でそれぞれ事業を進めるより執行本体の強化が図れる一部事務組合を地方自治法により設立して、共同で下水道事業に当たること。ただし補助率等は通常の公共下水道の補助率が適用となる。

■公益通報者保護法

企業や行政機関の不正行為を通報した、いわゆる内部告発者を保護するための法律。2006年4月1日施行。不正を犯した企業や行政機関が、通報した従業員に対して、解雇や降格、減給といった報復措置を取ることを禁じている。保護の対象となる者は、当該企業の正社員、パートやアルバイト、派遣社員、取引先の従業員（下請企業の労働者など）、公務員も含まれる。

■公開会社
⇒監査役

■公害防止管理者（国家資格）

大気の汚染、水質の汚濁、騒音又は振動の防止等に関して必要な知識及び技能を持つ者として認定される国家資格。公害防止管理者について13区分、公害防止主任管理者について1区分の計14区分に分かれている。大気汚染や騒音など、きちんと管理することが工業の発達に伴いますます重要度を増しており、この資格が持つ重要性は高いといえる。
●関連団体：㈳産業環境管理協会
Tel　03-5209-7713
http://www.jemai.or.jp/JEMAI_DYNAMIC/index.cfm

■工学会設備士
⇒建築設備技術者協会

■高機能舗装

これまで表層に使われてきた密粒度舗装より空隙を多くしている舗装のこと。通常の舗装の空隙率は5％程度であるが、高機能舗装は15〜25％ある。このため、雨水は道路表面に留まることがないことから、排水機能が優れている。また、これまでの舗装ではタイヤの溝と舗装表面の間に挟まれた空気の逃げ道が無く、走行騒音となっていたが、高機能舗装では舗装表面に隙間があるため空気が逃げやすく、騒音低減が図られる。

■公共工事設計労務単価

公共事業労務費調査により決定された、公共工事の予定価格の積算に必要な労務単価。公共事業労務費調査は、農林水産省と国土交通省（統合前は建設省、運輸省）が、公共工事に従事する労働者の県別賃金を職種ごとに毎年10月の賃金を調査しているもので、昭和45年から定期的に実施されている。なお、設計労務単価については、所定労働時間内8時間当り、都道府県別・職種別に集計し、その結果を基に決定している。

■公共工事総合プロセス支援システム

電子納品機能を備えたASP（アプリケーション・サービス・プロバイダ）をツールとして、「三者会議」「ワンデーレスポンス」「設計変更審査会」をパッケージで導入するもので、1つの工事ですべてに取り組むことで、発注者と受注者のコミュニケーションを高め、生産性を効率化し、工事の採算性を上げようという試み。国土交通省は2009年度から試行する。

※三者会議：発注者と設計者、施工者が、施工者による設計図書照査後と施工計画書作成前に開く会議で、設計思想の伝達や情報を共有することで結果的に品質向上や事故減少、工事手戻りの防止による利益率向上につながり、発注者の技術力が向上するメリットもある。

※ワンデーレスポンス：受注者からの相談に、発注者が1日以内に回答することで、問題認識を明確化し、受発注者が情報共有できる仕組み。

※設計変更審査会：発注者と受注者が「設計変更ガイドライン」を活用して設計変更の妥当性を審議したり、「工事一時中止ガイドライン」を

使って工事中止を両者で判断したりする。両者が設計変更について意識を共有することで、問題が起きやすい設計変更手続きの透明性と効率化を図る。

※電子納品：調査・設計業務あるいは工事などにおいて、最終成果品を電子データで納品すること。電子データとは、各電子納品要領・基準に示されたファイルフォーマットに基づいて電子化された資料・情報を指す。公共事業の各事業段階で利用している資料を電子化することで、①ペーパーレス、省スペース・省資源化 ②電子情報の利活用による事業執行の効率化 ③情報共有による品質の向上 等の効果が期待されている。

※建設系ASP：建設業向けの情報共有システム。施工中のスケジュール共有機能や工事書類管理共有機能、決済機能、電子納品データの作成支援機能などを備える。

■公共工事入札契約適正化促進法

「公共工事の入札及び契約の適正化の促進に関する法律」。国、特殊法人等、地方自治体など公共工事のすべての発注者を対象に、入札・契約の適正化の促進により、公共工事に対する国民の信頼確保と建設業の健全な発達を図ることを目的に、2001年4月1日に施行された。工事名、発注時期など年度ごとの発注見通しの公表、入札結果の公表などを義務付けている。また、従来は発注者が認めれば違法でなかった公共工事での一括下請負（丸投げ）を全面的に禁止した。発覚した時には営業停止になる。さらに、施工体制台帳の写しを発注者に提出することや、施工体系図を工事関係者の見やすい場所に加え、公衆が見やすい場所にも掲示することも義務付けられ、不良・不適格業者排除の徹底を図っている。

■公共工事標準請負契約約款

請負契約の「片務性」の是正と契約関係の明確化、適正化のため、中央建設業審議会が公正な立場から、請負契約の当事者間の具体的な権利義務関係の内容を律するものとして決定し、勧告した約款。公共工事標準請負契約約款は、国の機関、地方公共団体等が発注する工事を対象とするのみならず、電力、ガス、鉄道、電気通信等の常時建設工事を発注する民間企業の工事についても使用できるように作成されたものである。約款は下記で参照できる。http://www.mlit.go.jp/sogoseisaku/1_6_bt_000092.html（国土交通省HP→政策・仕事→総合政策→建設産業・不動産業→建設工事標準請負約款）

■公共工事品質確保法

「公共工事の品質確保の促進に関する法律」。2005年4月施行。建設市場の縮小と競争激化により、談合や低価格入札（ダンピング）などの問題が発生している。談合では技術力の劣る建設業者が選定される可能性があり、ダンピングは契約することが第一目的のため、手抜き工事に繋がる可能性が高くなる。このような状況の中で工事の品質への懸念が広がったため、公共工事の品質が現在及び将来の国民のために確保されるべきことを基本理念とし、従来の「最も安いもの」から「価格と品質で総合的に優れたもの」へと調達の理念の転換を図った。発注者には入札参加者の技術能力を審査し技術提案を求める努力義務を付し、高度技術提案を求めた時は、それを審査した後で予定価格を決める新たな方式を制度化した。また、発注者は、自ら発注関係事務を適切に実施するこが困難であるときは、発注関係事務能力を持つ他の地方公共団体その他の者を活用すべきことを規定している。

■公共事業

国や地方公共団体が道路、港湾、住宅、下水道など公共性のある施設又は工作物を建設整備する事業。公共事業には、国主導による「直轄事業」、国と地方が共同で行う「補助事業」、地方が自主財源で行う「単独事業」がある。

■公共事業評価

公共事業の効率性及びその実施過程の透明

性の一層の向上を図るために実施する評価のこと。公共事業評価は、一定の経済効率が得られることを確認の上実施、あるいは経済効率が見込めない場合は実施の見送りなどの判断のために行われている。公共事業の投資を効率化するとともに、評価結果を公表することで、事業の検討プロセスに、住民の意見を反映させることにもなる。

■公共性のある施設若しくは工作物又は多数の者が利用する施設若しくは工作物で政令で定めるもの
　⇨監理技術者

■公共測量
　⇨測量業者登録制度

■工具器具・備品
　⇨固定資産

■鋼構造物工事
　建設業法第2条に規定する建設工事の一つ。形鋼、鋼板等の鋼材の加工や組立てにより工作物を築造する工事をいう。具体的工事例として、鉄骨工事（鉄骨の製作、加工から組立てまでを一貫して請負う工事）、橋梁工事、鉄塔工事、石油・ガス等の貯蔵用タンク設置工事、屋外広告工事、閘門・水門等の門扉設置工事などがある。

■広告宣伝費
　⇨損益計算書

■交際費
　⇨損益計算書

■交差点協議
　道路改良工事などを行う場合、自動車交通のスムーズな運行と歩行者の安全を勘案して事故の起こりにくい交差点とするため、右折帯・左折帯の計画や信号の位置などについて道路管理者と県警交通規制課又は各警察署の交通担当部門と事前に打ち合わせて行うこ

と。また、直轄国道、県管理国道・県道、市町村道など管理者の異なる交差点の場合における協議も含まれる。

■工事完成保証人
　建設工事の請負契約において、請負人が工事を完成することができない場合に、それに代わって残工事の完成を引き受ける他の建設業者。工事完成保証人制度は、経済的負担なしに工事の完成を確保できるという面で、発注者にとってメリットの大きい制度であったが、①本来競争関係にあるべき建設業者が何らの対価なしに他の建設業者の保証をするという不自然さ　②特に相指名業者が保証人になる場合には、落札者よりも高い価格で応札した者が、万一の場合に工事を引き受けなければならないことの不合理　③「談合破り」に対して、工事完成保証人となることを拒否するという形で談合を助長する可能性等の問題点が指摘され、1993年（平成5年）12月中央建設業審議会の建議において廃止の方針が打ち出された。
※参照「履行保証制度」

■工事進行基準
　請負工事を開始してから完成するまで、進み具合に応じて売り上げや費用を計上する会計ルール。従来は完成時に収益を一括計上する工事完成基準との選択適用が認められていたが、2010年3月期から進行基準に原則一本化される。新ルールの適用対象は建設業やソフトウエア産業など。期間損益の適正化や国際的な会計基準との共通化を目的に導入が決まった。施工中の工事の黒字・赤字が決算に逐次反映され、決算の正確性が増すほか、業績の標準化が進み、投資家や取引先に企業価値を正しく提示できるというメリットがある。その反面、建設会社にとっては業務負担が重く、影響は会計・経理にとどまらず営業や工事現場の施工管理にも及ぶ。また、対応を怠ると、内部統制や経営管理品質に疑問を持たれるという可能性があるといわれている。

■工事未払金
　⇨流動負債

■公証人
　⇨公正証書

■高所作業
　労働安全衛生法では、高さ2m以上の箇所での作業は高所作業として、墜落や転落を防止するために適切な安全対策が義務付けられている。

■洪水ハザードマップ
　水害時の人的被害を防ぐことを主な目的に、洪水などによって浸水が予想される区域及び浸水の深さ、避難場所などの住民の安全な避難に参考となる各種の情報を一枚の地図に記載したもので、市町村が作成するもの。河川整備の基本となる降雨によって河川が氾濫した場合に、浸水が想定される区域と想定される水深を公表する浸水想定区域図を基礎として作成する。
　このほか、過去に浸水実績があった区域を表示した浸水実績図、おおむね100年〜200年に一度程度起こる大雨を対象として、洪水氾濫シミュレーションによる浸水危険区域を表示した洪水氾濫危険区域図・浸水予想区域図などがある。2005年6月に実施した「洪水ハザードマップと防災情報に関する調査報告書（岩手県立大学総合政策学部／牛山研究室と日本損害保険協会）」によると、「洪水ハザードマップ」作成市町村は25.7％であり、まだ過半数の市町村が未作成の状況であることが判明している。

■公正証書
　法律の専門家である公証人が公証人法・民法などの法律に従って作成する公文書。当事者間で作成した書面が、特定の日付に確かに作成されたものであることを公務員の公証人が証明する。公正証書は契約、遺言といった法律行為に関するものや権利に関するものについて作成されるもので、作成された証書は訴訟で強い証拠力をもつ。また、金銭や有価証券などを目的とする請求については、約束が履行されない場合には、強制執行を受けてもかまわないという「執行認諾文言」を入れて公正証書を作成すると、判決と同じ効力があるところから、大いに利用されている。ちなみに、一般の人が作成する文書を私製証書と呼ぶ。

※公証人：元弁護士、検察官、裁判官、法務局長などの法律実務家の中から、法務大臣が任命する公務員。全国に約550人の公証人がおり、約300箇所の公証役場で職務を行っている。

■公正取引委員会
　1947年（昭和22年）に制定された「私的独占の禁止及び公正取引の確保に関する法律（独占禁止法）」を運用するために設けられた行政委員会。委員長及び4名の委員からなる合議制の独立した行政機関で、独占禁止法の補完法である「下請法」「景品表示法」の運用も行っている。企業社会で、公正で自由な競争が行われるよう監視し、経済の民主的で健全な発達を図るのが目的。通常の行政機関と違って、組織的には内閣から独立しており、経済実態の調査、違反被疑者・参考人の喚問、立入検査、カルテルの認可などを行う。

※参照「独占禁止法」

■厚生年金保険
　厚生年金保険法に基づき、民間の会社などに勤務する労働者の老齢・障害・遺族年金などを給付する政府管掌の社会保険。保険料は、事業主と被保険者がそれぞれ半額を負担する。厚生年金保険の主な給付として、以下のものがある。

老齢厚生年金	・高齢により収入が途絶えた時に、国で定められた一定期間以上（25年以上）の保険料の納付期間があれば、その期間や納めた保険料の額に見合った年金が、生涯に渡って支給される。
障害厚生年金・障害手当金	・病気やケガによって障害が残った場合、障害の等級に応じて年金あるいは一時金として支給される。
遺族厚生年金	・加入者本人が死亡してしまった場合、残された遺族に対して支給される。

■構造改革特区

　地方公共団体や民間事業者等の自発的な立案により、地域の特性に応じた規制の特例を導入する特定の区域（特区）を設け、その地域での構造改革を進めていこうというもの。地方公共団体や民間事業者等は、特区において講じてほしい規制の特例について、提案ができることになっており、規制の特例措置として法（構造改革特別区域法／2002年成立）により認められれば、地方公共団体は「構造改革特別区域計画」を作成し、内閣総理大臣の認定を受けて、特区の導入ができる。特区での成功事例が波及することで、全国的な構造改革に繋がることや、特区において新たな産業の集積や新規産業の創出が促されたり、消費者等の利益が増進することによって、地域の活性化に繋がることが期待されている。2008年11月現在で1,060件の特区が認定されている。24時間通関できる福岡県北九州市の国際物流特区や、企業が直接ブドウを栽培できる山梨県のワイン産業振興特区などがある。

　※認定特区の都道府県別件数は、①北海道107件②長野県72件③東京都44件④兵庫県38件⑤茨城県37件…となっている。

■構造耐力上主要な部分

　構造耐力上の観点から、主要な役割を持っている建築物の部分をいう。建築基準法では、住宅の基礎、基礎杭、壁、柱、小屋組、土台、斜材（筋かい、方づえ、火打材その他これらに類するもの）、床材、屋根材又は横架材（はり、けたその他これらに類するものをいう）で、当該建築物の自重若しくは積載荷重、積雪、風圧、土圧若しくは水圧、又は地震その他の震動若しくは衝撃を支えるものとしている（同法施行令第1条第3号）。

■公的土地評価

　国や地方公共団体等の公的機関が行う土地の評価。主なものとしては、①地価公示 ②都道府県地価調査 ③相続税等評価 ④固定資産税評価 がある。公的土地評価制度は、それぞれの評価制度の目的に応じて評価がなされ、必ずしも統一された水準となっていなかったため、公的土地評価に対する国民の信頼を高めるため、相続税等評価については1992年（平成4年）から地価公示価格の8割、固定資産税評価については1994年（平成6年）の評価替えから地価公示価格の7割を目標に、その適正化と均衡が図られている。

※公的土地評価の比較

区分	地価公示	都道府県地価調査	相続税等評価路線価	固定資産税評価
根拠法令	地価公示法	国土利用計画法施行令	相続税法	地方税法
決定機関	国土交通省土地鑑定委員会	都道府県知事	国税局長	市町村長
評価の目的	①土地取引の指標②鑑定士等の評価基準③公共用地の取得価	①土地取引の指標②鑑定士等の評価基準	①相続税の評価基準②贈与税の評価基準	①固定資産税の課税基準②登録免許税の課税基準

				③不動産取得税の課税基準
評価時点	1月1日（毎年）	7月1日（毎年）	1月1日（毎年）	1月1日（3年毎）
評価方法等	1地点2名の不動産鑑定士	1地点1名の不動産鑑定士	主として不動産鑑定士から成る土地価格精通者	不動産鑑定士
地点数	30,000地点 （平成19年）	24,374地点 （平成19年）	約41万地点 （平成19年）	約44万地点 （平成17年）

※表の1列目「格の算定基準」

■合同会社
　⇨ LLC

■構内配線システム施工管理者（民間資格）
　NTTコミュニケーションズが行う構内配線技術資格。NTTコミュニケーションズの一定金額以上の発注工事を受注するためには、「構内配線システム施工管理者」として認定された技術者が配置されていることが必要となる。施工者コースと施工管理者コースがあり、施工者コースではパンドウィット社及びタイコエレクトロニクスアンプ社の認定資格も合わせて取得できる。
●実施機関：NTTコミュニケーションズ
　Tel 03-5823-2682
　http://www.ntt.com/ics-tr/

■公認会計士（国家資格）
　第三者の立場で、会社の作成した財務書類（貸借対照表、損益計算書など）が正しく作成されているかどうかをチェックして、その結果を意見として表明する者（公認会計士法2条）。監査・会計・税務のプロとして、国が認定する国家資格である。主な業務は、財務諸表を監査し、その結果を監査報告書で報告することにより、財務諸表の真実性を担保する監査業務である。監査には「法定監査」と「任意監査」があるが、監査を受けなければならないのは、法定監査の対象となる会社等である。

法定監査	会社法に基づく監査	・資本金5億円以上あるいは負債総額200億円以上の会社が対象 ・会社法第436条第2項第1号、第444条第4項
	金融商品取引法に基づく監査	・有価証券の1億円以上の「募集」あるいは「売出し」をする会社が対象 ・金融商品取引法第193条の2第1項
	国及び地方公共団体から補助金を受けている学校法人の監査	・補助金を受ける私立学校が対象 ・私立学校振興助成法第143条第3項
	信用金庫及び信用組合の監査	・一定規模以上の信用金庫が対象 ・信用金庫法第38条の2第3項
	投資事業責任組合・特定目的会社の監査	・投資事業有限責任組合が対象 ・投資事業有限責任組合契約に関する法律第8条第2項

■公募型指名競争入札
　高度な技術が求められる工事などを対象に、公募した者の中から入札参加者を選考して行う指名競争入札。対象ランクや過去の工事実績など具体的な指名基準の考え方を含め、工事概要を事前に公告し、入札意欲のある業者から過去の工事実績、配置予定の技術者に関する簡易な技術資料の提供を求める。これらの技術資料に基づき十社程度を選んで指名し、指名されなかった者から要請があれば、その理由を説明する。

■港湾法

　港湾の秩序ある整備と適正な運営を図るとともに、航路を開発し保全することを目的として昭和25年に制定された法律。

　港湾の施設を管理する地方公共団体が設立する港務局が、国土交通大臣又は都道府県の認可を受けて「港湾区域」を指定すること（第4条第4項）、港湾区域内又は港湾区域に隣接する地域で港務局（港務局を設立しない港湾の場合は地方公共団体）等の港湾管理者が指定する区域内で、港湾管理者が指定する護岸・堤防・さん橋等の水際線から20m以内の地域で構築物の建設等を行う場合は原則として港湾管理者の許可を受けなければならないこと（第37条第1項第4号、施行令第14条第1号）、港湾管理者は、都市計画区域外の地域について「臨港地区」を定め、臨港地区に「商港区」「特殊物資港区」「工業港区」等の区分を定めることができること（第38条、第39条）、分区の区域内で、各分区の目的を著しく阻害する建築物等で地方公共団体が条例で定めるものの建築等をしてはならないこと（第40条第1項）等が定められている。

　港湾地区は港務局又は地方公共団体、臨港地区は地方公共団体で確認することができる。

■国際会計基準
　⇨ IAS

■国際決済銀行
　⇨ BIS基準自己資本比率

■㈳国際建設技術協会（国建協）

　1956年12月　建設大臣（当時）の許可を得て設立された社団法人。「海外における国土開発に対し協力する」ことを目的としている。国建協では、①コンサルティング・エンジニアの海外派遣　②諸外国との建設技術関係者の交流及び交歓　③建設技術に関する調査及び研究　等の事業を行っている。会員の内訳は、2008年9月1日現在、①正会員：建設技術者、建設技術関係者又は建設コンサルティング、測量及び地質調査の事業を専ら営む法人若しくは団体（会員数個人213人、法人40社）②賛助会員：本会の目的に賛同する個人又は法人（会員数49社）③特別会員：本会の目的に賛同する外国の建設技術者又は建設技術関係者　により構成されている。

◆所在地／電話番号
〒102-0083　東京都千代田区麹町5-3-23
　　　　　　ニュー麹町ビル
Tel　03-3263-7812

■国際財務報告基準
　⇨ IAS

■国宝・重要文化財

　文化財保護法によると、建造物や絵画、工芸品、彫刻、古文書などの有形の文化的所産で、我が国にとって歴史的又は芸術的に価値の高いものが有形文化財と定めている（同法2条）。文部科学大臣は、有形文化財のうち重要なものを「重要文化財」に、重要文化財の中でさらに「世界文化の見地から価値の高いもので、たぐいない国民の宝たるもの」を「国宝」に指定することができ（同法27条）、保護を図っている。2008年12月現在、建造物では214件が国宝に、2,344件が重要文化財に指定されている。

■国民年金

　日本国内に住所をもつ20歳以上60歳未満のすべての者が加入しなければならない年金制度。1959年（昭和34年）制定の国民年金法により創設され、厚生年金などの適用を受けない者を対象としたが、産業構造の変化等により財政基盤が不安定になったことや、加入している制度により給付と負担の両面で不公平が生じていたことから、全国民で支える基礎年金制度となった（1986年（昭和61年））。商業・農業などの自営業者やその家族、学生などは第1号被保険者となり、保険料は加入者の所得と関係なく定額で平成21年4月から1

万4,660円／月。なお、サラリーマンとその配偶者等は、厚生年金保険料や共済年金の掛け金に含めて保険料を納めているため、個別に国民年金保険料を納付することはない。

■個人情報保護法

「個人情報の保護に関する法律」の略称。高度情報通信社会の進展に伴い個人情報の利用が著しく拡大していることにかんがみ、個人情報の適正な取扱いに関し、個人情報の保護に関する施策の基本となる事項を定め、国及び地方公共団体の責務等を明らかにするとともに、個人情報を取り扱う事業者の遵守すべき義務等を定めることにより、個人の権利利益を保護することを目的として、2005年4月1日から全面施行された法律。

個人情報取扱事業者は、個人情報を取り扱うにあたっては、①利用目的の特定、②利用目的による制限、③適正な取得、④取得に際しての利用目的の通知又は公表、⑤データ内容の正確性の確保、⑥安全管理措置、⑦第三者提供の制限等の義務を負う。

これらの義務に違反した場合、報告の徴収、助言、勧告及び命令の是正措置がとられることとなり（第32条～第34条）、さらに、主務大臣の命令に違反した場合や、報告義務に違反した場合には、罰則が科される（第56条～第59条）。

■コスト・インフレーション

賃金や原材料費の高騰が原因となり、生産費用（賃金、原材料、燃料費など）の上昇によっておこる物価上昇。発生原因が供給サイドにあるインフレ。費用が物価を押し上げることからコスト・プッシュ・インフレともいう。

■コスト＆フィー方式

工事において、施工業者のコスト（外注費、材料費、労務費など）とフィー（報酬）をガラス張りで開示する支払い方法。米国では、工事費の支払方法として「コスト＆フィー方式」が定着している。コスト＆フィーをベースにCM（コンストラクション・マネジメント）を採用することで、発注者はコストの内容を把握することが容易になる。

■コスト・プッシュ・インフレ
　⇨コスト・インフレーション

■骨格予算

首長や議会の議員の改選を目前に控えている場合などにおいて、1年間の行政活動をすべてにわたって予算計上することが困難、あるいは適当でないと判断した場合、新規の施策等を見送り、また、政策的経費を極力抑え、義務的経費（人件費、公債費など）を中心に編成された予算のこと。この場合、次の議会で補正予算として政策的な経費等骨格予算で計上されなかった経費を肉付けし、予算編成をすることになる。

■国庫債務負担行為（こっこさいむふたんこうい）

国が契約などにより一定の債務を負担すること。財政法第15条では、「法律に基づくもの又は歳出予算の金額若しくは継続費の総額の範囲内におけるものの外、国が債務を負担する行為」と、「災害復旧その他緊急の必要がある場合に、国が債務を負担する行為」を「国庫債務負担行為」であるとし、あらかじめ予算をもって国会の議決を経なければならないとしている。国庫債務負担行為のうち、初年度の年割額がゼロの場合を「ゼロ国庫債務負担行為」（ゼロ国債）と呼んでいる。

※参照「ゼロ国債」

■固定資産

企業の所有する資産のうち、長期間にわたって利用（所有）する資産。「有形固定資産」、「無形固定資産」、「投資その他の資産」の三つに分類される。

※有形固定資産

建物・構築物	建物	・社屋、倉庫、車庫、工場、住宅その他の建物及びこれらの附属設備
	構築物	・土地に定着する土木設備又は工作物
機械・運搬具	機械装置	・建設機械その他の各種機械及び装置
	船舶	・船舶及び水上運搬具
	航空機	・飛行機及びヘリコプター
	車両運搬具	・鉄道車両、自動車その他の陸上運搬具
工具器具・備品	工具器具	・各種の工具又は器具で耐用年数が1年以上かつ取得価額が相当額以上であるもの（移動性仮設建物を含む）
	備品	・各種の備品で耐用年数が1年以上かつ取得価額が相当額以上であるもの
土地		・自家用の土地
建設仮勘定		・建設中の自家用固定資産の新設又は増設のために要した支出
その他		・他の有形固定資産科目に属さないもの

※無形固定資産

特許権	・有償取得又は有償創設したもの
借地権	・有償取得したもの（地上権を含む）
のれん	・合併、事業譲渡等により取得した事業の取得原価が、取得した資産及び引受けた負債に配分された純額を上回る場合の超過額
その他	・有償取得又は有償創設したもので、他の無形固定資産科目に属さないもの

※投資その他の資産

投資有価証券		・流動資産に記載された有価証券以外の有価証券（関係会社株式に属するものを除く）
関係会社株式・関係会社出資金	関係会社株式	・会社計算規則第2条第3項第23号に定める関係会社の株式
	関係会社出資金	・会社計算規則第2条第3項第23号に定める関係会社に対する出資金
長期貸付金		・流動資産に記載された短期貸付金以外の貸付金
破産債権、更生債権等		・完成工事未収入金、受取手形等の営業債権及び貸付金、立替金等のその他の債権のうち破産債権、再生債権、更生債権、その他これらに準ずる債権で、決算期後1年以内に弁済を受けられないことが明らかなもの
長期前払費用		・未経過保険料、未経過割引料、未経過支払利息、前払賃貸料等の費用の前払で、流動資産に記載された前払費用以外のもの
繰延税金資産		・税効果会計の適用により資産として計上される金額のうち、流動資産の繰延税金資産として記載されたもの以外のもの
その他		・長期保証金等1年を超える債権、出資金（関係会社に対するものを除く）等、他の科目に属さないもの
貸倒引当金		・長期貸付金等、投資その他の資産に属する債権に対する貸倒見込額を一括して記載する

■固定資産回転率
⇒**資本回転率**

■固定負債

支払・返済期限の到来が、貸借対照表日翌日から1年を超えて支払期限が到来する負債のこと。固定負債に含まれるのは、1年を超えて使用される長期借入金、社債等のほかに、退職給付引当金のような1年を超えて使用される負債性引当金がある。

※固定負債

社債	・会社法第2条第23号の規定によるもの（償還期限が1年以内に到来するものは、流動負債の部に記載すること）
長期借入金	・流動負債に記載された短期借入金以外の借入金
繰延税金負債	・税効果会計の適用により負債として計上される金額のうち、流動負債の繰延税金負債として記載されたもの以外のもの
●●●引当金	・退職給付引当金等の引当金（その設定目的を示す名称を付した科目をもって記載すること）
負ののれん	・合併、事業譲渡等により取得した事業の取得原価が、取得した資産及び引受けた負債に配分された純額を下回る場合の不足額
その他	・長期未払金等1年を超える負債で、他の固定負債科目に属さないもの

■個別外部監査
⇒外部監査制度

■コベナンツ
　債券発行や融資契約を締結する際に、契約書に記載することのできる一定の特約事項。一般的には契約上の遵守条項の意味で使われる。債権者の利益を守ることを目的としており、「債務者である企業などが一定の利益水準や純資産額を維持すること」のほか、「重要な経営上の決定はこれを行わないこと」、「財務制限条項を遵守すること」、「財務諸表の提出や財務状況について報告すること」などが盛り込まれる。コベナンツに違反した場合は、融資契約等は途中でキャンセルされることとなる。

■コーポラティブ住宅
　住宅の購入を考えている人たちが集まり、共同で土地を購入し、自分たちで設計と工事を発注する、住む側の要望に沿って造られる共同住宅のこと。住環境への関心が高まる中で、自由に内装設計できる点が注目を集めた。ライフスタイルや価値観が似た家族が集まることで、新しい共同体的な街づくりを促す効果もある。分譲方式だけでなく、スケルトン貸しや定期借地権付き住宅への応用例も始まっている。

■コーポレートガバナンス
　企業統治。企業が適正で効率的な経営を行うための組織設計やチェック体制のこと。取締役会・委員会などの機関や内部統制システム、リスク管理体制などが含まれる。

■ごみ処理施設
⇒一般廃棄物処理施設

■コミットメントライン
　企業が金融機関との間であらかじめ設定する融資枠のこと。コミットメントライン契約を締結することによって、企業は契約期間中においていつでも融資限度枠の範囲内で契約金融機関から借入れを行うことが可能となる。金融機関側には手数料が入るなど、双方にメリットがある。

■コミュニティ施設
　マンションの住民が共同で運営し、使用する施設のこと。サークル活動や理事会の会合などで使われる集会場をはじめ、子供達が遊べるキッズルームなどがある。これらの施設は住民間のコミュニケーションを深めるのに役立つ。

■雇用管理責任者
　建設業の各事業場に選任を義務付けられている者（建設労働者の雇用の改善等に関する法律第5条）。建設労働者の募集や雇入れ及び配置、技能の向上、労働環境の整備、労働者名簿、賃金管理、その他の建設労働者の福利厚生などの業務を担当する。

■雇用セーフティネット

日本経済の低迷と構造改革を進めるうえで、労働者の供給過剰を整理する過程で、多くの失業者がでた場合の安全網。具体的には、他産業への労働移動をスムーズにする、労働者のお見合いともいうべきマッチングシステムの強化や、新たな能力開発や教育への金銭的支援など、産業間移動と財政支援が大きな2本柱。建設業の場合、全国建設業協会が実施している新規雇用と企業からの送り出し情報の新たなネットワーク構築が代表例。

■雇用保険
　離職者の生活保障などを行う失業等給付のほかに、企業負担を原則に雇用安定事業、能力開発事業、雇用福祉事業などを行うことにより、労働者の失業の防止、再就職の促進を図ろうとする総合的保険制度。1947年（昭和22年）「失業保険法」で制度化され、1974年（昭和49年）「雇用保険法」として改め公布され、何度かの改正を経て現在に至っている。雇用保険は国の保険制度で、強制保険であるので、事業主は、従業員を一人でも雇った場合は、雇用保険に加入しなければならない。

■コラボレーション
　異なる業種・業態間での共同作業をいう。商品開発や取引、広告、音楽などの場で幅広く使われており、互いの利点を生かしながら異業種と組むことで、新たな相乗効果を出す狙いがある。

■コリンズ
　工事実績情報システム（Construction Records Information System）。公共機関（国、地方公共団体など）が発注する建設工事に関する実績情報のデータベースを構築し、各発注機関へ情報提供するシステム。(財)日本建設情報総合センター（JACIC）が運営している。平成6年請負金額5,000万円以上の竣工登録からスタートし、平成14年10月からは請負金額500万円以上に登録範囲が拡大されている。

■ゴールドカード制度
　工事成績優秀企業認定制度。公共工事の透明性の確保や民間事業者の技術力の向上を一層促進するため、平成18年度から国土交通省地方整備局ごとに、過去2年の工事成績評定の平均点が80点以上などの企業を優秀企業として認定。認定企業には、中間技術検査の実施回数の減免、総合評価方式の評価基準としての活用、企業の名刺や建設現場でのロゴマークの使用など、インセンティブ（優遇措置）がある。

■コールドジョイント
　コンクリート製工作物における不連続面のこと。コンクリート打設の際、数回に渡りコンクリートが流し込まれると、先に打設したコンクリートと後に打設したコンクリートの間が完全に一体化せず、その継ぎ目がうまく接合されず、そのまま固まってしまう場合がある。この一体化されなかった不良継ぎ目のこと。打込みの際にコンクリートが不足するなど作業の手違い等により連続して打設すべき部分で作業が中断されてしまい、前に打ち込んだコンクリートが硬化した後に次のコンクリートを打ち込むことによって発生する。

■コレクティブ・ハウス
　都市型集合住宅の一形態。集合住宅において、プライベートの住戸は通常通り確保しながら、そのほかに「コモン」（共用空間）と呼ばれる住人共用のキッチンやリビングダイニングなどの空間を持ち、生活の一部を共同化する集合住宅。生活の一部を共同化することで、無駄を省いた合理的な暮らしの実現と、コミュニティのある暮らしが可能となる。北欧で始まった居住スタイルで、プライベートな居住空間のほかに共用空間を設け、複数の家族が一緒に食事をしたり、保育や老人介護を共同で行ったりしている。コレクティブ・ハウスは、ヨーロッパ各地やカナダ・アメリカなどへ広がっている。

■ころがし配線

建築物の二重天井又は床下の隠ぺい配線で、ケーブルを造営材に固定せず、転がす状態で配線する方法。

■コンカレント・エンジニアリング
　製造業において商品設計、生産設計、ライン策定、生産準備といった各種設計などの工程を同時進行で進めること。「同時進行技術活動」と訳される。エンジニアリングとは、各種のアイデアをモデル化して最適の設計を行うことであり、その作業方式にはシークエンス（順次）・エンジニアリングとコンカレント（同時並行）・エンジニアリングがある。
※シークエンス・エンジニアリング：設計・製造・販売のプロセスを順に辿って最適解を見つけようとする方式であるが、経営環境の複雑化や技術体系の分業化が進んだため、順送りで検討していると著しく効率が悪くなる。

■コンクリート技士・主任技士（民間資格）
　コンクリートの製造、施工、検査及び管理など、日常の技術的業務を実施する能力のある技術者として、認定される民間資格。
●実施機関：㈳日本コンクリート工学協会
　Tel　03-3236-1571
　http://www.jci-net.or.jp/

■コンクリート舗装
　⇒アスファルト舗装

■コンジットチューブ
　電線管。コンジットパイプともいう。通常は壁に埋めこんで、その中に電線を通して使用する。

■コンソーシアム
　協会、組合、連合を意味する。建設関連では、海外のプロジェクトや異業種との開発プロジェクト、PFI事業では、複数の企業、団体で組織される事業主体をコンソーシアムと呼んでいる。

■コンツェルン
　企業連携。巨大な企業が複数の産業にわたって企業の株を大量取得し、同一資本のもとに支配する独占的巨大企業集団のこと。戦前の三井、三菱、住友、安田などの財閥、2005年頃から現れ始めた「○○ホールディングス」や「○○グループ本社」もこれに相当する。

■コンパクトシティ
　徒歩による移動性を重視し、様々な機能が比較的小さなエリアに高密に詰まっている都市形態のこと。住まい、職場、学校、病院、遊び場など様々な機能を都市の中心部にコンパクトに集積することにより、自動車に過度に依存することなく、歩いて暮らせる生活空間を実現するまちづくりである。「集約型都市構造」、「スマートシュリンク」などとも呼ばれる。1980年代から欧米諸国、特にEU諸国において活発に議論されるようになった都市設計の理念であり、日本においては、2006年のいわゆる「まちづくり三法」の改正に伴い、中心市街地活性化に向けた考え方（郊外開発による中心市街地の空洞化の解消）として注目されるようになった。コンパクトシティの実現に向けて、移動そのものの需要抑制や自動車依存からの脱却、土地利用の効率化を図ることにより、環境負荷の低い都市の実現が期待されている。
※青森市の先進事例：増大する行政コストの削減、郊外のスプロール化や中心市街地の空洞化を食い止めるため、都市計画マスタープラン（平成11年度）において、「コンパクトシティの形成」を都市づくりの基本理念に掲げ、都市整備を進めている。具体的には、市内を「インナー」・「ミッド」・「アウター」の3ゾーンに分類し、各ゾーンごとに交通体系の整備方針を定め、まちづくりを進めている。原則、「アウター」ゾーンでは開発を行わず、学術・芸術・文化活動や、自然を楽しむレクリエーションエリアとして維持している。

■コンバージョン

用途転換。老朽化した建物を改装し別の用途に転用することをいう。オフィスビルをマンションにするケースが多く、社員寮を老人ホームにする例もある。米国、英国、オーストラリアなどで活発である。

■コンプライアンス

法令遵守。金融機関をはじめとする企業等の組織体が活動を行う際に、法律や社会的な常識・通念を厳密に守り、社会秩序を乱す行動や社会から非難される行動をしないこと。1997年に第一勧業銀行（当時）の総会屋への利益供与が発覚したほか、銀行の大蔵省（当時）・日銀への接待などが明らかになり、金融機関を中心にコンプライアンス活動を強化する企業が相次いだ。また、最近建設業においてもコンプライアンスが一層必要となる法令の制定、改正等が行われている。①会社法（2006年5月施行）：大会社（資本金5億円以上）では、内部統制システムの構築が義務化され、株主代表訴訟制度が合理化された。②金融商品取引法（2006年6月成立）：上場会社は、有価証券報告書とともに「内部統制報告書」を内閣総理大臣に提出しなければならないことになった。③改正独占禁止法（2006年1月施行）：違反行為に対する罰則を強化するとともに、談合を自主的に通報するなどした場合の課徴金の軽減措置が導入されている。④官製談合防止法（2007年3月施行）：「入札談合等関与行為」として、発注機関の職員が「入札談合等を幇助すること」が追加され、また、刑事罰として「職員による入札等の妨害の罪」が創設された。⑤公益通報者保護法（2006年4月施行）：労働者が事業所内部の法令違反について、公益通報を行った場合、公益通報をしたことを理由とする解雇の無効などの不利益な扱いの禁止などを規定している。⑥建設業法の改正・運用：不良不適格企業の排除の徹底、建設工事の適正な施工の確保等を一層進めるための改正が行われている。また、2007年4月からは、建設業の法令遵守のための情報収集窓口「駆け込みホットライン」が開設され、違反情報の収集が行われている。

■コンペ方式

設計者選定の手法の一つ。実際に「設計図」を描いてもらい、その設計案を比較・検討する方式。

さ

■債権・債務

ある者（債権者）が、ある者（債務者）に対して、一定の行為（給付行為）を請求することができる権利のことを債権という。例えば、土地を売買する契約をすれば、買主は土地を引き渡して登記してくれという権利（債権）を取得すると同時に、土地の売買代金を支払う義務（債務）を負うことになり、売主は土地の売買代金を支払ってくれという権利（債権）を取得すると同時に、土地を引き渡し所有権移転登記をする義務（債務）を負う。この場合には、売主も買主も債権者であると同時に、債務者にもなる。これが金銭貸借の場合になると、貸主は金銭を返せという請求権をもつ債権者であり、借主は金銭を返還する義務を負う債務者となる。このように債権と債務は、裏腹の関係にある。また、債権・債務の関係は、通常は契約により発生するが、交通事故による損害賠償請求権のように不法行為（民法第709条）、不当利得（民法第703条）、事務管理（民法第697条）などにより発生する場合もある。

■債権者代位権

債権者甲が債務者乙に対する債権を保全するため、乙に代わって乙の第三者丙に対する権利を行使することができる権利をいう（民法第423条）。甲の債権は金銭債権のみならず、所有権移転登記請求権などでもよい。乙の権利は丙に対する金銭債権、登記請求権等種々のものがあり得るが、乙でなければ行使できないような一身専属権は除外される（同法第423条第1項ただし書）。ただし、債権者代位権は甲の債権の保全のために認められるのであるから、甲の債権が金銭債権の場合には、原則として、乙が他に財産を有し、甲がそれから弁済を受けられるような場合には認められない。また、甲の債権が弁済期未到来の場合には、保存行為を除き裁判上の代位によらなければならない（同法第423条第2項、非訟事件手続法第72条以下）。

■債権者取消権

債務者乙が自己の債務を完済できなくなることを知りながら、あえて唯一の財産を受益者丙に贈与したような場合で、丙がそのことを知っているとき、債権者甲が債権保全のためこの贈与行為（詐害行為）を裁判で取り消して、その財産の取戻しをすることができる権利をいう（民法第424条）。甲の債権は金銭債権の場合が多く、弁済期は未到来でもよいとされるが、取消しの対象となる乙の行為は、財産権に関するものでなければならない（同法第424条第2項）。取消権行使の効果は、すべての債権者の利益のために生ずる（同法第425条）から、受益者丙（又は丙から事情を知りながら財産を譲渡された転得者丁がいるときは丁）から取り戻された財産又はそれに代わる損害賠償金は、債務者の責任財産として回復され、すべての債権者の共同担保となる。

■債権譲渡

債権者甲が債務者乙に対する債権を第三者丙に譲り渡すことをいう（民法第466条）。債権は、その性質上譲渡を許さないものの、譲渡禁止特約のあるものを除いて、自由に譲渡できる（同法第466条）。譲渡は甲丙間でできるが、乙に対してこれを主張するには、甲から乙に通知するか乙の承諾を得ておかなければならない（同法第467条第1項）。また、債権が丁にも譲渡されたような場合には、丙丁間では、確定日付のある甲の通知書又は乙の承諾書を持っていなければ、相手方に譲受けを主張できない（同法第462条第2項）。なお甲の通知の場合には、乙はそれまでに例えば甲に弁済したことを丙にも主張できる（同法第468条第2項）が、無条件に乙が譲渡を承諾したときは、その主張はできない（同法第468条第1項）。

■債権放棄

取引先企業の経営再建を支援するため、金融機関が貸出債権の一部を放棄し、支払の請求を諦めること。その企業が再建を果たし

て、金融機関が残りの債権を確実に回収できることが前提。企業側からすれば債務の免除となる。「安易な放棄は企業のモラルハザードを助長しかねない」として、2001年9月、金融機関からする債権放棄のガイドライン「私的整理ガイドライン」が全国銀行協会と経団連の合意で作成されている。

■材工一式請負
　建設資機材と工賃のすべてを建設業者が負担し、工事完成引渡し時に精算する一般的な請負方式。なお、一部の建材を発注者が有償支給、又は資機材を無償提供し、業者は工賃のみのケースもある。

■催告の抗弁権（さいこくのこうべんけん）
　保証人丙が債権者甲から請求を受けたのに対して、まず主たる債務者乙に請求するよう主張できる権利をいう（民法第452条）。丙の債務は、乙が履行しない場合の補充的なものであるから、検索の抗弁権と並んで催告の抗弁権が与えられる。甲は催告の抗弁に対して乙への催告を証明すれば、再び丙に対する請求ができる。催告の抗弁にかかわらず甲が乙への催告をしないで、乙から全部の弁済を受けられないようになった場合には、直ちに催告すれば乙から弁済を得られたであろう額について、丙は免責される（同法第455条）。催告の抗弁権は、乙が破産手続開始の決定を受けたとき、行方不明となったとき（同法第452条ただし書）、又は連帯保証のとき（同法第454条）には、認められない。
※参照「検索の抗弁権」

■再下請負通知書
　施工体制台帳が作成される工事を受けた下請業者が、さらにその工事を孫請業者に再下請したときに提出する通知書。再下請業者の名称や再下請工事の内容、工期などを、もともとの受注者である特定建設業者に通知しなければならない（建設業法第24条の7第2項）。元請である特定建設業者は、再下請負通知書がきちんと提出されるよう、下請業者などを指導することが必要である。
※施工体制台帳が作成される工事：特定建設業者が、発注者から直接請け負う元請となって、3,000万円（建築一式工事の場合は4,500万円）以上の工事を下請に出すときには、下請、孫請などその工事にかかわる全ての業者名、それぞれの工事の内容、工期などを書いた施工体制台帳を作成し、工事現場ごとに備え置かなければならない（同法第24条の7第1項）。

■歳出付き国債
　当年度に工事を発注し、工期が2年間にまたがる場合の支払は、通常初年度と次年度に比率分割する。この場合、次年度分は債務負担行為となる。翌債は現年歳出予算で全額措置し、一部を繰り越すのに対して、歳出付き国債は次年度分を債務負担行為として支出するところが違う。

■財政再建団体
　「地方財政再建促進特別措置法」（再建法）に基づき、赤字額が一定規模を超えた破綻状態にあり、総務大臣に申請して指定を受けた自治体のこと。実質収支が赤字の自治体が財政の立て直しを行うには、同法を準用して行う「準用再建」と、再建法によらず自力で赤字を解消しようとする「自主再建」がある。なお、最近では北海道の夕張市が財政再建団体（現行の「財政再生団体」にあたる）となっている（2007年4月）が、2007年6月15日「自治体財政健全化法」が成立し、今後以下の条件のいずれか一つでも該当する場合、財政再生団体に指定されることとなる（2008年度決算から適用される予定）。①実質公債比率35％以上②実質赤字比率（一般会計に占める赤字割合）が都道府県の場合5％以上、市町村の場合20％以上③連結赤字比率（水道事業などを含めた全会計を合算した赤字割合）が都道府県の場合15％以上、市町村の場合30％以上。

■採石業務管理者（国家資格）

採石業について、一定の知識及び能力を持つ者として認定される国家資格。採石業を行おうとする者は、都道府県知事の登録が必要で（採石法第32条）、採石業者の自主的災害防止能力を確保せしめるために、採石業務管理者を各事務所に置くことが求められている。採石業務管理者を置いていない事務所はその登録を拒否されることになる。
●実施機関：資格・試験【採石業務管理者試験】（経済産業省）

■最低資本金

2006年5月1日から施行された新「会社法」により、最低資本金規制（従来は、株式会社1,000万円、有限会社300万円）が撤廃され、特例制度によらなくとも資本金1円からの会社設立が可能となっている。既に特例制度により確認株式会社・確認有限会社を設立している会社は、新会社法の施行以前の増資の義務がなくなるので、定款に記載されている「設立後5年以内に資本金1,000万円・300万円以上にできなければ解散する」旨の記載を削除し登記しなければならない。

※資本金：会社が発行した株式と引き換えに株主が出資した額。その会社の財産を見るときの一つの基準となる金額のこと。資本金の額は「発行済株式の総数×1株の払込金額」という算式で求められるが、増資・減資等によって、その金額は変動する。

※最低資本金規制の特例制度：2003年2月、商法・有限会社法の最低資本金（株式会社1,000万円、有限会社300万円）を準備することなく、資本金1円でも株式会社又は有限会社を設立することが可能となる「最低資本金規制特例制度」が創設された。経済産業大臣の確認を受けた者が設立する株式会社及び有限会社については、その設立から5年間は資本の額が最低資本金未満でも可能とする制度。新会社法施行に伴って廃止された。

■最低資本金規制の特例制度
⇨最低資本金

■最低制限価格（ロアーリミット）制度

競争入札において、当該契約の内容に適合した履行を確保するために、あらかじめ最低制限価格を設け、最低制限価格を下回った入札は失格として排除し、予定価格の範囲内で最低制限価格以上の価格をもって入札をした者のうち、最低の価格をもって入札した者を落札者とする制度。都道府県や市町村の多くが採用している。昭和38年の地方自治法の一部改正及び地方自治法施行令の一部改正により制度化された（地方自治法第234条、地方自治法施行令第167条の10）。

■最適含水比（さいてきがんすいひ）

盛土工事や埋め戻し工事における土の締固め度の値。土は、ほどよく水を含むと締固め効果がよくなり、密度が高くなる。この水分量が少なすぎたり、逆に多すぎると密度が低くなる。この締固め効率の最適な状態での含水比をいう。ちなみに、このときの密度を最大乾燥密度と呼ぶ。両者は、突固めによる土の締固め試験により求める。

■裁判上の和解

当事者間で争いがある事項について、お互いが譲り合って紛争を解決することを約束する契約を、和解という。交通事故の損害賠償を請求する場合の解決方法として利用されている示談は、和解の一種とされている。紛争がもつれて訴訟になり、その途中で、当事者が申し出たり、あるいは裁判官が職権で和解勧告をして、和解が成立することがある。これを裁判上の和解又は訴訟上の和解という。裁判上の和解が成立すると、和解調書が作成され、和解調書は判決と同じ効力を持つ。

■財務活動キャッシュフロー
⇨キャッシュフロー計算書

■債務超過

決算書の貸借対照表において、負債（債務）の総額が資産（財産）の総額を上回った状態をいう。すなわち、欠損額が資本金、法

定準備金、剰余金など株主資本（自己資本）の合計額を上回り、資本勘定がマイナスになること。その企業の資産はすべて借入金などの他人資本によって賄われているわけで、財務体質がきわめて危険な状態にあるといえる。上場企業の場合、1年以内に債務超過の状態が解消されないと上場廃止となる。

■債務の株式化

借入金など企業の債務を株式に転換すること。銀行などの金融機関が経営不振に陥った企業の過剰債務を減らす手法の一つで、不振企業が金融機関に自社株を渡す代わりに、債務返済や利子の支払いを免除してもらう方法。企業は負債を軽減でき、金融機関も不良債権処理を進められるとともに、経営の監督がしやすくなる。その企業が再建し株価が上がれば、金融機関は株式を売却したり、配当を受け取ることもできる。

■債務不履行（さいむふりこう）

債務者が、その責めに帰すべき事由（故意、過失）によって、債務の本旨に従った履行をしないことをいう（民法第415条）。履行期に遅れた履行遅滞、履行することができなくなった履行不能、及び履行はしたが十分でなかった不完全履行の3つの態様がある。履行遅滞と不完全履行で、まだ履行の余地のある場合には、裁判、執行によって債務自体の履行の強制もできるが、債権者はこれとともに損害賠償の請求もできる（同法第415条前段）。履行不能又は不完全履行で、もはや履行の余地のない場合には、これに代わる損害賠償請求ができる（同法第415条後段）。また、双務契約などの場合には、債権者は契約を解除して自己の債務を免れ、若しくは原状回復を図ることができる。

■債務名義

強制執行によって実現されることが予定される請求権の存在範囲、債権者、債務者を表示した公の文書。執行機関は、迅速な執行の見地から自分で債権者の存在を確かめることをせず、他の国家機関が作成した債務名義がある場合のみ、それに基づいて強制執行を行う。債務名義は、執行機関が強制執行を行うときに基本となるものであり、確定判決、仮執行宣言付判決、支払命令、調停調書、和解調書などはその代表的なものである。

※参照「調停調書」

■サイヤミーズコネクション

屋外より消火用水を室内消火栓に送り込むホースを取り付ける口。普通連絡口が2つあるが、1つのものもある。

■材料貯蔵品

⇒流動資産

■材料費

⇒完成工事原価報告書

■裁量労働制

働いた時間にかかわらず、仕事の成果・実績などで評価（報酬）を決める制度。1987年（昭和62年）の労働基準法の改正により導入された。業務の性質上、その遂行の方法を大幅に労働者の裁量に委ねる必要があるため、業務の遂行手段や時間配分の決定などに関し、使用者が具体的な指示をすることが困難な業務の場合、所定の時間労働したものとみなす制度である。実働時間に関係なく、一定時間働いたものとみなして給与を支払うが、逆に一定時間以上働いても残業手当は支払わない。使用者は、業務の遂行や手段や時間配分などに関して具体的な指示を行わないので、労働者は割当てられた業務を消化するために過労に陥る危険がある。裁量労働制と似た制度としてフレックスタイム制があり、これは企業の定めたコアタイム（例えば午前11時から午後2時まで）を含むという条件付きで、勤務時間を自主的に決められる制度である。

※参照「フレックスタイム制」

■サイロット工法

側壁導坑先進工法とも称するトンネル施工法の一つである。トンネル断面の側壁部分を先進させ、側壁コンクリートを打設し、上半部分、大背部を掘削してトンネルを完成するもので、地質条件が悪く、また、地耐力不足の場合に採用される工法である。

■詐害行為（さがいこうい）
　債務者が、債務の弁済に充てるための財産を故意に減少させる行為、債務者が債権者を害することを知りながらする悪意の財産減少行為をいう。債権の引当てとなるものは、究極的には債務者の財産であるから、債務者が自己の財産を処分して無資力となったり債務超過の状態となると、債権者は詐害される。そこで法は、債務者が債権者詐害の結果を十分に認識して行為した場合の債権者の救済を認める。民法第424条の詐害行為取消権、破産法第160条以下、会社更生法第86条以下の否認権がそれである。ただし、具体的にどのような行為が詐害行為といえるか判例学説上も争いがあり、特に弁済、担保権の設定又は相当価格による財産の売却などについては問題が多い。

■魚がのぼりやすい川づくり推進モデル事業
　全国の河川等のモデルとして、魚がのぼりやすい川づくりをする事業。地域のシンボルとなっている河川等について、堰、床固、ダム及び砂防堰堤等とその周辺の改良や魚道を設置したり、魚道の水量を確保するなど、魚類の遡上・降下環境の改善を積極的に行う事業のこと。石狩川、信濃川、多摩川などがモデル事業の指定河川として取組みを実施してきたが、2004年度でモデル事業を終え、2005年度以降は全国展開となっている。

■下がり天井
　天井面に梁やパイプスペースなどの出っ張りがあり、その部分だけ低くなっているところ。間取り図では見落としがちで、引っ越しの時などに手持ちの背の高い家具が入らないという問題が生じたりする場合がある。

■左官工事
　建設業法第2条に規定する建設工事の一つ。工作物に壁土、モルタル、漆くい、プラスター、繊維等をこて塗り、吹き付け、貼り付ける工事をいう。具体的工事例として、左官工事、モルタル工事、モルタル防水工事、吹付け工事（建築物に対してモルタル等を吹付ける工事）、とぎ出し工事、洗い出し工事、ラス張り工事、乾式壁工事などがある。

■先取特権（さきどりとっけん）
　法律の定める特定の債権を有する者が、債務者の総財産又は特定の動産若しくは不動産から、一般債権に優先して弁済を受けることができる法定の担保権をいう（民法第303条以下）。例えば、使用人は最後の6ヵ月分の給料債権について雇主の一般財産の上に（同法第306条第2号、第308条）、商品の売主はその代金債権について売却商品の上に（同法第311条第5号、第321条）、また、不動産の工事をした者は工事費についてその不動産の上に（同法第325条第2号、第327条）、それぞれ先取特権を有する。先取特権の実行は、一般的には担保権の実行（民事執行法第180条以下）による。また、特別の先取特権は、破産手続きでは別除権（破産法第65条）、会社更生手続きでは更正担保権（会社更生法第135条）として行使される。

■先物取引
　⇨デリバティブ

■作業環境測定士（国家資格）
　労働安全衛生法により義務付けられた作業環境測定を担当する者。鉛や放射性物質、有機溶剤や鉱物の粉塵などが発生する作業場、又は取り扱う作業場の作業環境を測定・分析し、改善する専門家のこと。厚生労働省管轄の国家資格で、資格には第一種及び第二種測定士がある。この試験に合格し指定講習を修了した者は、厚生労働大臣の登録を受けて作

業環境測定士になることができる。
※受験申込・問合せ：㈶安全衛生技術試験協会
　Tel　03-5275-1088

■錯誤（さくご）

　意思表示した者の内心の真意と表示されたことが、重要な点（要素）で食い違いがあることをいう（民法第95条）。真意と表示とに食い違いがあると、真の意思表示ではないと解され無効とされるが、表意者に重大な過失がある場合には、その者を保護する必要がないから、この者が自ら無効を主張することは許されない（同法第95条）。錯誤は、法律行為の性質、契約の対象物件の違い、契約の相手の人違いなどの場合に錯誤ありとされるが、売買の動機となった事実に食い違いがあるような場合（動機の錯誤）には、契約の際その動機が表示されていれば、無効にはならない。

■さく井工事

　建設業法第2条に規定する建設工事の一つ。さく井機械等を用いてさく孔、さく井を行う工事やこれらの工事に伴う揚水設備設置等を行う工事をいう。具体的工事例として、さく井工事、観測井工事、還元井工事、温泉掘削工事、井戸築造工事、さく孔工事、石油掘削工事、天然ガス掘削工事、揚水設備工事などがある。

■作成特定建設業者

　建設業法第24条の7（施工体制台帳及び施工体系図の作成等）の規定により、施工体制台帳を作成しなければならない特定建設業者のこと。発注者から直接建設工事を請け負った特定建設業者が、当該建設工事を施工するために締結した下請契約の総額が3,000万円（建築工事一式工事は4,500万円）以上となった場合に、公共工事、民間工事を問わず施工体制台帳を作成しなければならない。
※参照「施工体制台帳」「再下請負通知書」「特定建設業者」

■差押え

　債務の支払いをしない債務者に対しては、訴訟を起こして勝訴判決をもらい、これに基づいて裁判所に頼んで強制執行することになる。裁判所は、強制執行をするために債務者の財産に対する処分権を債務者から奪い、支配下におかなければならない。これを「差押え」という。例えば、差押えの対象が動産の場合には、執行官が債務者の占有する財産を取り上げて、自己の占有下におくことにより差押えを行う。これが不動産の場合には、執行裁判所が競売開始決定をし、このことを債務者に通知し、差押えの登記をすることにより差押えを行う。差押えをした後は、競売等により換金され、その代金の中から債権の回収に充てることになる。

■指値（さしね）

　一般には、客が売買を委託するにあたって指定した値段のこと。建設業においては、元請負人が下請負人との請負契約を交わす際、下請負人と十分な協議をせず又は下請負人との協議に応じることなく、元請負人が一方的に決めた請負代金の額を下請負人に提示すること。2007年6月国土交通省は「建設業法令遵守ガイドライン」を公表し、その中で「指値発注」について、具体的な解説をしているが、このような行為は、建設業法第18条の「建設工事の請負契約の原則」（各々の対等な立場における合意に基づいて公正な契約を締結する）を無視する行為であり、建設業法に違反するおそれがあるとしている。

■サーチャージ水位

　超過容量水位のこと。洪水時にダムにためこむときの最高の水位のことをいう。この水位を超えれば、ダム湖への流入量と同じ量を放流しなければならない。

■雑費

　⇒損益計算書

■サービサー

債権回収専門会社のこと。債権の取立て代行やそれに付随する業務を行う。債権回収に必要ないろいろなサービスを総合的に提供することから、サービサーと呼ばれる。従来は、不法な団体による債権の強引な取立てが行われてきた歴史的背景があるため、債権回収は弁護士しか認められていなかったが、民間企業が債権回収サービスを提供するという、サービサー制度を創設する目的で、弁護士法に例外規定を設ける改正を実施した。そして「債権管理回収業に関する特別措置法（サービサー法）」（1999年7月11日施行）により、許可を受けた債権回収会社が、委託を受けて金融機関等の保有する特定金銭債権の管理及び回収を行うことが可能となった。

■サービスバルコニー

マンションなどにおいて、通常の大きなバルコニーの他にサービスで付いているもの。通常のバルコニーに比べると小さなスペースを指す場合が多く、日常的に出入りせず、ほとんどがエアコンの室外機置き場として活用されている。

■サブコン

Sub Contractor の略語。ゼネコンの下請企業で、ゼネコンが請負う大規模建築工事などで、実際に工事を行う建設企業のこと。

■サブマージアーク溶接法
　　⇒ユニオンメルト溶接法

■サプライチェーン・マネジメント

Supply Chain Management 企業が取引先との間の資材調達や受発注、物流、在庫管理などを情報技術（IT）を活用して一貫管理する経営手法。必要な物を、必要な時に、必要な数量流れるように、ネットワークでデータを共有し、過剰生産、過剰在庫を防ぐ。実需に見合った生産・流通体制をとれるため、設備、在庫、人員、販売促進費などを大幅に効率化できる。

■サブリース方式

不動産会社が物件所有者から不動産（アパート・賃貸マンション）を借上げ（マスターリース）、それを入居者に転貸する（サブリース）方式。サブリースには、物件所有者に支払う賃料（金額）を固定する「固定型サブリース」と転貸賃料に連動させて一定比率を賃料とする「変動型サブリース」の2種類がある。

■サーマルリサイクル

熱回収。廃棄物を焼却して得られる熱エネルギーを回収し利用すること。サーマルリカバリーと呼ばれることもある。回収されたエネルギーは、発電や冷暖房及び温水などの熱源として有効利用する。

■桟木（さんぎ）

断面が25×50mm程度の木材で、仮設用、型枠組立用として使用される。型枠組立用等に使用する角材。

■産業再生法

正式名称は「産業活力再生特別措置法」。企業が生産性の低い部門から高い部門へと経営資源をシフトさせる事業再構築をすることを促すため、1999年10月施行された法律。制度の適用を受けるためには、企業がリストラ計画（合併や営業譲渡、過剰設備の廃棄など一定の条件を満たす事業再構築計画）を主務大臣に提出し、その認定を受けることを義務付けられている。認定されると、税制上の優遇措置、商法上の手続きを簡素化する特例、政府系金融機関による低利融資などの支援措置を受けられる。

■産業廃棄物

事業活動に伴って工場などで発生・排出される廃棄物のうち、法律（廃棄物の処理及び清掃に関する法律）及び政令で定められた20種類の廃棄物のこと。具体的には燃え殻、汚泥、廃油、廃酸、廃アルカリ、廃プラスチック類、紙くず、木くず、繊維くず、動植物性

残渣、ゴムくず、金属くず、ガラスくず・コンクリートくず及び陶磁器くず、鉱さい、がれき類、動物のふん尿（畜産農家から排出されるもの）、動物の死体（同前）、ばいじん類（ダスト類）などである。産業廃棄物の処理責任は排出事業者にあるため、その処理は排出事業者が自ら実施するか、産業廃棄物処理業の許可を有する処理業者に委託して実施しなければならない。
※参照「産業廃棄物処理業者」

■産業廃棄物処理業者
　「廃棄物の処理及び清掃に関する法律」第2条第4項で指定された産業廃棄物を、排出業者から請け負って、収集・運搬、処理、処分することを業とする事業者。営業区域の属する都道府県知事の許可を要する。産業廃棄物の処理責任は排出事業者にあるので、その処理は排出事業者が自ら実施するか、産業廃棄物処理業の許可を有する処理業者に委託して実施しなければならない。
※参照「産業廃棄物」

■三者会議
　⇒公共工事総合プロセス支援システム

■三セク
　⇒第三セクター

■暫定予算
　通常予算がいろいろな理由で、年度開始前に成立する見込みがない場合などに作成する会計年度内の一定期間に限った予算のこと。予算がないと行政執行に支障をきたすので、必要な範囲で暫定的に作る予算であるから、本予算が成立すればなくなる。

■サンドドレーン工法
　軟弱地盤の改良工法。バーチカルドレーン工法の一種。軟弱な地盤表面にサンドマット（砂層）を施工し、地盤中にサンドドレーン（砂杭）を打設する。その上に載荷盛土（地盤中の水を排水させる圧力となる荷重）を構築し、地盤中の水を排水して圧密沈下させ地盤を強固なものにする改良工法である。ウェルポイント工法と併用されることが多い。
※バーチカルドレーン工法：地中にある水を、地中にドレーン材を打ち込むことによってドレーン材を水道とし、地上に排水させ、地盤の強度増加と安定化を促進させる軟弱地盤改良工法。

■産廃原状回復基金
　産業廃棄物不法投棄原状回復基金の略。1997年の廃棄物処理法改正により、不法投棄対策が強化されるとともに、原状回復措置のための基金が設けられた。同基金は産業界の任意拠出と国の補助金により造成されており、地方公共団体が原因者不明の不法投棄の原状回復処理を行う場合、その総費用に対して基金から75％以内の補助を行う。

■三面張り
　水害を防止するため、川の側面と底の三面をコンクリートで固める工法。河川改修工事や砂防工事などで河川勾配が急で流速が早い区間では、河床が洗掘されるおそれがある。このため、護岸とともに河床もコンクリートやコンクリート二次製品などで施工したものをいう。近年は魚や植物の生態系とともに景観上も好ましくないといわれ、川を生き返らせる工法として多自然型の改修方法が取り入れられるようになってきている。
※多自然型工法：動物の住む環境と調和した川を作ることにより、生態系を保たなければならないという思想から生まれた工法。多自然型工法の特徴的な部分は、①川を曲がらせる②コンクリートに現地の土をかぶせる③草を植える（現地と調和した植生）④側面から動物が登れるようにする　など、自然の川に近い状態で水害を防ぐことのできる施設をめざすもの。

■ジェンダー
　生物学的な違いではなく、社会や文化によって規定された男女の差。「作られた性差」

ともいう。「男は力仕事」「女性は家庭を守るべき」というのもジェンダーの一つ。男女の差をなくそうという運動の高まりの中、男女雇用機会均等法が制定された。同法が制定されて以来、建設現場にも少ないながらも女性の姿が見受けられるようになった。「男の世界」だといわれてきた建設業も変わりつつある。

■ジオトープ
　地理的区分の最小単位を追求する中で生まれた考えで、地形・地質的な内容を主としたもの。その後、地形や地質の条件を反映する要素として、その上に生ずる植物群が注目されるようになった。その考えが更に発展して、現在いわれている「ビオトープ」という考えが誕生した。

■市街化区域
　都市計画区域内で、既に市街地となっている区域と、線引きが行われた時点で以後およそ10年以内に優先的かつ計画的に市街化を図ることになっている区域（都市計画法第7条第2項）。この区域では、用途地域が定められ、道路、公園、下水道などの都市施設を整備するとともに、土地利用を規制することにより、良好な都市環境の形成が図られる。都市計画法で都市計画区域は開発を促進する市街化区域と、無秩序な開発を抑制する市街化調整区域とに分けられることになっているが、2000年成立の改正都市計画法でこうした区域を線引きするかどうかは都道府県の判断にゆだねられることになった。

■時価会計
　企業が保有する資産と負債を、市場などで取引される時価に基づいて評価する会計手法。2000年4月から開始される事業年度から企業が保有する金融商品（株式、債券、金融派生商品など）を対象に導入された。

■始業点検
　作業の開始又は使用前の点検のこと。人的面（保護具、健康、技能、資格、適正配置など）、物的面（設備、機械、材料、工具など）、管理面（作業内容、作業手順、職種間の調整、緊急時の措置）、環境面（作業場所、有害物、換気、照明、温度、湿度）から行う必要がある。

■シークエンス・エンジニアリング
　⇨コンカレント・エンジニアリング

■試験湛水（しけんたんすい）
　ダムの本格的な運用に移行する前に、貯水池の水位を上昇及び下降させて、ダム堤体、基礎地盤、貯水池周辺の安全性などを確認するための行為のこと。実際にダムに湛水を行って各貯水位から最高のサーチャージ水位まで人為的に満水とし、堤体からの漏水量、揚圧力、地下水位、放流設備、貯水池周辺の安全等のチェック、湛水側法面のすべりの発生の有無などを調査し、所期の目的が達成されているかどうかを実地に検証するもの。
　※参照「サーチャージ水位」

■自己宛小切手
　⇨預手

■時効
　時の経過によって、権利を取得したり、消滅させたりする法律制度のこと。権利を取得する場合を取得時効、消滅する場合を消滅時効と呼んでいる。どれくらいの時の経過によって、権利を取得したり消滅するかは、権利の種類と事実状態により異なる。債権に関する時効をみると、個人間の貸金は10年、商人間の貸金は5年、個人間の売買代金は10年、商品の小売代金は2年、労働者の給料請求権は2年、工事の請負代金の請求権は3年、損害賠償請求権は3年となっている。

■自己株式
　⇨貸借対照表

■事故繰越

⇨予算の繰越

■自己資本回転率
⇨資本回転率

■自己資本対固定資産比率
経営事項審査の経営状況（Y）8指標の一つ。

この指標は、固定資産と自己資本とのバランスを表す比率であり、固定比率の逆数を取っているため、数値は高いほど好ましくなる。

> 自己資本対固定資産比率＝自己資本／固定資産×100
> （経営事項審査の経営状況（Y）では、上限値：350.0％　下限値：76.5％）

■自己資本比率
経営事項審査の経営状況（Y）8指標の一つ。

企業の総資本の中に占める自己資本の割合。資本における調達源泉の健全性、とりわけ資本の蓄積度合を表す比率。数値は高いほど企業の安定性が高いとされる。総資本は、自己資本（資本金や法定準備金など）と他人資本（借入金や支払手形、買掛金などの負債）とで構成されており、自己資本の比率が高いということは、他人資本＝いずれは返済や支払いをしなければならない負債が少ないことを意味し、企業体質の強さを示している。算式は次の通り。

> 自己資本比率（％）＝自己資本／総資本×100
> （経営事項審査の経営状況（Y）では、上限値：68.5％　下限値：-68.6％）

■自己の取引上の地位を不当に利用
建設業の元請負人と下請負人との取引において、取引上優越的な地位にある元請負人が、下請負人を経済的に不当に圧迫するような取引等を強いること。建設業法第19条の3において、自己の取引上の地位を不当に利用して、不当に低い請負代金を強いることを禁止している。

※取引上優越的な地位とは、下請負人にとって、元請負人との取引が中断されると事業経営上大きな支障をきたすため、元請負人が下請負人に対し著しく不利益な要請を行っても、下請負人がこれを受け入れざるを得ないような場合をいう。

■自己破産
⇨破産

■資産インフレ
⇨ストック・インフレ

■指示処分
建設業者に建設業法違反や、その他の不適正な事実があった場合に、是正や改善のために具体的にとるべき措置を行政庁から命令するもの。建設業法第28条で規定されている。国土交通大臣又は都道府県知事は、その許可を受けた建設業者が法律の規定に違反した場合、当該建設業者及び特定建設業者に必要な指示処分ができる。具体的には、建設業者等が(1)不適切な建設工事で、公衆に危害を及ぼすかそのおそれがあるとき(2)請負契約について不誠実な行為をしたとき(3)法令違反を犯すなど、建設業者として不適正と認められるとき(4)主任技術者や監理技術者の工事施工管理が著しく不適当で変更が必要なとき、などの場合である。

※参照「監督処分」

■市場メカニズム
⇨プライス・メカニズム

■止水階（しすいかい）
屋根の防水終了を待って仕上げ工事を開始するのでは工事が長くなる場合、中間階に仮設の防水を行い雨水の進入を止めて、その下層の仕上げに着手する。この仮設防水を行う階を止水階という。

■シスターン
　水洗便所内に設置して便器の洗浄水を貯めておく水槽。シスターンは、内部に水が貯まると浮き子（ボール）の浮上によって、自動で給水が止まるようになっている。シスターンは、設置される位置により、「ハイシスターン」形式と「ローシスターン」形式がある。

■下請負人
　建設業法において「下請負人」とは、下請契約における請負人をいう（建設業法第2条第5項）。下請工事として受注した場合でも、その建設工事の一部を他の業者に下請負した場合には、自社が「元請負人」となり、その下請取引を行った業者が「下請負人」となる。
　※参照「発注者」

■下請負人届
　建設工事の請負契約者が、その工事の施工にあたり下請負人を使用する場合、発注者に対して提出する書類。建設工事における下請契約は、どんなに少額なものであっても発注者に対して書面で届出を行い、元請負人及び下請負人間できちんと契約書を取り交わす必要がある。公共工事標準請負契約約款第7条（下請負人の通知）において、発注者は下請負人に関する必要な事項を発注者に通知するよう請負者に請求することができることを規定している。
　※公共工事標準請負契約約款第7条（下請負人の通知）：一定の建設工事（特定建設業者が発注者から直接請負った建設工事で、その建設工事を施工するために締結した下請契約の総額が3,000万円（建築一式工事の場合は、4,500万円）以上となるもの）については、建設業法により「施工体制台帳」の整備が義務付けられているが、本条の通知請求は、そのような建設工事に限定されるものではなく、この約款を用いる全ての建設工事において、契約上の権利として、発注者が請求できることを規定したものである。

■下請契約
　建設工事を他の者から請け負った建設業を営む者と他の建設業を営む者との間で、当該建設工事の全部又は一部について締結される請負契約をいう（建設業法第2条第4項）。「建設工事を他の者から請け負った建設業を営む者と他の建設業を営む者」との請負契約であるので、全ての下請契約を指し、いわゆる孫請け以下の関係における請負契約も下請契約である。

■下請契約約款
　⇒建設工事標準下請契約約款

■下請事業者
　⇒下請法

■下請セーフティネット債務保証
　国土交通省（旧建設省）が、1998年12月に「建設業の改善に関する緊急対策」の中核事業として創設した、㈶建設業振興基金が行う債務保証。建設業者で組織する事業協同組合等が行う転貸融資と振興基金の債務保証とを組み合わせることにより、中小・中堅建設業者への低利な資金供給と、下請業者への支払条件などを改善する事業。公共工事を施工中の元請建設業者が、発注者から将来受け取る工事代金債権（未完成公共工事請負代金債権）を、事業協同組合等に譲渡し、事業協同組合等は、その譲渡債権を担保として、出来高の範囲内で元請建設業者に融資する。元請建設業者は事業協同組合等より借り入れた資金を下請建設業者に支払う。通常は、発注者より工事代金の支払いを受けた後、事業協同組合等は貸付金を精算して、残金があれば元請企業に返還する。また、元請建設業者が施工途中で倒産等の場合、事業協同組合等は発注者より受けた出来高相応分の工事代金の中から貸付金を精算し、残金については、元請建設業者に代わって下請建設業者に下請代金を支払うことができる。また、この制度を活用した建設業者がその後の入札参加に制限を加えられること等のないよう、国土交通省で

■下請取引等実態調査

建設業における元請・下請関係の適正化を目的に国土交通省と中小企業庁が実施している調査（調査開始：1979年度）。2008年度においては、全国の建設業者約28,000業者（従来調査の約4倍：大臣許可約3,000業者・知事許可約25,000業者）を対象に、①元請負人の立場での回答を求める設問と、②下請負人の立場での回答を求める設問により調査を実施。また、③不適正な取引を行っている元請負人の情報や、④不適正な行為を行っている発注者の情報が得られる調査項目も設けられた。調査結果について国土交通省の発表によると、元請・下請を問わず建設工事を下請負人に発注したことのある建設業者12,754業者のうち、建設業法に基づく指導を行う必要がないと認められる建設業者（適正回答）は、327業者（2.6％）に留まり、多くの建設業者に何らかの建設業法違反が認められる結果となっている。特に、下請との契約方法では、知事一般許可業者の16.1％が「口頭」による契約で、書面契約不全が浮き彫りになっている。

※参照「書面契約の徹底」

■下請法

「下請代金支払遅延等防止法」。下請法は「下請代金の支払遅延等を防止することによって、親事業者の下請事業者に対する取引を公正ならしめるとともに、下請事業者の利益を保護し、もって国民経済の健全な発達に寄与すること」を目的（法第1条）として、1956年（昭和31年）独占禁止法の補完法として制定された。下請法の特徴として、①規制の対象となる親事業者を取引態様、資本金の区分により一律に明確化し、個別認定を不要としたこと　②トラブルの未然防止と規制の実効性を確保するため、書面の交付義務を定めたこと　③親事業者の禁止行為を具体的に列挙し、明確化したこと　④下請事業者からの違反行為に関する情報提供は期待できないため、公正取引委員会又は中小企業庁による調査、監督権限を強化、整備したこと　などがあげられる。

※親事業者・下請事業者
① ・物品の製造委託・修理委託
・プログラムの作成に係る情報成果物作成委託
・運送、物品の倉庫における保管及び情報処理にかかる役務提供委託

[親事業者]	[下請事業者]
資本金3億円超	→ 資本金3億円以下（個人事業者含む）
資本金1千万円超3億円以下	→ 資本金1千万円以下（個人事業者含む）

② ・情報成果物作成委託（プログラムの作成を除く）
・役務提供委託（運送、物品の倉庫における保管及び情報処理を除く）

[親事業者]	[下請事業者]
資本金5千万円超	→ 資本金5千万円以下（個人事業者含む）
資本金1千万円超5千万円以下	→ 資本金1千万円以下（個人事業者含む）

※独占禁止法の補完法：下請事業者を保護するため、独占禁止法の違反事件処理手続きとは別の簡易な手続きを規定し、下請取引の実態に即して迅速かつ効果的に処理できるように、独占禁止法の補完法としている。

■下請法違反行為に対する調査・措置

下請法違反行為については、下請事業者からの自主的な情報提供が期待できないことから、下請法では、公正取引委員会等にかなり広範囲の調査権限等が与えられている。なお、下請法の実際の運用にあたっては、下請取引の実態を考慮して、公正取引委員会は、中小企業庁の協力を得て、定期的、継続的に親事業者及び下請事業者に書面調査を行うこと等により、遵守状況の把握と違反行為の発

見に努めることとしている。

	解　説
①報告・立入調査（同法第9条）	・公正取引委員会は、違反行為が認められる場合に限らず、下請取引を公正にするため必要があると認めるときは、親事業者・下請事業者の双方に対し、下請取引に関する報告をさせ、事務所、事業所に立ち入り、帳簿書類等を検査することができる。
②改善勧告等（同法第7条）	・親事業者が下請法第4条（親事業者の禁止行為）に違反する行為をしていると認められる場合には、公正取引委員会は、親事業者に対し、違反行為の差止め等を勧告することができる。 ・公正取引委員会は、勧告に従わない場合のみ、その旨を公表していたが、改正下請法の施行後は、違反親事業者が勧告に従うか否かにかかわらず公表することができることになった。 ・当該下請取引に係る事業所管官庁は、違反事業者に対して、行政指導を行うとともに、公正取引委員会又は中小企業庁に対し違反内容の通知を行うことができる。
③罰則（同法第10条）	・次のような場合は、行為者（担当者）個人が罰せられるほか、会社も罰せられることになる。 ①書面の交付義務違反 ②書類の作成及び保存義務違反 ③報告徴収に対する報告拒否、虚偽報告 ④立入検査の拒否、妨害、忌避

※参照「親事業者の義務」「親事業者の禁止事項」

■**下請法が適用される取引**

　下請法は、適用の対象となる下請取引の範囲を、①取引の内容と、②取引当事者の資本金の区分により、一律的かつ明確に定めており、両方の条件に合致した取引を下請取引といい、下請法が適用される。

　具体的な取引の内容は、①物品の**製造委託・修理委託**、②**情報成果物作成委託**、③**役務提供委託**、である。

※製造委託：下請法第2条第1項に定義されている。事業者が他の事業者に物品（半製品、部品、付属品、原材料などが含まれる）の製造・加工を、規格・品質・性能・形状・デザイン・ブランドなどを指定して製造（加工含む）を依頼する場合をいう。

※修理委託：下請法第2条第2項に定義されている。物品の修理を行う事業者が、その修理を他の事業者に委託すること及びこの使用する物品を自家修理している場合、その修理の一部を他の事業者に依頼する場合をいう。

※情報成果物作成委託：下請法第2条第3項に定義されている。プログラム、放送番組、設計図、地質調査報告書、測量調査報告書、建設コンサルティング報告書などが含まれる。

※役務提供委託：下請法第2条第4項に定義されている。貨物運送、ビルメンテナンス、建設工事の施工管理業務などが含まれる。なお、建設工事（建設業法第2条第1項に規定されている28種類の工事）の請負は、役務提供委託からは除外されている。建設工事の下請取引には、下請法が適用されず、建設業法の規定が適用される。

■**下請ボンド**

　下請（支払）ボンドとは、元請負業者の破綻等の場合に、下請代金等の支払いをボンド引受機関が行うもの。米国の支払ボンドと同義語。ボンドとは「保証」の意味で、あらかじめ何らかの瑕疵が起きたときの一定範囲以内で支払う資金を最初から集める「保険」とは違う。日本では工事完成保証人制度を廃止し、新たな履行保証制度が導入されたことで、履行保証の一つである履行ボンドがすでに存在する。米国では履行ボンドのほか、入札ボンド、支払ボンドが制度化されている。米国の場合、ミラー法で連邦政府の場合10万

ドル以上の工事は履行及び支払ボンドが義務付けられている。日本の下請（支払）ボンド導入は、研究が行われたがボンドを引き受ける損害保険会社、業界からも難色を示す声が多く、結局は下請けセーフティネット導入による下請け保護策を打ち出すことで決着がついている。

■示談

　紛争を起こしている当事者が話し合いをし、お互いが譲歩しあって紛争を解決すること。交通事故の被害者と加害者との間で行われる示談が知られている。示談で決められたことは、通常、示談書を作成する。いったん示談が成立すると、その後に新しい事実が判明しても、示談をやり直すことは原則としてできない。示談書には、強制執行ができる効力（債務名義）はないので、その権利を確保するためには、公正証書（執行承諾文言の入ったもの）にしておくことが必要である。

■質

　⇒質権

■質権

　債権者が担保のために引渡しを受けた「質」を手元に留保して、弁済がない場合に、その質によって優先的に弁済を受ける権利のこと。担保物権の一つ。質権設定契約で成立する。民法では、不動産についても質権を設定できるとしているが、利用されるのはまれで、主に株式、宝石や美術品について設定されている。質権は目的物（質物）を債権者に引き渡すことにより効力を生じるもので、質権者は質物の専有を継続しなければ、第三者に質権を主張できない（民法第177条）。

　※質：約束を履行するための保証として、又は借金のかたとして預けるものを「質」という。いわゆる質屋という大衆金融の担保形態として広く使われている。

■市町村合併

　2つ以上の市町村が1つの市町村になること。合併の方式には、「新設合併」（例えば、A町とB町が合併して、新たにC町が誕生する場合）と「編入合併」（例えば、A町をB町に吸収する場合）がある。政府が「平成の大合併」として進めた市町村合併は、地方分権の流れの中で、その受け皿として市町村の体力を強める狙いがあり、1999年3月末に3,232あった市町村数は、2009年3月末では1,777（783市802町192村）となっている。

■シックハウス症候群

　建築直後の住宅に入居した時に、体が変調をきたす現代病。目やのどの痛み、頭痛、吐き気などの症状が見られる。合板や壁紙の接着剤、塗料などに含まれる揮発性の有機化合物が原因とされる。国土交通省では建材などの使用基準を建築基準法に盛り込む等、対策に乗り出している。

■執行認諾文言（しっこうにんだくもんごん）

　「債務を履行しない際には、直ちに強制執行を受けても異議のないということを認諾する」と示す文言のこと。金銭債権に関する契約を公正証書にする際に、債務者が支払期限までに債務の履行をしない場合には、強制執行されても異議がない旨の文言をいれておくことで裁判の判決と同じ効力（債務名義となる）を持つこととなる。

■実行予算

　受注した工事について、工事着手前に立てる予算。施工計画に従って工事を完成するために必要な予算のことで、実施予算ともいう。建設業では、工事コストの管理は、実行予算によって行われる。実行予算は、経営面では企業の目標利益を予測する基になり、工事面では個々の工事のコスト目標値になり、購買面では外注業者への発注額をチェックする指標になり、営業面では次の工事案件の営業のための参考情報になるなど、大切な役割を果たす。

■実質的に関与（一括下請負における）

元請負人が自ら総合的に企画、調整及び指導を行うこと。建設業法第22条において「一括下請負の禁止」が定められているが、元請負人がその工事の実施に「実質的に関与」をしていれば、一括下請負にならない。下請工事への実質的な関与が認められるためには、自社の技術者が下請工事の①施工計画の作成　②工程管理　③出来形・品質管理　④完成検査　⑤安全管理　⑥下請業者への指導監督などについて、主体的な役割を現場で果たしていることが必要である。発注者から直接請け負った工事については、加えて⑦発注者との協議　⑧住民への説明　⑨官公庁等への届出など　⑩近隣工事との調整　等について、主体的な役割を果たすことが必要である。単に現場に技術者を置いているだけではこれに該当せず、また、現場に元請負人との間に直接的かつ恒常的な雇用関係を有する適格な技術者が置かれない場合には「実質的に関与」しているとはいえない。

■実績配当利回り
⇒配当利回り

■指定確認検査機関

建築基準法に基づき地方公共団体の職員である建築主事に代わって、確認又は検査等を行う機関で、国土交通大臣又は都道府県知事によって指定されたもの。

二以上の都道府県の区域で確認検査の業務を行おうとする場合は、国土交通大臣（一つの都道府県の地域で業務を行う場合は都道府県知事）に対して申請し、国土交通大臣等の指定を受けた者がその業務を行うことができる（建築基準法77条の18、建築基準法に基づく指定資格検定機関等に関する省令第14条）。

指定確認検査機関による確認済証は、建築主事による確認済証とみなされ、建築主事の確認済証は不要となる（建築基準法第6条の2）。

指定確認検査機関が、完了検査又は中間検査を、工事完了又は一定の工程に係る工事終了の日から4日以内に引き受けた場合には、建築主事による完了検査又は中間検査は不要となり、検査の結果、建築物等が建築基準関係規定に適合していると認めたときは、建築主に検査済証又は中間検査合格証を交付し、これらは、建築主事による検査済証又は中間検査合格証とみなされる（同法第7条の2、第7条の4）。

構造計算書偽造問題への対応及び建築物の安全性の確保のため、2006年6月に建築基準法が改正され、指定検査機関の業務の適正化が図られた。この改正により、損害賠償能力、公正中立要件、人員体制等の指定要件が強化されるとともに、特定行政庁に立入検査権限が付与されるなど特定行政庁による指定確認検査機関指導監督の強化が図られている。

■指定管理者制度

地方自治体が設置する「公の施設」の管理運営を、民間企業や社会福祉法人などの公益法人、特定非営利活動法人（NPO法人）など、「民」の団体に広く委任する制度。"行政サービスの民間開放"という構造改革の流れの中で、地方自治法第244条の2の改正により創設され、2003年9月から施行された。「公の施設」とは、市民会館、文化会館、野球場等スポーツ施設、公園、コミュニティセンターのような、住民の福祉を増進する目的をもってその利用に供するための施設。それまでは公共施設の管理運営は公共団体や第三セクターなど公共性の強い機関に限られていたが、公共施設を民間が一元的に運営管理できるよう門戸開放されたことで、効率的な運営やサービスの質の向上などが見込まれている。

■指定建設業

特定建設業のうち、建設業法第15条第2号ただし書の建設業のこと。「土木工事業」「建築工事業」「電気工事業」「管工事業」「鋼構造物工事業」「舗装工事業」「造園工事業」の

7業種が定められている（同法施行令第5条の2）。指定建設業は、施工技術の統合性、施工技術の普及状態、その他の事情を勘案して定められることされている。特定建設業のうち指定建設業の場合、営業所に設置する専任技術者と工事現場に置くべき監理技術者は、一級国家資格者か国土交通大臣が認定した特別認定者でなければならない。

※施工技術の統合性：施工技術の基礎となる学問的論理体系が高度かつ複雑であるため、その工種そのものが大規模かつ複雑となっているか、又は複数の工種を包括するものとなっていることをいう。

※施工技術の普及状態：工事の規模、業者の別にかかわらず、当該建設業に必要とされる施工技術の内容が技能的な要素が支配的か、さらにより高度な技術的な要素が支配的かを、従前の普及の状況及び他の建設業における普及状況と比較した場合に高度な技術的な要素が支配的であることをいう。

※その他の事情：建設工事の公共性、社会的な要請、国家資格の充足度等をいう。

■指定住宅性能評価機関

設計された住宅又は建設された住宅の住宅性能評価を行い、国土交通省令で定める標章を付した住宅性能評価書を交付することができる者として、国土交通大臣が指定した者をいう（住宅品質確保法第5条）。

住宅性能評価書には、設計図書の段階の評価結果をまとめたもの（設計住宅性能評価書）と、施工段階と完成段階の検査を経た評価結果をまとめたもの（建設住宅性能評価書）との2種類があり、それぞれ法律に基づくマークが表示される。

■指定住宅紛争処理機関

建設住宅性能評価書が交付された新築住宅及び既存住宅の個別性能評価を受けた住宅についての紛争処理の業務を、公正かつ適格に行うことができる法人として、国土交通大臣が指定した者をいう（住宅品質確保法第66条）。指定住宅紛争処理機関は、新築住宅及び既存住宅の評価住宅にトラブルが生じたとき、裁判によらず住宅の紛争を円滑・迅速に処理する機関で、建設工事の請負契約又は売買契約に関する紛争の当事者の双方又は一方からの申請により、当該紛争のあっせん、調停及び仲裁の業務を行う。

■指定暴力団

「暴力団員による不当な行為の防止等に関する法律」（通称：暴対法／1992年3月1日施行）に基づいて、一定の要件を備えた反社会性の強い指定された団体（暴力団）。2008年8月末現在、22団体が指定されている。建設業とその関連業界でも、建設現場の存在など暴力団に狙われやすい特性を持っていることから、これまで業界の努力にもかかわらず、暴力団の被害を受け、資金源とされることが多かった。一方、「暴力団と関係がある」という警察からの通報により、公共事業の入札参加資格の停止処分を受けた建設企業は、2006年・2007年の両年で97社に上ったことが警察庁のまとめでわかっている。このような状況の中で、指定暴力団組員による行政対象暴力の規制を盛り込んだ改正暴対法が2008年8月1日から施行されている。改正暴対法では、指定暴力団組員が国や地方自治体に許認可を求めたり、公共事業の入札参加を要求したりすることを"暴力的要求行為"として規制している。

※参照「暴力的要求行為」

■私的整理

過剰債務などで経営不振に陥った企業を、裁判所など司法の関与なしに限られた利害関係者の話し合いによって処理すること。このため、決まった手続きがなく「任意整理」「内整理」ともいわれる。関連法規（破産法・民事再生法・会社更生法など）に基づいて裁判所の関与で再建・清算などの道筋が決まる法的整理に比べて、迅速な処理が見込める反面、透明性が欠ける傾向もあるといわれている。私的整理は法的整理と同様に、倒産企業を解体する清算型と、倒産企業の継続を

図る再建型がある。
※参照「法的整理」
※参照「私的整理ガイドライン」

■私的整理ガイドライン
　金融機関からする債権放棄のガイドライン。全国銀行協会と経団連が中心となり2001年9月公表・適用されている。私的整理には、法的に定まった手続きがないため、様々な方法により行えるという自由度がある一方で、手続きの透明性に問題があり、再建計画の信頼性・公平性に欠ける場合が多いとの指摘があった。そこで、手続きの透明性・公平性・迅速性を確保するため、公表されたもの。このガイドラインは私的整理の実務指針を提示しており、関係当事者には遵守が求められているものの、法的拘束力はない。

■自動ビル建設システム
　鉄骨造高層建物を対象に、建設現場でのFA（ファクトリー・オートメーション）の考え方を導入した建設システム。建設現場での自動化・機械化・情報化を目指した工法。FA工場をフロアの上に設置し、リフトアップ工法（低位置でほぼ完成まで外部の工事を仕上げてから、所定の位置までリフトアップする工法）や揚重・搬送システム、溶接ロボット、総合管理システムなどを用いて、ビル建設の作業が自動的に行われる。FA工場は全天候対応型テントに覆われ、風雨に左右されない快適な作業環境で行われるため、鉄骨組立や床・壁・天井などの現場作業工期の短縮に大きく貢献する。作業フロアの工程が終わると、油圧ジャッキによってFA工場を1フロア分押し上げ、最上階が組み上がるまで同様の作業が繰り返される。このシステムの利点は、工期短縮、安全性の確保、人員の省力化、品質の向上、工程の安定化などがあげられる。

■シート工法
　軟弱地盤に盛土作業を行うための地盤安定処理方法の一つである。支持力の小さい軟弱地盤上に透水性、耐水性のあるシートを敷いて盛土材料をまき出し、その部分の荷重シートの引張力により、分散荷重にしてヒービング（軟弱粘性土質の掘削において、土止め壁の外側の土や水が掘削底に回り込み、底面からもち上がり、地盤を破壊する現象）を防止する工法である。シートの材料はナイロン、ビニロン、ポリプロピレン等の合成繊維が用いられる。

■し尿処理施設
　⇒一般廃棄物処理施設

■シノギ
　暴力団の稼ぎ、資金源のこと。暴力団の主なシノギとして従来は、覚せい剤などの麻薬の密売、賭博、売春、みかじめ料（暴力団が縄張りとする繁華街の飲食店や風俗店などから取り立てる用心棒料）などが中心だったが、最近は、企業対象暴力、暴力団関連企業による経済活動などに力を入れており、暴力団対策法施行以後（1992年3月）は、暴力団の名前を出さない政治運動、社会運動の団体を仮装する企業対象暴力が増えている。また、お年寄りを狙ったオレオレ詐欺やインターネット上でのワンクリック詐欺などの元締め等、手の込んだ違法性のあるものが多くなっている。

■支払手形
　⇒流動負債

■支払督促（しはらいとくそく）
　正式な裁判手続きをしなくても、判決などと同じように裁判所から債務者に対して金銭などの支払を命じる督促状（支払督促）を送ってもらえる制度。民事訴訟法第382条で定められており、債権の内容が、金銭や有価証券などの請求に限られるが、費用は安価、手続きは簡単、迅速にでき、債権回収（お金を取り返す）の有効な手段である。債権者が支払督促の申立て（相手の住所地の簡易裁判所書記官）をすると、裁判所は申立書の形式審

査をした上で、債務者の主張は聞かずに、支払督促を出してくれる。これを受け取った債務者は、不服があれば、受け取った日から2週間以内に異議申立てをすることができる。この異議が出されると、支払督促は効力を失い、一般の訴訟へ移行することになる。異議が出されないまま2週間を経過すると、債権者は簡易裁判所に支払督促に仮執行宣言を付けてくれと申立てることができる。仮執行宣言の付けられた支払督促は、訴訟の判決と同じ効力を持ち、債権者はこれにもとづいて強制執行ができるようになる。これに対して債務者は督促書の到達後、2週間以内に異議申立てができることになっている（この場合にも訴訟へ移行する）。異議が出されないまま、30日経過すると、仮執行宣言付支払督促は確定する。

■支払保留

　元請負人の経済的事情等により、注文者から支払われた工事代金を下請負人への支払にあてることなく、他に転用して下請負人を不当に圧迫すること。下請代金については、元請負人と下請負人の合意により交わされた下請契約に基づいて適正に支払わなければならない。①注文者から請負代金の出来高払又は竣工払金額を受けたときは、その支払の対象となった工事を施工した下請負人に対して、相当する下請代金を1ヵ月以内に支払わなければならない（建設業法第24条の3）。また、②元請負人が特定建設業者であり、下請負人が一般建設業者（資本金額が4,000万円以上の法人除く）である場合、下請保護の観点から、注文者から代金を受けたかどうかにかかわらず、引渡しの申し出の日から50日以内とされている（同法第24条の5）。なお、建設業法上違反となるおそれがある行為事例として、①下請契約に基づく工事目的物が完成し、元請負人の検査及び元請負人への引渡し終了後、元請負人が下請負人に対し、長期間にわたり保留金として下請代金の一部を支払わない場合　②建設工事の前工程である基礎工事、土工事、鉄筋工事等について、それぞれの工事が完成し、元請負人の検査及び引渡しを終了したが、元請負人が下請負人に対し、工事全体が終了するまでの長期間にわたり保留金として下請代金の一部を支払わない場合　③工事全体が終了したにもかかわらず、元請負人が他の工事現場まで保留金を持ち越した場合　などが該当する。

■支払利息
　⇒経常利益

■示方書（しほうしょ）

　工事の施工、物品の購入、構造物の設計などにおいて、履行すべき技術的要求を示した書類。

■支保工（しほこう）

　工事中の構造物を一時的に支える仮設構造物の総称。トンネルや橋などの工事で、土圧や構造物を支持しておくための仮構造物である。また、コンクリートの型枠で、打ち込まれたコンクリートからの圧力を堰板（所定の形に固まるまで流出しないように設ける型枠）を介して支持する支柱などの部材のことも支保工という。

■資本回転率

　資本の回転の状況を示す分析数値。分子に売上高を置いた時は、その売上を得るために一定期間内に資本（資産）が何回利用されたかを意味する指標となる。回転率が大きいほど、企業は資本を効率的に利用して売上を上げているといえる。資本回転率は資本の使用の効率性の観点から、企業の収益性の分析について手掛かりが得られる。

※主な指標

| 総資本回転率（回） | ・事業に投下された総資本が何回転の活動をしたか、つまり総資本の利用度合い・活動効率を表す比率。 |

	・収益性との相関関係で判断することが必要。 売上高／総資本
自己資本回転率 （回）	・事業に投下された自己資本が何回転の活動をしたか、つまり自己資本の活動効率を表す比率。 売上高／自己資本
固定資産回転率 （回）	・事業に投下された固定資産が何回転の活動をしたか、つまり固定資産の活動効率を表す比率。 売上高／固定資産

■資本金
　⇒最低資本金
　⇒貸借対照表

■資本準備金
　⇒貸借対照表

■資本剰余金
　⇒貸借対照表

■資本利益率
　資本と利益との関係を示す比率。利益を資本で除した値のこと。資本利益率が大きいほど、その企業は収益性が高いということになる。

※主な指標

総資本経常利益率	・企業が経営活動のために投下した総資本に対して、どれだけの経常的な利益を上げたかを表している。 ・企業の収益力を総合的に表す最も重要な比率。 経常利益／総資本×100（％）
自己資本利益率	・一年間の企業活動を通じて、「株主の投資額に比して、どれだけ効率的に利益を獲得したか」を判断するのに用いられる指標。 当期純利益／自己資本×100（％）

■事務用品費
　⇒損益計算書

■指名競争入札
　発注者が信頼できる業者を指名して、価格競争入札により落札者を決定する方式。公共工事を発注する場合、法律上の原則は一般競争入札方式とされている（会計法第29条の3第1項）。しかし、多数の参加者があると、入札事務の煩雑さや不良不適格業者の参加が予想され、発注者に不利益となる場合、その例外措置として指名競争入札方式が認められている。しかし、不祥事の発生するおそれや入札参加希望業者が必ずしも参加できないなどの問題点が指摘され、手続きの客観性、透明性や競争性を確保するため、指名基準及び運用基準の公表、指名業者や入札経緯及び入札結果の公表などの改善が行われ、競争性・透明性の高い一般競争入札を導入する動きが活発となってきている。

■指名停止
　国などの公共工事発注者が、一定の要件に該当した建設業者について、一定期間、指名業者にしないという発注者側の内部規制措置。指名停止は、過失により工事事故を起こした業者や贈賄などの不正又は不誠実な行為を行った業者など、公共工事の請負契約の相手方として適当でない業者を排除するものである。

■社会運動等標ぼうゴロ
　一定の社会運動若しくは政治活動を仮装し、又は標ぼうして不正な利益を求めて暴力的行為等を行うおそれがあり、市民生活に暴力団と同じ様な脅威を与える者及びその集団

を指す。社会運動等標ぼうゴロのうち、市民生活に大きな脅威を与え社会的に問題となっているのが、「エセ同和行為」と「エセ右翼政治活動」がある。これらの不当な要求に対しては、基本的に暴力団に対処する場合と同じような考え方で、毅然とした態度をとることが何よりも必要となる。状況によって、警察や弁護士に相談したりするなど、第三者の援助を求めることも大切である。

※エセ同和行為：同和運動を口実にして、企業や行政機関等に対して不当に寄付金を要求したり、機関紙の購読を迫ったり、特別融資やその他の取引を強要したりするなど様々な手口を用いて、不法な資金又は利益の獲得を図る行為をいう。エセ同和行為を行う集団や団体を「エセ同和団体」という。

※エセ右翼政治活動：正当な右翼政治活動を仮装して、もっぱら不法な資金集めを目的とし、民間企業に対して、政治活動への賛助金や寄付金、機関紙の広告、購読料などの名目で不法な資金集めを図っている団体の活動。

■社会性評価

2008年4月1日から施行された経営事項審査において、見直しされた事項の一つ。評価内容は、①労働福祉の状況（W１）　②建設業の営業年数（W２）　③防災活動への貢献状況（W３）　④法令遵守の状況（W４）　⑤建設業の経理に関する状況（W５）　⑥研究開発の状況（W６）の６項目となった。「その他の審査項目（社会性等）」（W）の評点は、W１～W６の各点数を算出し、これらの合計点数を10倍した数値になる。例えば、W１～W６の合計が140点の場合、10倍した1,400点が評点になり、総合評定値（P）には、210点（1,400点×0.15）が加算されることになる。

■社外取締役

株式会社の取締役であって、現在及び過去において、当該株式会社又はその子会社の代表取締役・業務執行取締役若しくは執行役又は支配人その他の使用人ではない者をいう。

（会社法第２条第15号）

社外取締役は株主の代表として行動することを期待され、会社側の論理に傾きがちな、経営執行の役割を兼ねた社長などの取締役をけん制する役割を担うと考えられている。株価急落や世界経済の変調を背景に、事業再編など重大な経営判断も必要となる情勢の中、外部の視点や発想を経営判断に生かそうとする企業も出てきている。日本経済新聞の調べによると、2007年度において東証一部上場企業1,718社のうち、45.2％に当たる776社が社外取締役を導入した。導入社数は2006年度に比べて７％増えている。

■借地権
　⇒固定資産

■社債
　⇒固定負債

■社債発行費
　⇒繰延資産

■斜張橋（しゃちょうきょう）

高い塔（主塔）から斜めに張った複数のケーブルにより主桁を吊る橋梁形式のこと。吊橋についで長スパンの橋梁に適している。中央部分を吊っているため、効果的に桁の部材重量を軽減できることから、経済的でスレンダーな構造物を造ることができるといわれている。ちなみに、世界一中央スパンが長い斜張橋は、本四連絡橋の一つ「多々羅大橋」で890メートル。

■車内信号方式
　⇒ATC

■砂利採取業務主任者（国家資格）

砂利の採取に伴う災害の防止に関して必要な知識及び技能を持つ者として認定される国家資格。砂利採取業務主任者は、①砂利採取の計画及び変更、②砂利採取場において、認可採取計画どおりに砂利の採取が行われてい

るか監督する、③砂利の採取に伴う災害の防止、作業員の教育・監督を行うこと、④砂利採取に伴う災害が発生した場合の原因の調査や対策を行うこと等、砂利採取に関する重要な職務を行う。
●実施機関：資格・試験【砂利採取業務主任者試験】（経済産業省）

■ジャロジー
　⇒ルーバー窓

■ジャンカ
　⇒豆板

■ジャンク・ボンド
　信用格付けが低くて、利回りが高い債券。ハイ・イールド・ボンドともいう。格付けが投資適格（BBB格以上）に満たないBB格以下の社債のこと。ジャンク・ボンドは、格付けは低いが、低価格・高利回りであるため投機的な債券ではあるが、債券が"がらくた"（ジャンク）同然になる可能性もあり、ハイリスク・ハイリターンの債券である。

■従業員給料手当
　⇒損益計算書

■集合譲渡担保
　債務者から担保を取りたいが不動産はないし、目ぼしい財産といえば、倉庫の在庫品や工場の仕掛品しかないという場合に、利用される担保を集合譲渡担保という。基本は譲渡担保なので、商品や仕掛品の所有権は、債権者に移転するが、このような品物は常時、出たり入ったりするので、契約した時とその後では担保物は同じではない。しかし、判例では、これらの品物を一括して集合物として扱い、その種類、所在場所、及び量的範囲を指定するなどして特定できる場合には、一個の集合物として譲渡担保にすることができるとしている。

■修繕維持費
　⇒損益計算書

■修繕引当金
　⇒流動負債

■重層下請構造
　建設工事は、発注者から直接請負った元請業者が全工程を管理し、その下に専門分野を受け持つ会社がいくつも存在している。一次下請、二次下請、さらに三次下請まで発注されることも珍しくなく、このような構造が重層下請構造といわれ、建設産業の特徴の一つでもある。契約関係の明確化、労働条件の改善、取引関係の自由化などを図ろうとする場合に構造的な問題点として指摘されている。

■住宅瑕疵担保責任保険
　2009年10月に全面施行となる「住宅瑕疵担保履行法」は、新築住宅の構造耐力上主要な部分と雨水浸入を防止する部分に瑕疵（欠陥）があった場合に、それを修繕するための資金力の確保を住宅会社などに求めているが、その資金確保の手段の一つ。新築住宅の売主（住宅会社）等が、国土交通大臣の指定する保険法人との間で保険契約を締結し、その住宅に瑕疵が判明した場合、その補修費用等が保険金により填補される制度。「住宅会社」とは、新築住宅の施工者（建設業法上の許可業者）や分譲住宅（戸建て・マンション含む）の販売者（ハウスメーカー、工務店、マンション業者、宅地建物取引業者など）をいう。なお、住宅瑕疵担保履行法では、保険への加入又は法務局へ保証金を供託するかの方法で、資金を確保しなければならないとしている。

住宅瑕疵担保責任保険法人名	住所／電話番号
株式会社　住宅あんしん保証	東京都中央区　電話：03-3516-6333

財団法人　住宅保証機構	東京都港区	電話：03-3584-5748
株式会社　日本住宅保証検査機構	東京都江東区	電話：03-3635-4143
株式会社　ハウスジーメン	東京都港区	電話：03-5408-7440
ハウスプラス住宅保証　株式会社	東京都港区	電話：03-5777-1835

■集排（農業集落排水整備事業）

　農業集落における、し尿や生活排水など汚水を収集・処理する汚水処理施設、雨水を処理する雨水排水施設、発生する汚泥を処理するコンポスト施設などを整備する事業。農林水産省所管の浄化槽法に基づく下水道類似施設で、計画人口が概ね1,000人程度以下の場合が対象で、それ以上の規模の場合は国土交通省所管の下水道となる。種類には農業集落排水整備事業と漁業集落排水整備事業とがある。維持管理は基本的には地元で行うことになっているが市町村が負担をしている場合が多い。

■修理委託
　⇒下請法が適用される取引

■受益者負担金
　公共事業のうち不特定多数の人が利用する施設とは異なり、一部の特定の人が利益を受ける場合に、一部費用を負担してもらう制度。例えば下水道事業や急傾斜地崩壊対策事業などで直接受益を受ける場合などが対象で、徴収にあたって条例化が必要となる。

■主観点数・客観点数
　公共事業の入札参加希望の建設会社の実力を客観的に判断するために、国土交通省が算定する指標として経営事項審査（経審）があるが、この経営事項審査により算出された点数を客観点数という。これに対し、発注者の独自判断で評価した点数を主観点数という。工事成績や工事経歴やISOの認証取得などに対して加点するケースもある。各発注者は客観点数と主観点数を合計し総合点数を算出し、有資格業者の格付けを実施することとなる。

※参照「格付け・等級」「入札参加資格審査」

■主任技術者
　⇒監理技術者

■準禁治産者（じゅんきんちさんしゃ）・被保佐人
　⇒制限行為能力者

■純支払利息比率
　経営事項審査の経営状況（Y）8指標の一つ。
　この指標は、実質的な支払利息の負担が、売上高に対してどの程度であるかを表す比率で、数値は低いほど好ましい。

> 純支払利息比率＝（支払利息－受取利息配当金）／売上高×100
> （経営事項審査の経営状況（Y）では、上限値：5.1％　下限値：-0.3％）

　従来、営業外費用の「支払利息」として計上することとなっていた「手形割引料」は、改正により「手形売却損」として営業外費用の「その他」に計上することになり、このため、「支払利息」の中に「手形割引料」は含まれない。

■しゅんせつ工事
　建設業法第2条に規定する建設工事の一つ。河川、港湾等の水底を浚渫（海底・河床などの土砂を、水深を深くするために掘削すること）する工事をいう。

■準用河川
　⇒一級河川

■障害補償年金

⇒労働者災害補償保険

■少額訴訟手続
　簡易裁判所で扱う訴訟のうち、60万円以下の金銭の支払いを求めるものについて一般市民が弁護士等の代理人に依頼することなく簡単に利用できるようにした特別の訴訟手続で、1998年1月から施行されている。簡単な手続きにより、少額事件における泣き寝入りを防止する目的があるが、金融業者等の取立業務のために占領されることを回避するため、利用回数については、同一人が同一の簡易裁判所に対して、同一年に10回までとされている。判決については、原則として第1回期日の弁論終了後直ちに言い渡されることとなっており、原告勝訴（金銭の支払いを認める）判決の場合であっても、被告に対し、支払猶予あるいは分割払を定めることができ、分割払判決で遅滞なく元本を返済した場合、訴え提起後の遅延損害金は免除することを判決の内容とすることができる（民事訴訟法第368条以下）。

■浄化槽管理士（国家資格）
　浄化槽の保守点検の業務に従事するための専門知識や技能をもつ者として認定される国家資格。浄化槽管理士は、浄化槽の機能が十分に発揮されるために、浄化槽の点検、調整又はこれらに伴う修理を行う「保守点検」を定期的に行う。浄化槽法では、浄化槽管理者より委託されて浄化槽の保守点検を実施する者は、環境大臣より浄化槽管理士の免状の交付を受けた浄化槽管理士でなければならないとしている（同法第10条）。
●関連団体：㈶日本環境整備教育センター
　Tel　03-3635-4880
　http://www.jeces.or.jp/

■浄化槽設備士（国家資格）
　浄化槽の設置工事を実地に監督する責任者のための国家資格。浄化槽の工事に関して、施工図の作成や施工管理の高度な知識・技能を有している専門家のこと。浄化槽工事業者は、営業所ごとに浄化槽設備士を置くことが法律で定められている（浄化槽法第22条）。し尿及び雑排水の公共水域への放流は、終末処理下水道や法定の処理施設による場合を除き、浄化槽による処理を経た後でなければならない。
●関連団体：㈶浄化槽設備士センター
　Tel　03-5835-2241
　http://www.wwtee.or.jp/

■定木摺（じょうぎずり）
　塗面を平らに仕上げるために、長い定規で表面をこすり、でこぼこを治すこと。左官工事で壁を塗る場合、中塗りまた、上塗面を不陸（ふり）のないように平坦にするため、真っ直ぐな定規で塗りつけした面をしごいて平らにする作業（床を塗る場合にも行う）。

■証券監督者国際機構
　⇒IOSCO

■昇降機検査資格者（国家資格）
　昇降機（エレベーター、エスカレーター等）及び遊戯施設（ジェットコースター、観覧車等）の安全確保のための検査を行い、その結果を特定行政庁へ報告する責任者として認められた国家資格。「登録昇降機検査資格者」講習を受講し（4日間）、修了考査に合格する必要がある。
●実施機関：㈶日本建築設備・昇降機センター
　Tel　03-3591-2423
　http://www.beec.or.jp/

■詳細設計（実施設計）
　⇒概略設計

■商事債権
　⇒民事債権・商事債権

■譲渡担保
　債権の担保のために、債務者が持っている財産の所有権をひとまず債権者に移転してお

くこと。定められた時期までに債務を完済すれば、元の所有者である債務者に再び所有権が戻る。譲渡担保は、法律により認められているものではなく、実務の必要から生まれ、判例により認められてきた担保制度。

譲渡担保のしくみは、債権者が債務者の所有する財産（動産や不動産）の所有権を無償で取得し、債務者が債務を弁済した場合に、所有権を債務者に戻す、その間は、担保物は債務者の手元においておき、有償（利息として）又は無償で使用させる。万一、債務者が期限がきたのに債務の弁済をしない場合には、債権者は担保物件を処分して、その代金の中から債権を回収することになる。ただし、売買代金を債権に充てても剰余金がある場合には、債務者に返還しなければならないというのが判例の考え方（清算義務があるという）。

■上納金
暴力団の組織では、親分がその配下の組員から、その格付けに応じて、会費、交際費等の名目で半ば強制的に金銭を徴収し、組織を維持しているといわれているが、この徴収される金銭のことを「上納金」という。暴力団の組織では下から上への「上納金」で成り立っている。組員は組長に上納金を差し出し、その組長もさらに上部の組長に上納金を差し出す。幹部はこの上納金で優雅な生活を送ることができるが、末端の組員は上納金と自らの生活資金を稼ぐため、覚せい剤、賭博、企業対象暴力などへ走るといわれている。

■上部半断面先進工法（じょうぶはんだんめんせんしんこうほう）
トンネル施工法の一つ。トンネル断面の上部半断面部分の施工を完了したのち、残り下部断面部分を施工する工法のこと。地質が比較的良好で、湧水の少ない、トンネル延長が短い場合に採用される。

■消防施設工事
建設業法第2条に規定する建設工事の一つ。火災警報設備、消火設備、避難設備や消火活動に必要な設備を設置したり、工作物に取付ける工事をいう。

具体的工事例として、屋内消火栓設置工事、スプリンクラー設置工事、水噴霧・泡・不燃性ガス・蒸発性液体・粉末による消火設備工事、屋外消火栓設置工事、動力消防ポンプ設置工事、火災報知設備工事、漏電火災警報器設置工事、非常警報設備工事、金属製避難はしご・救助袋・緩降機・避難橋・排煙設備の設置工事などがある。

※「金属製避難はしご」とは、火災時等にのみ使用する組立て式の"はしご"であり、ビルの外壁などに固定された避難階段等は、建築物の躯体の一部の工事として「建築一式工事」又は「鋼構造物工事」に該当する。

■情報成果物作成委託
⇒下請法が適用される取引

■商用電源周波数
一部の例外を除き、基本的には新潟県の糸魚川から静岡県の富士川を境界線に、東側が50Hz、西側が60Hzとなっている。詳細は、各電力会社の電気供給約款で標準周波数を定めている。家電製品（電気機器）には、50Hzか60Hz又は「50Hz／60Hz」、「50Hz—60Hz」などの表示がされている。「50Hz／60Hz」や「50Hz—60Hz」と表示されている家電製品は日本国内のどの地区でも使用できるが、どちらか一方の表示の家電製品に関しては、その対応地区でしか使用できない。

※電源周波数50Hzの供給電力会社：東京電力、東北電力、北海道電力
※電源周波数60Hzの供給電力会社：関西電力、中部電力、中国電力、北陸電力、四国電力、九州電力、沖縄電力

■職業安定法
職業の紹介・募集・供給を規定する法律。1947年（昭和22年）11月30日制定。公共職業安定所（ハローワーク）やその他の職業安定機関が、労働者に就業の機会を与え、産業に

必要な労働力を提供することを目的として策定された。職業安定法では、民営の労働者派遣事業を原則禁止していたが、1985年（昭和60年）に労働者派遣法の成立により、一定の職種を除いて、民間参入が認められている。

■植生工

法面保護工の一つ。自然斜面や切土、盛土工によって出現した法面を植物でおおって、自然環境による侵食、崩落や地すべりによる崩壊を防ぐこと。芝付（張芝、筋芝など）が多いが、牧草類の種子を肥料とともに吹き付けたり、あらかじめ掘った穴に植え込むなどの工法も用いられている。

■職長会

工事現場の作業にあたり、職種ごとの職長が集まり、職種間の連絡や調整、安全管理、作業の進め方などについて話し合う会合。主として、安全管理に関する打合せが行われる。

■職務給／職能給

「職務給」は、社員が従事する職務（ポスト）により賃金（給与）を決定する方法で、米国で普及した考え方。例えば、営業部長ならば年俸700万円、経理部長ならば年俸800万円など、職務ごとに賃金が決まっているので、同じ仕事は誰がやっても同じ賃金となる。人材市場が高度に流動化している米国では、従業員の職務随伴性が高く、職務給が多く導入されている。

「職能給」は、各職務に従事する社員の能力によって賃金を決定する方法。職務そのものではなく、個人の職務遂行能力によって給与を決める。日本の企業では、①職務が未確立で不明確である、②配置転換に象徴されるように仕事の編成が流動的である、③能力向上の意欲を刺激する給与が望ましい、などの理由で職能給の方が選好されているといわれている。

■除斥期間（じょせききかん）

権利行使の期間が限定され、その期間内に権利行使をしないと権利が消滅する場合をいう。消滅時効も類似の制度であるが、除斥期間は固定的で中断がないこと、相手方の援用がなくても裁判所は権利消滅の判断ができること、起算点は権利発生の時であること、権利消滅の効果は遡及しないことで、消滅時効と異なる。民法上、除斥期間を定めた規定がないので、法文上「時効によって」とされているか否かで決するとの考え方もあったが、権利の性質、規定の趣旨、目的等で解釈上決められている。解釈にはいろいろの説があるが、一般的には、時効について短期と長期の定めのある場合（民法第126条、第426条、第724条等）の長期については除斥期間と解されている。

■ショートベンチ工法

トンネルを上半と下半に分け、上半を30〜50m程度先行させてから下半を掘削する工法。トンネル上部の土の量が少ない場合に採用される。また、ベンチ長を上半部切刃が安定する最小長（数m）に制限して施工するものをミニ・ベンチ工法といい、特に地山（ぢやま）が悪い場合に採用される。

■ジョブ・カード制度

フリーター、子育て終了後の女性、母子家庭の母親等の正社員経験が少ない人を対象に、ハローワーク等のキャリア・コンサルティングを通じ、企業における実習と教育訓練等における座学を組み合わせた実践的な職業訓練を受講し、その能力の向上を図り、訓練終了後の評価結果である評価シートの交付を受けて、これを自分の職歴や教育訓練歴、取得資格などの情報と一体的に「ジョブ・カード」として取りまとめ、常用雇用を目指した就職活動や職業キャリア形成に活用する制度。2008年（平成20年）4月　厚生労働省が創設し、5年間で100万人のジョブ・カード発行を目標に掲げてスタートしているが、職業実習者の受け入れ企業が少ないこと等も影響し、伸び悩んでいる。

■書面契約の徹底

請負代金、施工範囲等に係る元請下請間の紛争を防ぐため、契約内容をあらかじめ書面で明確にしておくこと。下請契約の締結にあたっては、契約の内容となる一定の重要事項を明示した適正な契約書を作成し、下請工事の着工前までに、署名又は記名押印して相互に交付しなければならない（建設業法第19条）。特に「工事内容」については、下請負人の責任施工範囲、施工条件等が具体的に記載されている必要があるので、○○工事一式といった曖昧な記載は避けるべきで、まして口頭でのやり取りは絶対に避けなければならない。

※契約書に記載しなければならない重要事項（14項目）

①工事内容
②請負代金の額
③工事着手の時期及び工事完成の時期
④請負代金の全部・一部の前金払又は出来形部分に対する支払の定めをするときは、その支払の時期及び方法
⑤当事者の申し出があった場合における工期の変更、請負代金の額の変更又は損害の負担及びそれらの額の算定方法に関する定め
⑥天災その他の不可抗力による工期の変更又は損害の負担及びその額の算定方法に関する定め
⑦価格等の変動若しくは変更に基づく請負代金の額又は工事内容の変更
⑧工事の施行により第三者が損害を受けた場合における賠償金の負担に関する定め
⑨注文者が工事に使用する資材を提供し、又は建設機械その他の機械を貸与する時は、その内容及び方法に関する定め
⑩注文者が工事の全部又は一部の完成を確認するための検査の時期及び方法並びに引渡しの時期
⑪工事完成後における請負代金の支払の時期及び方法
⑫工事の目的物の瑕疵を担保すべき責任又は当該責任の履行に関して講ずべき保証保険契約の締結その他の措置に関する定めをするときは、その内容
⑬各当事者の履行の遅滞その他債務の不履行の場合における遅延利息、違約金その他の損害金
⑭契約に関する紛争の解決方法

■シーリング

翌年度の予算編成に関して、財務省が設定する予算要求の上限。「天井」という意味。概算要求基準とも呼ばれる。通常の流れとしては、7月末に概算要求基準が閣議了解され、これを受け各省庁はこの基準に従い予算要求をまとめ、8月末に財務省に提出することになる。その後、財務省による査定等を経て、年末に向けて予算案が作成されていく。

■シールド工法

地盤中にトンネルを構築する工法。「シールド」と呼ばれる鋼鉄製の円筒形掘削機を水平に推進させつつ、円筒壁面を覆工しながらその内部でトンネルを掘り進める工法。特に軟弱地盤や浸水のおそれのある場所の工事に威力を発揮する。

■白舗装

剛性舗装と呼ばれるコンクリート舗装のこと。アスファルト舗装に比べて色が白く見えるのでこう呼ばれる。降雨時においても路面に視認性に優れ、また、強度的にもアスファルト舗装より優れる（アスファルトは夏場の高温による流動、冬のチェーンによる摩耗などがある）が、走行騒音と振動面において若干難がある。

※参照「アスファルト舗装」

■新株式申込証拠金

⇒貸借対照表

■新株予約権
　⇨貸借対照表

■新株予約権付社債
　⇨ワラント債

■真空コンクリート工法
　コンクリート打設後に、水和に必要な水分以外の水分や空気をコンクリート中から取り除くために、コンクリートの表面に真空マットを敷き、真空ポンプで吸引除去する工法。真空工法を使用することにより、初期強度がよくなり、硬化収縮が防げる効果がある。主に舗装の換え工事に用いられる。

■人工リーフ
　海岸部で波浪による浸食を防ぐ目的や、遊泳に適した静穏域を確保するため、海底に捨て石を面的に敷き均して人工的に水深を浅くして砕波を促し、静穏域を確保する工法の一つ。離岸堤のような景観上の問題も少ないため、採用例が多くなってきている。

■新設住宅着工戸数
　住宅を建てる前に、建築主から都道府県知事に対して工事の届け出があった戸数を集計したもの。国土交通省が毎月集計し、翌月に発表している。建設工事の届け出の中から住宅だけを取り出して集計。新設住宅とその他の住宅に分類しているが、重要なのは新設住宅で、都道府県別、用途別、構造別などの内容も分かる。住宅を購入する際には多くの人はローンを利用するため、金利動向に敏感に反応する傾向があるといわれる。

■新総合土地政策推進要綱
　1991年1月にバブル経済の崩壊の時点で策定された「総合土地政策推進要綱」以後の状況、地価の大幅な低落、不良債権問題の深刻化などの変化に対応するために、97年2月に閣議決定された土地政策のパッケージ。新総合土地政策推進要綱により、今後の土地政策の目標は、それまでの地価抑制を基調として

いたものに代わって、「所有から利用へ」との理念の下、ゆとりある住宅・社会資本の整備と自然のシステムにかなった豊かで安心できるまちづくり・地域づくりを目指した土地の有効利用による適正な土地利用の推進とし、総合的な施策を展開することとなった。

■深礎工法（しんそこうほう）
　地中に基礎杭をつくるために、円形の竪坑を掘削する工法。人力又は機械掘削によって掘削を行いつつ、鋼製波板とリング枠で土留めを行い所定の深度まで掘り進み、坑内において鉄筋を組立て、土留め材を取り外しながらコンクリートを打ち込み、杭を築造する。

■人的担保
　債権回収のための担保となる「保証人」や「連帯保証人」のこと。人的担保は、債務者以外の者に、債務者が債務の支払いをしない場合の支払いを保証させるもの。人的担保の種類としては、保証、連帯保証、連帯債務などのほか、よく利用されるものに身元保証がある。これは従業員が不正な行為や違法な行為をして会社に損害を与えた場合に、本人の会社に対する損害賠償責任を保証するものである。しかし、実際は諸々の事情が考慮され、保証人の責任は減額されるのが一般的である。
※担保：債務者がその債務を履行しない場合に備えて債権者に提供され、債権の弁済を確保する手段となるもの。人的担保と物的担保の2種類がある。

■心裡留保（しんりりゅうほ）
　表意者が表示行為に対応する真意のないことを知りながら行った意思表示をいう（民法第93条）。冗談で甲が自分の家を乙に与えると約束するような場合がその例であるが、心裡留保であっても、その意思表示は原則として有効である。ただし、相手方（乙）が表意者（甲）の真意（冗談）を知り、又はこれを知ることができるような事情にあるときは無効となる。そのような相手方を保護する必要

はないからである。なお、判例は代理人（又は会社の代表者）が自己の利益を図るため取引を行ったときにも、本条ただし書を類推適用し、相手方が代理人（又は会社の代表者）の真意を知っているような場合には、相手方と本人（又は会社）との間では効力がないとしている（最判昭42.4.20、最判昭38.9.5）。

す

■随意契約

　国や地方公共団体などが入札によらずに任意で決定した相手と契約を締結すること。会計法第29条の3では、「契約の性質又は目的が競争を許さない場合、緊急の必要により競争に付することができない場合及び競争に付することが不利と認められる場合」、国が特定の業者と入札なしで契約できることを認めており、また、地方自治法第234条において、地方公共団体にも随意契約が認められている。国や地方公共団体が随意契約を結ぶことができる例としては、①少額の契約をするとき　②特定の者でなければ納入することができない製品を購入するとき　③それに代わるものがない土地などを購入するとき　④緊急のとき　等がある。民間工事の場合は「特命契約」ともいう。

■水質事故

　油類や有害物質等が川などに流入し、上水道の取水ができなくなったり、魚などの生物が死んでしまう被害が発生する事故のこと。河川への廃棄物の不法投棄、工場等における機器等の破損や人為的な誤操作に起因する油類や化学物質の流出などにより発生する。水質事故の原因の約3割がバルブの栓の閉め忘れなどの人的ミスによるものといわれており、定期点検や安全確認を怠らないことが大切であり、家庭においても、台所で油を流さないなど、川を汚さない心配りが大切である。

■推進工法

　推進管（鉄筋コンクリート管・硬質塩化ビニル管・ダクタイル管・鋼管など）の先端に掘進機を取り付け、地中を掘削しつつ、後方の油圧ジャッキで推し進めて、管を埋設する工法。地面を掘り起こして管を設置する「開削工法」に対して「非開削工法」と呼ばれている。①交通量の多い道路　②軌道、河川を横断するため、地上からの掘削ができない場合　③管渠の埋設位置が深いため、地上からの掘削による管路の構築が不経済となる場合　④地上からの掘削が激しい振動や騒音を伴い、現場周辺の住民に迷惑をかけることになる場合等に、推進工法が用いられる。

■水制（すいせい）

　流水を制御するために、河岸からある角度で河川の中心部に向かって突き出された工作物。河岸や堤防などを保護するために設置される。水流が河岸に衝突し、侵食されやすい地点では、水制は流水を河川の中央部へと流れを変え、河岸への衝突を防ぐ。また、水流に対する抵抗となり、流勢を弱める働きがある。水制には、①不透過水制（流れの方向を変える水跳ね効果がある）と②透過水制（流れに抵抗を与えて流勢を弱める効果がある）がある。

【透過水制】

※牛枠水制：1本の合掌木にむね木を斜めに載せ、合掌木の足をはり木で連結して四面体の枠をつくったもの。重りの蛇籠を載せて沈める。水制に多く使用されている。その形が牛に似ており、杭打ちのできない玉石や砂利の河川での水制や根固めに適した工法である。

※杭出し水制：木杭、又は鉄筋コンクリート杭を縦横間隔1～2mに2列以上打ち込んだもの。代表的な透過水制である。構造が簡単であり、流れの速さを遅くし、土砂の堆積効果も備えており、緩流部の水制として適しており、古くから用いられている。

【不透過水制】

※石出し水制：伝統的河川工法の一つ。石造りの水制の出しのこと。古来、砂利河川あるいは急流河川に施工された水制で、全部割石をもって築き立てるか、あるいは盛土の表面に空積み、

練積みの割石張り、又は玉石張りを行うものがある。

■水道施設工事
　建設業法第2条に規定する建設工事の一つ。上水道、工業用水道等のための取水・浄水・配水等の施設を築造する工事や、公共下水道、流域下水道の処理設備を設置する工事をいう。具体的工事例として、取水施設工事、浄水施設工事、配水施設工事、下水道処理設備工事などがある。
※家屋その他の施設の敷地内の配管工事及び上水道等の配水小管を設置する工事は「管工事」であり、これらの敷地外の例えば公道下などの下水道の配管工事や下水処理場自体の敷地造成工事は「土木一式工事」に該当する。

■水防活動
　水害を未然に防止する活動。川が大雨により増水した場合、堤防の状態を見回り、堤防などに危険なところが見つかれば、壊れないうちに杭を打ったり土のうを積んだりして堤防を守り、被害を未然に防止・軽減する必要がある。このような河川などの巡視、土のうの積みなどの活動を水防活動という。水防に関しては「水防法」（昭和24年制定施行）で国、県、市町村、住民の役割が決められており、その中で、市町村はその区域における水防を十分に果たす責任があるとされている。

■水防工法
　水防活動では、限られた資材を効果的に活用して被害を食い止めることが必要であり、そのため、災害の状況に応じて様々な工法が用いられる。おもな工法としては次のものがある。①越水防止工法（川の水が堤防を越えそうになった時：積土のう工、せき板工等）　②漏水防止工法（堤体の裏側から水が噴出している時：月の輪工、かま段工等）　③決壊（洗掘）防止工法（増水により流れが激しい時：木流し工、むしろ張エ等）　④き裂防止工法（堤防天端に亀裂を生じた時：折り返し工等）　⑤崩壊防止工法（川の裏側の堤防法面で崩壊が発生した時：五徳縫い工、杭打ち積土俵工等）。

■水利権（すいりけん）
　水を使用する権利。歴史的、社会的に発生した権利。現在では河川法第23条で河川の流水の占有権を国土交通省令によって認められたものを許可水利権といい、河川法が成立する以前から認められていたものは、慣行水利権という。
※「パンク河川」

■スキップフロア
　フロアを半階ずつずらして、2階建ての家の場合に4層のフロアをつくる建て方。上下の階の中間に居室を設けることをいう。スキップフロアのメリットとして、①実面積以上の広がり感をつくれる。②床レベル差により、天井高が変化するので、変化のある空間をつくれる。③ずれた床の間から、光を導くことも可能、などがある。一方、デメリットとしては、①木造住宅だと設計も施工も困難。②遮音がしにくい。③歳をとったとき、上り下りが大変、等が課題としてある。

■スクラップ・アンド・ビルド
　老朽化・陳腐化により物理的に機能的に古くなった設備を廃棄し、高能率の新鋭設備に置き換えること。例えば住宅において、日本では「古くなると取り壊して新しく建て替える」という、スクラップ・アンド・ビルド型の建築生産体制が深く根付いているが、アメリカ、イギリス、フランス、ドイツなどにおいては、住宅を「リフォーム」しながら長く使用しているストック型「サスティナブル（持続可能）型の建築生産体制」が定着している。日本においても、地球環境視点からの資源の有効活用、良質な住宅ストックの形成（200年住宅）などの理由から、サスティナブル型への転換が必要といわれている。

■スタグフレーション
　景気停滞とインフレの同時進行する状態。

Stagnation（不景気）と Inflation（インフレ）の合成語。経済活動が停滞しているにもかかわらず、インフレが続く状態をいう。

■スタンドパイプ

場所打杭施工時に用いるケーシング（鉄管・鉄パイプ）をいう。リバース杭、アースドリル杭の施工時に、孔内水位の確保及び表層部分の地山の崩壊を防ぐ目的で使用する鋼管である。

■捨石工（すていしこう）

防波堤、岸壁及び護岸など水中の基礎造りのため大きい石を投下してつくる基礎工。

■捨型枠工法（すてかたわくこうほう）

型枠を撤去しないで、そのままにして工事を進めていく工法。コンクリートを流し込んだ後もそのまま基礎として使い、解体しない。型枠材としては、合板、鉄板、特殊金網などがある。特殊金網を使用した捨型枠工法は、合板や鉄板など従来工法の欠点であった生コン打設時の余剰水や、気泡問題だけでなく、工期、材料置き場、騒音問題などを解決した画期的な型枠工法といわれている。

■ステークホルダー

企業を取り巻く利害関係者のこと。企業の経営活動、企業の存続や発展に対して、利害関係を有する個人や法人のこと。具体的には、消費者（顧客）、従業員、株主、債権者、仕入先、得意先、地域社会、行政機関など、企業を取り巻くあらゆる利害関係を指している。

■ステージング式架設工法

橋げたの架設方法の一つ。橋脚と橋脚の間に仮の橋脚（ベント）を建てる工法のこと。橋脚とベント、ベントとベントの間に持ち上げた橋げた（ブロック）を載せてつなぐ。平野部の河川橋に多く採用される。

※参考　架設方法

送り出し（手延べ）工法	・架設場所が深い渓谷で、ベントが建てられない時に採用される。 ・手延べ機を送り出すブロックの端に固定し、もう一方を台車で押して新しいブロックをつないでいく。 ・手延べ機の先端が、向側の橋脚に届いたら、ブロックをひたすらつないで押していき、橋本体が向側の橋脚に届いたら、手延べ機を外す。
片持式工法	・既に架設の完了した桁の先端まで、ブロックをクレーンで運びながらつなぐ工法。
ケーブルエレクション工法	・架設橋の両端に鉄塔を建ててケーブルを渡し、ケーブルキャリアでブロックを運ぶ工法。
大ブロック工法	・海上に架けられる橋の場合に採用されることが多い。 ・ブロックをいくつかつないで、大きなブロックにして架設する。

■ストック・インフレ

資産インフレ。株式・土地、宝石・貴金属などの資産（ストック）の高騰を中心とした物価上昇をいう。1987年～1988年の高株価・地価上昇が典型的なストック・インフレであった。

■ストック・オプション

自社株購入権。自社株をあらかじめ決められた価格（行使価格）で買える権利のこと。会社が取締役や従業員に対して、あらかじめ定められた価格で会社の株式を取得できる権利を付与し、取締役や従業員は将来、株価が上昇した時点で権利行使を行い、会社の株式を取得し、売却することにより、株価上昇分の報酬が得られる。会社業績向上による株価の上昇が、取締役や従業員の利益に直接結びつくことから、取締役や従業員の業績向上意

欲に結びつくものと期待されている。

■ストラクチャード・ファイナンス
　　（Structured Finance）
　証券化などの仕組みを利用して資金調達を行う手法。一般的には「仕組み金融」と訳されている。企業が保有する資産や新規の事業を、企業から分離させてSPC（特別目的会社）に委譲することにより、SPCの金融機関からの融資やSPCの有価証券の発行などを通して、間接的に企業本体に資金を提供する。企業にとっては、格付けや信用力に関係なく担保となる資産やキャッシュフローを生み出す見込みのある事業構想があれば、資金調達ができることが魅力となっている。一方で金融機関にとっては、通常の融資に比べてリスクは大きいものの、その分高い手数料をとることができる。

■砂工（すなこう）
　基礎工の一種。不良地質の場合、その土を取り去り、砂を埋め込んで基礎とする方法。

■スノッブ効果
　他者に同調することを好まないスノッブ（気取り屋）の存在により、市場における商品・サービスの需要の増大に反して、実際の消費者需要が停滞する現象。ある製品に多くの需要がある場合、個々人のその製品に対する需要が小さくなる効果である。同じような製品が氾濫すると、自分を他人から差別化するために希少性に対する欲求が高まる。そうすると、逆に多くの人の欲するものの価値が相対的に減少する。限定品や高級品など、誰もが簡単に手に入らないものに人気が集まるのが一例。

■スパイラル筋
　鉄筋コンクリート造の建物の骨組み等に使われる鉄筋の一つで、1本の鉄筋を工場で螺旋（らせん）状に加工したもの。柱の配筋では、柱の主筋が建物の重量や地震力によって折れ曲がり、鉄筋を包んでいたコンクリートから飛び出すのを防ぐために、縦方向の主筋に対して横方向の「帯筋」を主筋のまわりに巻きつけて施工される。その帯筋の種類の一つがスパイラル筋である。スパイラル筋は、鉄筋の端部に継ぎ目がないため、強度も均一で螺旋状に巻かれていることから、大きな力がかかってもほどけにくく地震に強いとされている。

■スーパーゼネコン
　⇒ゼネコン

■スライム
　杭基礎の内、場所打コンクリート杭施工時に生じる、安定液（水、ベントナイト泥水など）と掘削土が混じって杭底部に沈殿する"どろどろ"した物。コンクリートと混じると杭の支持力に非常に深刻な悪影響を及ぼすため、コンクリート打設前に必ず除去しなければならない。

■スラブ（Slab）
　床版のこと。鉄筋コンクリート造における、上階住戸と下階住戸の間にある構造床のこと。建築基準法施行令では、鉄筋コンクリート造における構造耐力上主要な部分の床版は8cm以上と定められている（施行令第77条の2第1項）が、集合住宅では遮音が問題となり、より厚い床スラブ（15cm以上）の仕様が一般的となっている。高級マンションになると25〜30cmを確保しているケースもある。

■スロップシンク
　スロップは「汚水・泥水」、シンクは「流し」の意味。掃除用具や汚れのひどい物を洗う底の深い流し台を指す。マンションではバルコニーに設置されることが多い。台所やバスルームで洗うのをためらう、油で汚れた換気扇や子供の運動靴、床掃除用モップなどを洗うのに便利。また、室外やバルコニー側に設置して、ガーデニング用道具の洗浄や植栽への水やりなどに利用できるようにしているケースもある。「SK」等と表示される場合も

ある。

■スワップ取引
　⇒デリバティブ

せ

■生活関連施設
　開発行為や土地区画整理事業による大規模な全体開発計画において、ニュータウン居住者の生活環境を整備し、安全で快適な暮らしを実現するため必要な施設をいう。教育施設（幼稚園、小・中学校）、福祉施設（保健所、老人や障害者のための施設）、店舗、医療保険施設（病院、保健所）、集会所、郵便局、派出所、役場出張所等を計画的に配置する。

■制限行為能力者
　契約のような法律上の行為を単独で行うことができる行為能力が制限された者のこと。民法は、「私権の享有は、出生に始まる」（民法第3条）として、すべての人間（自然人）の権利能力を認めるが、不動産の取引や家の建築を請け負ったりするような契約を有効な法律行為として成立させるためには、その行為について通常人なみの理解及び判断する能力（意思能力）を備えていることを要求する。しかし、意思能力を各人の個々の具体的な行為ごとに判定するのは容易ではないため、行為能力が不十分であるとする者を定型化し、法定代理人等の保護者をつけて行為能力不足を補う反面、保護者の権限を無視した被保護者の行為の取り消しができることとした。従来は、未成年者・禁治産者・準禁治産者という3つの範疇を設け、「行為無能力者」又は「無能力者」と呼んでいたものを、平成11年の民法改正（平成12年4月1日施行）で、未成年者に対する制度は残し、新たに「成年後見制度」を設け、禁治産・準禁治産の制度を廃止し、後見・保佐・補助の3類型が導入された。その際、従来の「無能力者」という表現は「制限能力者」と改められたが、平成16年の改正で、さらに「制限行為能力者」と改められた。

■政治活動標ぼうゴロ
　⇒社会運動等標ぼうゴロ

■製造委託
　⇒下請法が適用される取引

■清掃施設工事
　建設業法第2条に規定する建設工事の一つ。し尿処理施設やごみ処理施設を設置する工事をいう。具体的工事例として、し尿処理施設工事、ごみ処理施設工事などがある。
　※公害防止施設を単体で設置する工事については、それぞれの公害防止施設ごとに、例えば排水処理設備であれば「管工事」、集塵設備であれば「機械器具設置工事」に該当する。

■成年後見制度
　成年ではあるが、契約のような法律上の行為を単独で行うことができる行為能力が制限された者に対して、法定代理人等の保護者をつけて行為能力不足を補い、保護者の権限を無視した被保護者の行為の取り消しができることとした制度。判断能力を欠く常況にある者に対する「後見」、判断能力が著しく不十分な者に対する「保佐」、判断能力が不十分な者に対する「補助」という3つの類型があり、それぞれに成年後見人、保佐人、補助人を付し、代理権や同意権のほか取消権を与えて本人を保護する。平成11年の民法改正（平成12年4月1日施行）で、従来の禁治産制度に代えて後見を、準禁治産制度に代えて保佐を導入するとともに、新たに補助という類型を新設した。本来これらの制度は、精神的能力の低下した成年者を想定したものであるため、成年後見制度と総称されている（ただし法律上の用語ではない）。

■性能規定発注方式
　発注者は必要とされる性能のみを規定し、材料、施工方法等の仕様については、受注者の提案を受ける方式。通常の発注よりも受注

者の技術力、工夫を活かしやすいことから、新技術の開発による品質・性能の向上や、長期的にはコストの縮減にも寄与するものと期待されるものが対象とされる。

■整理回収機構
　不良債権の買取・回収を行う機関。主な業務は、破綻金融機関や一般の金融機関から不良債権を買い取って回収すること。Resolution and Collection Corporation の略で、「RCC」という。RCCは、住宅金融債権管理機構（旧住専7社の破綻処理が目的）と整理回収銀行（金融機関の破綻処理が目的）が1999年4月1日に合併し、預金保険機構による100％出資の子会社として発足した。

■政令で定める使用人
　建設業法における「政令で定める使用人」とは、建設工事の請負契約の締結及びその履行にあたって、一定の権限を有すると判断される者すなわち支配人及び支店又は営業所の代表者（同法施行令第3条）をいう。
※建設業法における「政令で定める使用人」：①（許可申請書の添付書類）法第6条第1項第4号　②（許可の基準）法第7条第3号　③法第8条第4号、第10号、第11号　④（指示及び営業の停止）法第28条第1項第3号　⑤（営業の禁止）法第29条の4

■責任財産限定特約
　債務の元金・利息の支払原資が特定の資産に限定されることを約する特約。「ノンリコース条項」ともいう。プロジェクト・ファイナンスや資産担保金融においてよく用いられる。証券化における一般的な特約内容は、次のとおりである。①投資家は、証券発行の裏付けとなった特定資産以外の資産からは弁済が受けられない。②投資家は、特定資産以外の資産に対して強制執行を申し立てる権利をあらかじめ放棄する。③償還期限に、元利金等の未払いがあるときは、投資家は一定期間経過後、その債権を放棄する。④投資家は、一定の期間、破産・会社更生手続開始等の破産申立てを行わない。

■セキュリティ・アナリスト
　証券分析家。各種企業の経営実績・収益・財務状態などを調査・分析し、投資価値の有無などを判断する専門家。

■セグメント情報
　企業（又は企業集団）の売上高や営業損益を事業部門別、地域別などのセグメントに区分して開示する情報。企業会計審議会はディスクロージャー強化策の一つとして、1988年5月に「セグメント情報の開示に関する意見書」をまとめ、これを受けて有価証券報告書提出企業は、91年3月期から連結決算で①事業部門ごとの売上高と営業利益　②国内、海外別の売上高を公表することが義務付けられた。事業部門の区分けは、企業の判断に任される。

■施工管理
　主として元請が所定の工期内で、QCDS（品質 Quality、コスト Cost、工程 Delivery、安全 Safety）の4要素を統制（計画、実施、評価、調整）し、各工事を総合的に管理すること。品質管理、工期管理、原価管理、安全管理等に区分される。

■施工体系図
　作成された施工体制台帳に基づいて、各下請負人の施工分担関係が一目でわかるようにした図のこと。建設業法第24条の7第4項において、公共工事、民間工事を問わず、特定建設業者は、発注者から直接請け負った建設工事を施工するために締結した下請契約の総額が3,000万円（建築一式工事では4,500万円）以上になる場合は、施工体系図の作成が義務付けられている。また、公共工事の場合は、工事関係者の見やすい場所及び公衆の見やすい場所（入札契約適正化法第13条第3項）に、民間工事の場合は、工事現場の見やすい場所に掲示しなければならない。なお、2008年11月28日施行改正建設業法において、

新たに営業に関する図書として、10年間保存が必要となった（同法第40条の3）。

■施工体制確認型総合評価
　施工体制の確保状況を加味して総合評価を行う入札方式。国土交通省が2006年12月に打ち出した「緊急公共工事品質確保対策（ダンピング受注防止策）」に盛り込まれ、導入が開始されている。国土交通省のまとめによると、低価格入札発生件数は、2006年度第3四半期に460件と大きく膨れ上がっていたが、同方式を導入したところ、2007年度第1四半期が66件と大幅に減少し、2008年度第1四半期においても49件にまで低減できたという。国土交通省では同方式が低価格入札の大きな歯止めになっていると判断し、平成20年10月20日から同方式の入札を適用する範囲を、予定価格1億円以上の全工種に拡大している。

※予定価格1億円以上の全工種に拡大：従前は、予定価格2億円以上が対象で、工種も一般土木と鋼橋上部、PC工事の3分野に限定していた。

■施工体制台帳
　建設業法（第24条の7）で、特定建設業者が発注者から直接建設工事を請け負った場合に作成義務がある。建設工事を施工するために締結した下請契約の総額が3,000万円（建築一式工事の場合4,500万円）以上となる工事が対象。台帳の整備は公共工事だけでなく民間工事でも求められる。とくに公共工事の場合は「公共工事の入札及び契約の適正化の促進に関する法律」で、請負者は発注者に施工体制台帳の写しを提出することが義務付けられている。

■設計監理
　設計図、仕様書等の設計図を作成し、工事が設計図どおりに行われているかどうかを確認する業務。通常、設計事務所が行っている業務がこれに該当する。

■設計・施工一括発注方式
　建設業者が保有する特殊な設計・施工技術を、一括して活用することが適当な工事に採用。具体的には、概略仕様に基づき設計案等の提出を求め、その審査により適切な提案者の中から、競争入札又は総合評価によって決定された落札者に、設計・施工を一括して発注する方式。「デザインビルド（DB）方式」ともいう。

※参照「設計・施工分離方式」

■設計・施工分離方式
　伝統的な発注方式で、発注者が設計は設計事務所に、施工はゼネコン等に別々に発注する方式。1959年（昭和34年）の建設事務次官通達により、公共事業における設計・施工分離方式が確立されてきている。設計者は工事監理によって、設計図書どおりに施工が行われているかについて確認・是正指示をゼネコン等に対して行う。ゼネコン等は施工管理を行うことによって、材料供給業者、専門工事業者に対して品質、工程、安全、環境面に関して指示どおりの工事が行われているかについて確認・指示を行うことになる。

※参照「設計・施工一括発注方式」

■設計図書
　建設工事を施工するために必要な図書（通常設計図、設計説明書、現場説明書など）及び仕様書。

■設計入札
　公共建築の設計者選定方法の一つ。与えられた設計条件、施工条件に最も適した設計で、しかも入札金額が適当と思われる業者として決定する方法。公共建築の設計者選定には、設計入札といわれる競争入札以外に、①特命方式　②コンペティション方式　③プロポーザル方式　④資質評価方式　の4つの方法がある。

※特命方式：発注者が自らの意思で設計者を選ぶ方式。公正性を客観的に示し難い難点がある。
※コンペティション方式：設計案を公募し、審査を行い、最も良い案の設計者に委託する方式。

募集するので公平性があり、複数の審査委員の合議で審査することで公正性があり、審査過程などを公表することにより透明性が得られる。誰でも応募できる「公開コンペ」と指名された数社が応募できる「指名コンペ」がある。

※プロポーザル方式：具体的な設計図の手前の段階のアイデアや提案を募集し、それを審査して設計者を選ぶ方式。

※資質評価方式：設計者の資質や実績を評価して選ぶ方式。応募者の書類による選考、代表作品の現地視察や設計者インタビューなどの選考により決定する。

■設計変更審査会
⇒公共工事総合プロセス支援システム

■設計・見積もり合わせ
与えられた設計条件、施工条件に最も適合した設計で、見積書の内容検討の結果で、見積額が適当と思われる業者を落札者として決定する方法。見積もり合わせに設計を加えたもの。

■切削（せっさく）オーバーレイ
表面の悪い舗装を削り、新しい舗装にする工事。舗装の破損の原因としては、摩耗わだち掘れ、流動わだち掘れなどがある。路面の破損した部分を切削除去し、不陸（ふろく）や段差を解消し、切削面にタックコートを施した後、厚さ3cm以上の加熱アスファルト混合物層を補設する工法のこと。

■瀬と淵
川の浅いところを「瀬」という。瀬は流れが速く、比較的大きな石が多いため、魚類の餌場・産卵場となる。流れの速い瀬で、白波が立っているところを「早瀬」、白波が立っていないところを「平瀬」と呼ぶ。川の深いところは「淵」という。淵は流れが穏やかで、小石や砂、ときには泥が溜まっていることもあるため、魚類の休息・稚魚の成育・越冬の場として利用されている。瀬と淵は魚などの川に生息する生き物にとって重要な意味を持っている。

■ゼネコン
General Contractorの略。元請負者として土木・建築工事を一式で発注者から直接請け負い、工事全体の取りまとめを行う建設業者を指す。総合建設業とも呼ばれる。日本における建設業者の頂点となる、大手5社（大成建設・鹿島建設・清水建設・竹中工務店・大林組）をスーパーゼネコンという。

※スーパーゼネコン：スーパーゼネコンは、完成工事高の点から、大成建設、鹿島建設、清水建設、竹中工務店、大林組の大手5社とされる。スーパーゼネコンは、建設工事の施工を営業の中核としながら、社内に設計部門・エンジニアリング部門・研究開発部門を抱えており、建設に関する幅広い技術力を有している。欧米の建設業界では、設計会社と施工会社が明確な分業体制をとっているのが普通であり、日本のスーパーゼネコンは世界的にみてもかなり特異な存在であるといえる。

■ゼロエミッション
廃棄物をできるだけ再資源化するなどしてゼロにする活動。資源循環型社会の実現のために、自治体や企業で目標として掲げる動きが広まっている。国連大学が1994年に発表した「ゼロエミッション研究構想」から生まれた言葉。

■ゼロ国債
契約した年度の国費の計上がゼロの国庫債務負担行為のこと。予算的裏付けはゼロであるが、前年度に先食いして契約できるようにしたもの。当初は積雪寒冷地で年度末に契約し、4月からすぐ工事にかかれるようにした制度であったが、その後景気対策として、公共工事の少ない年度当初の事業量を確保することができ、年間を通した工事の円滑な執行を確保するのに有効な手段となるゼロ国債が活用されている。

■背割堤（せわりてい）

2つの河川が合流したり、となりあって流れるために、流れの異なる2河川の合流をなめらかにしたり、一方の川の影響が他の河川に及ばないように2つの川の間に設ける堤防のこと。

■潜函工法
　⇨ケーソン工法

■前期損益修正益
　⇨損益計算書

■前期損益修正損
　⇨損益計算書

■全国管工事業協同組合連合会（全管連）
　1960年6月　建設大臣（当時）の許可を得て設立された連合会。全管連では、①所属員の事業に関する経営及び技術の改善向上、又は組合事業に関する知識の普及を図るための教育及び情報の提供　②所属員の社会的・経済的地位向上のための陳情請願　③所属員の福利厚生に関する事業　等を行っている。会員の内訳は、2008年6月現在、①会員：管工事業を営む事業者をもって組織された事業協同組合及び協同組合連合会（所属団体632団体、所属企業18,821社）②賛助会員：管工機材メーカー及び販売店（会員数66社）により構成されている。

　◆所在地／電話番号
　　〒170-0004　東京都豊島区北大塚3-30-10　全管連会館
　　Tel 03-3949-7312

■㈳全国建設業協会（全建）
　1955年4月　建設大臣（当時）の許可を得て設立された社団法人。「総合建設業者が組織する各都道府県の団体を結集し、建設業を経済的、社会的及び技術的に向上させ、建設業の健全なる発展を図り、併せて公共の福祉の増進に寄与する」ことを目的としている。

全建では、①建設業の経営及び技術の改善並びに近代化に関する調査研究、指導並びに奨励　②建設業に関する法制及び施策の調査研究並びに建議　③建設業に関する内外の情報、資料及び知識の収集、交換並びに提供等の事業を行っている。傘下協会会員は、企業数22,600社（2008年6月末調べ）であり、そのうち法人企業は21,721社（全体の96.1％）、個人企業879社（3.9％）により構成されている。

　◆所在地／電話番号
　　〒104-0032　東京都中央区八丁堀2-5-1
　　東京建設会館5階
　　Tel 03-3551-9396

■全国建設業協同組合連合会（全建協連）
　1975年7月　建設大臣（当時）の許可を得て設立（中小企業等協同組合法第27条の2第1項）。全建協連では、組合員の事業経営上必要な①金融事業　②資器材等の共同購買事業　③共済事業　④教育情報事業　等の事業を行っている。会員の内訳は、2008年6月1日現在、会員数40団体：所属員数9,561社（建設業法の規定による建設業者を組合員たる資格として中小企業等協同組合法に基づき設立された事業協同組合及びその連合会）により構成されている。

　◆所在地／電話番号
　　〒104-0032　東京都中央区八丁堀2-5-1
　　東京建設会館4階
　　Tel 03-3553-0984

■㈳全国コンクリート圧送事業団体連合会（全圧連（JCPA））
　1988年5月　建設大臣（当時）の許可を得て設立された社団法人。「コンクリート圧送工事業の施工技術の向上、安全施工の確保及び経営の改善に関する事業を行い、もって建設産業の発展と公共の福祉の向上に寄与する」ことを目的としている。全圧連では、①

コンクリート圧送工事業の施工技術の向上に関する調査研究及び指導　②コンクリート圧送工事業の安全施工に関する調査研究及び指導　③コンクリート圧送工事業の経営の改善に関する調査研究及び指導　等の事業を行っている。会員の内訳は、2008年8月1日現在、①正会員：コンクリート圧送工事業者で組織する団体であって、本会の目的に賛同して入会したもの（会員数30団体、所属企業数520社）②賛助会員：本会の目的事業を賛助するため入会した法人又は団体（会員数12社）により構成されている。

◆所在地／電話番号
　〒101-0041　東京都千代田区神田須田町1-16　本郷ビル6階
　Tel　03-3254-0731

■㈳全国さく井協会（全さく井協）

1974年12月　建設大臣（当時）の許可を得て設立された社団法人。「さく井業の健全な発展を図るため、必要な地下水保全・開発について、調査・研究等を行うとともに、さく井技術の向上を図り、もって国土の保全及び国民生活の向上に資する」ことを目的としている。全さく井協では、①地下水の保全・開発並びにさく井技術の向上に関する調査、研究、公開及び指導　②さく井業の健全な発展及び地位の向上に関する研究、指導　③地下水の保全・開発に関する情報の収集及び公開等の事業を行っている。会員の内訳は、2008年5月31日現在、①正会員：さく井工事業を営む個人又は法人（会員数279）②賛助会員：さく井工事業に関連する事業を営む個人又は法人（会員数81）③名誉会員：本協会に功労のあった者又は学識経験者で総会において推薦された者　により構成されている。

◆所在地／電話番号
　〒104-0032　東京都中央区八丁堀2-5-1
　東京建設会館4階
　Tel　03-3551-7524

■全国新幹線鉄道整備法

新幹線鉄道による全国的な鉄道網の整備を図ることを目的として、昭和45年に制定された法律。国土交通大臣は、建設を開始すべき新幹線鉄道の路線建設に関して、建設を行う建設主体を指名し、整備計画を決定し、建設の指示を行うこと（第6条～第8条）、建設主体は、工事区間、工事方法等の工事実施計画を作成し、国土交通大臣の認可を受けること（第9条）、国土交通大臣は、建設に要する土地で行為の制限が必要であると認める区域を「行為制限区域」に指定できること（第10条）、行為制限区域内では、原則として土地の形質の変更又は工作物の新設・改築・増築が禁止されること（第11条第1項）等を定めている。行為制限区域の指定は、関係地方運輸局及び建設主体の事務所その他国土交通大臣が指定する場所で確認することができる。

■㈳全国測量設計業協会連合会（全測連）

1961年8月　建設大臣（当時）の許可を得て設立された社団法人。「測量業者が組織する各都道府県の団体を結集し、測量及びこれに関連する設計、調査業務の健全な発展と向上を図り、国土の建設等の推進に貢献し、もって産業の発展、行政の効率化並びに国民生活の向上に寄与する」ことを目的としている。全測連では、①測量並びにこれに関連する設計、調査の技術及び経営の改善に関する調査研究並びに奨励　②測量業に関する法制及び施策の調査研究並びに建議　③測量業の社会的使命に関する宣伝、啓蒙、指導及び助言　等の事業を行っている。会員の内訳は、2008年4月1日現在、①正会員：測量業者が都道府県ごとに組織する協会及び測量業者（各協会会員の構成員に比例して選出された代議員）（会員数109名）②特別会員：本会に対し特に功績のあった者及び学識経験者のうちから理事会の決議をもって推薦する者（会員数0名）③賛助会員：本会の目的に賛同し維持発展に寄与する者で、理事会の承認を得

たもの（会員数8社）により構成されている。

◆所在地／電話番号
〒162-0801　東京都新宿区山吹町11-1
測量年金会館8階
Tel　03-3235-7271

■㈳全国地質調査業協会連合会（全地連）

　1964年2月　建設大臣（当時）の許可を得て設立された社団法人。「全国の地質調査業者の組織する団体をもって構成し、地質調査業の進歩改善を図り、その経済及び社会的地位を向上させ、もって公共の福祉に寄与する」ことを目的としている。全地連では、①地質調査の技術に関する調査研究及び啓蒙　②地質調査業の経営の改善に関する調査研究並びに指導　③地質調査及び地質調査業に関する法制及び施策の調査研究　等の事業を行っている。会員の内訳は、2008年7月1日現在、①正会員：地質調査業者が組織する団体（所属企業数655社）②賛助会員：本会の事業に賛同し、維持発展に寄与する個人又は団体（会員数39社）により構成されている。

◆所在地／電話番号
〒113-0033　東京都文京区本郷2-27-18
本郷BNビル2階
Tel　03-3818-7411

■㈳全国中小建設業協会（全中建）

　1964年4月　建設大臣（当時）の許可を得て設立された社団法人。「中小建設業者をもって全国的に組織し、中小建設業を技術的、経済的及び社会的に向上させ、公共の福祉を増進させる」ことを目的としている。全中建では、①中小建設業に関する経営及び建設技術の改善向上のための調査研究　②建設業に関する各種情報、資料の収集並びにその提供　③中小建設業者の社会的地位の向上を図るための建議、陳情　等の事業を行っている。会員の内訳は、2008年7月18日現在、会員数35団体：個人1名（中小建設業者が組織する団体（法人格のないものにあっては、その代表者）又は中小建設業を営む事業主で、本会の目的に賛同するもの）により構成されている。なお、会員企業の実態として、①主として土木又は建築工事を行う元請中小建設業者　②都道府県及び市区町村工事に携わる者が多い。

◆所在地／電話番号
〒103-0025　東京都中央区日本橋茅場町1-6-12　共同ビル504号
Tel　03-3668-7917

■㈳全国鉄筋工事業協会（全鉄筋）

　1986年9月　建設大臣（当時）の許可を得て設立された社団法人。「鉄筋工事業の総合的な進歩発展を図り、もって建設産業の健全な発展と国民生活の向上に貢献する」ことを目的としている。全鉄筋では、①鉄筋工事の技術の向上及び経営の改善等に関する指導　②鉄筋工事の技能の向上に関する教育指導　③鉄筋工事に関する情報、資料等の収集、編纂及び発行　等の事業を行っている。会員の内訳は、2008年4月1日現在、①正会員：建設業法に基づき鉄筋工事業を営む者で構成された本会の目的に賛同して入会した団体（会員数31団体、834事業所）②賛助会員：本会の目的に賛同しこれを援助する個人又は法人で本会に入会した者（会員数16社）③名誉会員：本会に功労のあった者又は学識経験者で総会において推薦された者　により構成されている。

◆所在地／電話番号
〒104-0031　東京都中央区京橋1-4-11
竹本ビル4階
Tel　03-3281-2184

■㈳全国防水工事業協会（全防協）

　1991年3月　建設大臣（当時）の許可を得て設立された社団法人。「防水工事業の経営の近代化並びに防水工事に関する技術の調査

研究及び開発を行い、防水工事業の健全な発展と社会的地位の向上を図り、もって我が国建設産業の発展と国民生活の向上に寄与する」ことを目的としている。全防協では、①防水工事業の経営の近代化に関する調査研究及び指導　②防水工事に携わる建設技術・指導者の確保・養成等　③関係官公庁及び関係団体への協力等　の事業を行っている。会員の内訳は、2008年3月31日現在、①正会員：建設業法の規定による防水工事業の許可を受けて現に当該事業を営む者で、本会の目的に賛同して入会した法人又は個人（728社）②特別会員：本会の目的に賛同して入会した防水工事業者で構成する団体（58団体）③賛助会員：本会の事業を賛助するため入会した防水工事業に関連する法人又は個人（47社）により構成されている。

◆所在地／電話番号
〒101-0047　東京都千代田区内神田3-3-4　全農薬ビル6階
Tel　03-5298-3793

■センターコア

　間取りの中心にコア（核）があること。マンションでは浴室・洗面所・トイレ・キッチンなどの水回り設備を中心にひとまとめにし、その周りに居室を配したタイプのこと。大抵の場合、LDKを南側に、居室を北側に配置するため、パブリックとプライベートを分離することが可能。また、居室を通らずダイレクトにLDKに行けるよう、センターコアに廊下を通したタイプが一般的である。

■尖頭負荷（せんとうふか）

　1日や1年など、ある期間中に発生する最大の電力需要のこと。例えば、1日あたりの電力需要（負荷）は、1日中一定ではなく時刻によって変化しているが、負荷の最大の部分を尖頭負荷という。尖頭負荷は、最大電力、電力ピーク、ピーク負荷ともいう。

■全日本電気工事業工業組合連合会（全日電工連）

　1966年10月　通商産業大臣（当時）の許可を得て全日電工連を組織。全日電工連では、①会員（電気工事業工業組合）の事業の指導及び連絡　②所属員の福利厚生に関する事業等を行っている。会員の内訳は、2008年7月1日現在、電気工事業を資格事業とする工業組合（所属企業42,006社）により構成されている。

◆所在地／電話番号
〒105-0014　東京都港区芝2-9-11　全日電工連会館1階
Tel　03-5232-5861

■専門技術者

　一式工事等での工事現場に配置する専門工事に係る技術者のこと。土木一式工事、建築一式工事の中に他の専門工事が含まれているときは、原則として、一式工事の技術者とは別に、その専門工事について主任技術者の資格を持つ専門技術者を置く必要がある。例えば、土木一式工事を施工する場合において、コンクリート工事、石工事、鋼構造物工事等、一式工事の内容となる専門工事を、一式工事業者が自ら施工しようとするときは、それぞれの工事について主任技術者の資格を有する者を工事現場に置かなければならない（建設業法第26条の2第1項）。これを配置できない場合には、それぞれの専門工事の許可を受けた建設業者に当該工事を施工させなければならない。なお、一式工事等の主任技術者や監理技術者が、同時に当該専門工事について必要な資格を有している場合は、当該専門工事のための技術者となることができる。

■専門工事業イノベーション戦略

　建設産業は外注比率が7割に達する中、建設生産の中核を担うに至った専門工事業者の経営革新や生き残り戦略の方向性を示したもの。2000年に建設省（当時）が策定した。元

請・下請を問わず厳しいコストダウンの圧力などに対応する方法として登場してきた分離発注、異業種JV、CM方式（コンストラクション・マネジメント）などへの参画体制の構築をはじめ、新工法の開発などによる差別化・高付加価値化、企業連携の推進、コスト管理能力の向上など、経営力・施工力の強化を促している。さらに、不採算工事の原因となる指し値発注などを拒否する新しい元請下請のパートナーシップの構築や、徒弟制的な技術・技能継承方法から脱して、戦略的に人材を育成する必要があると指摘している。

■専門職制度

高度の知識や技術をもつ人々を、部長―課長―係長といった管理職位とは別の職位体系によって処遇しようとする制度。近年、ビジネスが複雑化する中で、特定の分野で専門的な技術や能力を有する社員の重要性が高まっている。高度な専門性を有した人材はどの企業にも必要な人材であり、高度な専門性をもつプロフェッショナルを処遇する制度を積極的に強化していくことが、企業の競争力を高める源泉になってきている。

■専有面積

マンションなどの集合住宅において、区分所有者が個人の所有物として扱える住戸の面積のこと。専有面積の計算方法には、内法面積と壁芯面積がある。物件のパンフレットや広告などに表示されている専有面積は、壁芯面積である。

※内法（うちのり）面積：部屋を真上から見下ろした時の、壁で囲まれた、その内側だけの面積のこと。登記簿の場合は、内法面積で表示される。

※壁芯（かべしん）面積：壁の中心線（部屋を真上から見て、壁の厚みの半分のところを通る線）で囲まれた部分の面積のこと。

■専用庭

マンションの1階住戸だけについている前庭のこと。周囲を植栽などで囲うことによ

り、1階住戸のプライバシー保護の役割を果たすことができる。日常的な管理はその住戸の居住者が行う（専用使用権という）が、敷地そのものは区分所有者全員の共有なので、勝手に物置やサンルームなどの設置はできない。

そ

■造園工事

建設業法第2条に規定する建設工事の一つ。整地、樹木の植栽、景石の据え付け等により庭園、公園、緑地等の苑地を築造する工事をいう。具体的工事例として、植栽工事（植生を復元する建設工事を含む）、地被工事、景石工事、地ごしらえ工事、公園設備工事（花壇、噴水などの修景施設、休憩所・休養施設、遊戯施設、便益施設等の建設工事を含む）、広場工事（修景広場、芝生広場、運動広場などの広場を築造する工事）、園路工事（公園内の遊歩道、緑道等を建設する工事）、水景工事、屋上等緑化工事（建築物の屋上、壁面等を緑化する建設工事）などがある。

■造園施工管理技士（国家資格）

造園施工に関する高度な知識と応用力をもつ者として管理・監督業務を行うための国家資格。主に指導・管理業務を行う1級造園施工管理技士と、技術者として施工管理を行う2級造園施工管理技士がある。1級造園施工管理技士は、建設業法における監理技術者（造園工事）及び特定建設業の営業所専任技術者となり得る資格であり、2級造園施工管理技士は、主任技術者（造園工事）及び一般建設業の営業所専任技術者となり得る資格である。

※注：監理技術者及び特定建設業の営業所専任技術者となり得る資格を有する者は、主任技術者及び一般建設業の営業所専任技術者となり得る。

●関連団体：㈶全国建設研修センター

　Tel　03-3581-0139

http://www.jctc.jp/

■総会屋

一般的に「株主総会に関連して活動し、企業から不正な利益を得ている者」を指している。企業の側においては、これらを「特殊株主」とも呼んでいる。例えば、株主として株主総会に出席資格を有することを利用し、総会の議事進行に関し、その企業が金をくれれば企業に協力し、金をくれなければ企業を攻撃するという行動に出ることにより、その企業から株主配当金以外の金員を収得している者をいう。諸外国にはこうした総会屋のような存在はないといわれている。

■総価契約・単価合意方式

当初の入札・契約は、これまでどおり総価で行うが、契約後、受注者が提出した内訳書の工種ごとの単価を基に、甲(発注者側)乙(受注者側)間で協議し合意単価を決定する。工期途中に設計変更が生じた場合、この合意単価に基づき変更契約を行う。総価契約・単価合意方式により、期待される効果としては、①工種ごとの単価について、甲乙間で協議・合意を図るので、片務性が改善される、②設計変更及び部分払いが円滑にできるなどがあげられる。

■総合課税

給与所得、事業所得、不動産所得など各種の所得金額を合計して、所得税額を計算すること。所得税は、所得が多いと高い税率、所得が低いと低い税率が適用される累進税率(所得の多い人は、税金を負担する力も大きくなるという考え方)で課税される。平成19年分より5％〜最高40％までの6段階の税率区分になっている。

■総合建設業

⇒ゼネコン

■総合設計

都市計画で定められた制限に対して、建築基準法で特例的に緩和を認める制度の一つ。一定規模以上の敷地面積があり、かつ、敷地内に一定割合以上の空地を有する建築計画について、その計画が、交通上・安全上・防火上及び衛生上支障がなく、かつ、市街地環境の整備改善に資すると認められる場合に、特定行政庁の許可により、容積率、高さの各制限を緩和する制度。特定行政庁が許可した建物の容積率又は各部分の高さは、その許可の範囲において容積率及び高さの制限値を超えて建築することができる制度(建築基準法第59条の2)。

※特定行政庁：建築主事を置く市町村については、当該市町村長。その他の市町村の区域については、都道府県知事(同法第3条第35項)。

■総合評価方式

競争参加者が「技術提案」と「価格提案」とを行い、施工計画、配置予定技術者、技術提案の内容等の「価格以外の要素」と「価格」とを総合的に評価して落札者を決定する方式。国土交通省のガイドラインでは、難易度に応じて「高度技術提案型」「標準型」「簡易型」「特別簡易型」の4タイプがある。

■総合評定値(P)

経営事項審査において、建設業者の経営に関する客観的事項の評点を合計したもの。総合評定値(P)は、まず、「経営規模」、「経営状況」、「技術力」及び「その他の審査項目(社会性等)」のそれぞれの審査項目について評点を求め、これらに一定のウェイト付けを行ったうえで算出する。

$$総合評定値(P) = 0.25X_1 + 0.15X_2 + 0.2Y + 0.25Z + 0.15W \quad (注)$$

(0.25、0.15、0.2、0.25、0.15の数値は各審査項目に対するウェイトを表しており、数値が大きいほど総合評価値に占めるウェイトが高くなる)

総合評定値(P)の理論上の最高点は2,082点、最低点は278点となる。

（注）	
「経営規模」（X₁）	＝「工事種類別年間平均完成工事高」の評点
（X₂）	＝「自己資本額」と「利益額」を数値化し、1：1の割合で合算した評点
「経営状況」（Y）	＝「経営状況」の評点
「技術力」（Z）	＝「建設業の種類別技術職員数」と「工事種類別年間平均元請完成工事高」を数値化し、4：1の割合で合算した評点
「その他の審査項目（社会性等）」	
（W）	＝「労働福祉の状況」、「建設業の営業年数」、「防災協定締結の有無」、「法令遵守の状況」、「建設業の経理に関する状況」及び「研究開発の状況」の合計評点

■相殺（そうさい）

　2人の者が、相互に同種の債務を負担している場合に、その債務を対当な額（同額）につき消滅させる意思表示のこと（民法第505条）。対立する債権債務が対当額で消滅することから、相互にその額の範囲内で担保的な機能を果たしているといえる。相殺は、相殺適状（2人の者が互いに対立した同種の金銭等の債権を持ち、かつ、双方とも弁済期にある、又は相殺しようとする者の債権が弁済期にある状態）にあるときにできる。相殺の意思表示は単独行為であり、意思表示があれば、双方の債権は相殺適状のときにさかのぼって対当額で消滅する（同法第506条）。相殺禁止特約がある場合、現実に支払を確保する必要がある場合、自働債権（相殺しようとする者の債権）処分が禁止されている場合等は相殺できない。相殺の通知は、通常、相殺通知書を内容証明郵便（配達証明付）で相手方に郵送する方法によって行われる。

■総資本売上総利益率

　経営事項審査の経営状況（Y）8指標の一つ。この指標は、投下資本に対して、売上から原価を引いた売上総利益（粗利益）がどのくらいの水準にあるかを表す比率で、数値は高いほど好ましい。

総資本売上総利益率＝売上総利益／総資本（2期平均）×100
（経営事項審査の経営状況（Y）では、上限値：63.6％　下限値：6.5％）

（注1）2期平均の総資本の額が3,000万円未満の場合は、3,000万円とみなして計算する。
（注2）個人の場合は、売上総利益を完成工事総利益と読み替える。

■総資本回転率
　⇒資本回転率

■増収減益
　⇒増収増益

■増収増益

　企業決算において、前年度と比較して収益が増加し、利益も増加した状態。収益が増加しても利益は減少した場合、「増収減益」という。また、売上高が伸びずに収益が減少し、利益も前年度に比べて減少した場合は「減収減益」、収益は減少したが、コスト削減その他の企業努力の結果、利益が増えた場合は「減収増益」という。

■相続税

　亡くなった人の財産を相続したり、遺贈によって取得した人にかかる税金（国税）（相続税法第1条の3、第66条）。相続又は遺贈（死因贈与を含む）により取得した財産及び相続時精算課税の適用を受けて贈与により取

得した財産の価額の合計額（債務、葬式費用、非課税財産などの金額を控除し、相続開始前3年以内の贈与財産の価額を加算）が、基礎控除額を超える場合に、その超える部分（課税遺産総額）に対して課税される。相続財産は、一定基準に従い評価し、相続税額は基礎控除（5,000万円＋（1,000万円×法定相続人数））後に各人が法定相続したものとして各人別の税額を計算・合計したうえで、実際分割額に応じ按分し、税額控除としての配偶者の税額軽減その他の額を除き、各人別の納付額を確定する。原則として、死亡を知った日の翌日から10ヵ月以内に被相続人の住所地税務署に申告納税しなければならない。

■双方代理

　同一人が契約当事者双方のそれぞれの代理人になることをいう。双方代理は、原則として禁止される（民法第108条）。事実上、代理人が自分ひとりで契約することになり、本人の利益が不当に害されるおそれがあるからである。本人があらかじめ同意した場合は双方代理が許される（同法第108条ただし書）。本人の同意のない双方代理は、無権代理となり、本人が追認をしなければ本人に対して効力を生じない。なお、登記の申請等の債務の履行については本人の同意がなくても許される（同法第108条ただし書）。

■双務契約
　⇒同時履行の抗弁権

■贈与

　当事者の一方が自己の財産を無償で相手方に与える契約をいう（民法第549条以下）。無償契約の典型であり、合意だけでその効力を生ずるいわゆる諾成契約であるが、書面によらない贈与は原則として撤回することができる（同法第550条）。「書面による」とは、正式な贈与契約書のほか、広く贈与の意思が書面中に表れていればよいと解されている。なお、贈与は無償契約であるから、贈与者は目的である物又は権利の瑕疵又は不存在について、原則として担保責任を負わない（同法第551条）。

■贈与税

　贈与により取得した財産（贈与があったとみなす財産を含み、非課税財産、死因贈与財産は含まない）を課税対象に、贈与財産を取得した個人及び人格のない社団等を納税義務者とする国税（相続税法第21条の2、第66条）。贈与財産が基礎控除（年間110万円）を超えると、原則として、翌年の2月1日から3月15日までに受贈者の住所地の税務署に申告納税しなければならない（租税特別措置法第70条の2）。平成15年度の税制改正において相続税と贈与税の一本化が図られ、相続時に精算することを前提とした贈与に対する「相続時精算課税制度」が導入された。

■創立費
　⇒繰延資産

■相隣関係（そうりんかんけい）

　隣接する土地所有権（地上権、賃借権）相互でその利用を調整しあう関係をいう（民法第209条以下）。民法に規定のあるものは、境界付近の建築等に際しての隣地使用権（同法第209条）、袋地所有者の隣地通行権（同法第210条～第213条）、水流に関する利害の調整（同法第214条～第217条）、水流変更権等（同法第219条、第222条）、境界囲障設置等の権利（同法第225条～第232条）、境界線を越えた竹木の枝根の切除権（同法第233条）、境界線付近の工作物築造の制限（同法第234条～第238条）等が主なものである。これらのほか、相隣関係については、建築物による日照阻害、通風悪化、圧迫感等や、騒音、振動、煤煙、悪臭等が問題となり、建築基準法、騒音規制法等による規制がなされるが、これらに反すると場合により不法行為となる。

■測量業
　⇒測量業者登録制度

■測量業者登録制度

　測量業を営むにあたっては、個人、法人、元請、下請に関わらず、測量法により、測量業者の登録（国土交通大臣）を受けなければならない（同法第55条）。個人登録も可能なため、測量法では測量会社ではなく、測量業者と呼ばれる。なお、登録の有効期間は5年間で、有効期間の満了後引き続き測量業を営もうとする者は、有効期間満了の日の90日前から30日前までに登録の更新申請をしなければならない。

※測量業：「基本測量」、「公共測量」、「基本測量及び公共測量以外の測量」を請け負う営業をいう。

※基本測量：すべての測量の基礎となる測量で、国土地理院の行うもの。

※公共測量：基本測量以外の測量のうち、小道路若しくは建物のため等の局地的測量又は高度の精度を必要としない測量で政令で定めるものを除き、測量に要する費用の全部若しくは一部を国又は公共団体が負担し、若しくは補助して実施するもの。

※基本測量及び公共測量以外の測量：基本測量又は公共測量の測量成果を使用して実施する基本測量及び公共測量以外の測量（小道路若しくは建物のため等の局地的測量又は高度の精度を必要としない測量で政令で定めるものを除く）。

■測量士・測量士補（国家資格）

　技術者として基本測量（すべての測量の基礎となる測量）及び公共測量（国又は地方公共団体の実施する測量）に従事するために、建築・土木の現場や地図製作等において欠かせない国家資格。測量士補は、測量士の作成した計画に従って行う実際の測量業務に従事する。測量士は測量業務の他、測量作業の主任者として測量計画作成までを担当する。

●実施機関：国土地理院（GIS）
　Tel　029-864-4151
　http://www.gsi.go.jp/LAW/SHIKEN-siho-siken.html

■測量法

測量を実施する場合の基準・権能を定めている法律。1949年（昭和24年）制定。測量を正確かつ円滑に行うことを目的として施行された法律で、基本測量及び公共測量の定義、測量標の設置及び保守、測量業務に携わる測量士や測量士補等の国家資格、成果物の取り扱い、測量業者の登録、罰則などのり取り決めを行っている。

■租税公課
　⇒損益計算書

■組積構造（そせきこうぞう）

　れんが、石、コンクリートブロックなどをモルタル等で接着し、積み重ねていく構造方法のこと。組積構造は、ヨーロッパのように地震が少なく、垂直荷重のみ考慮すればよい場合には適した構造方法といえるが、地震の多い我が国では耐震上の観点より、特別の補強をし、かつ、構造計算によって安全性が確かめられた場合を除き、高さ13m、軒の高さ9m以下とすることとなっている（建築基準法第20条第2号ロ）。

■即決和解（そっけつわかい）

　民事上の争いについて、訴訟の係争前に簡易裁判所に和解を申し立て、紛争の解決を図る手続きをいう（民事訴訟法第275条）。起訴前の和解ともいう。和解が成立し、和解調書に記載されると確定判決と同一の効力を生じ（同法第267条）、これに基づいて強制執行することができる（民事執行法第22条第7号）。法は当事者間に争いがあることを前提としているが、実務上、権利関係の存否・内容等に強い対立がなくても、権利実行が不確実ないし不安全であれば申立てが認められている。

■外断熱

　住宅を建てる場合、断熱材を柱の外側から貼る工法。外張り断熱ともいう。ちなみに、断熱材を柱と柱の間に入れる工法を「内断熱」という。外断熱は、断熱材を柱や間柱の外側に取り付けるので、断熱・気密の連続性

が保ちやすい。壁全体を含め室温に温度差が少なくなるので、家の耐久性を損なう最大の原因である結露を抑えることができる。

■その他の暴力的要求行為
　⇒暴力的要求行為

■その他有価証券評価差額金
　⇒貸借対照表

■ソーホー（SOHO）
　Small Office Home Office の略で、「ソーホー」。コンピュータネットワークを活用して、自宅や小さな事務所などでビジネスを展開する職業形態。インターネットなどIT、デジタル情報通信を活用した「家での仕事として、時間と場所に制限されない新しいワークスタイル」として注目されている。高齢者や障害者のほか、育児・介護等が必要で、働く意志はあるものの、通勤が困難な人が自宅で仕事を行うことができるSOHOは、このような人々の就労機会の拡大に貢献している。出勤に起因する時間的・経済的な無駄が省けるという利点があるが、業務管理やコミュニケーション不足で問題が生じるケースもある。

■ソーラーハウス
　⇒アクティブソーラーハウス

■ソリューションビジネス
　顧客が抱える様々な問題を解決する支援ビジネスのこと。IT（情報技術）や環境、ビジネスモデル、教育など、支援、運用までを提供する。

■損益計算書
　一会計期間における企業の経営成績を明らかにする計算書類（いくらの収入と支出があり、結果的にいくら儲けたかという、企業の経営成績を表す）。貸借対照表とともに財務諸表の中心をなすもの。英語では「Profit & Loss Statement」といい、P／Lと略されている。一会計期間中の企業活動に対して、その成果・報酬を収益（revenue）といい、収益獲得に貢献した努力や犠牲を費用（expense）という。

※3つの収益

収益区分	内　　　　容	勘　定　科　目
売上高	・本業でどれだけ稼いだかを示すもの	売上高
営業外収益	・本来の営業活動以外から発生した収益を示すもの	受取利息、受取配当金、雑収入　など
特別利益	・本来の営業活動以外で、臨時に発生した利益を示すもの	前期損益修正益、固定資産売却益　など

※売上高

完成工事高	・工事が完成し、その引渡しが完了したものについての最終総請負高（請負高の全部又は一部が確定しないものについては、見積計上による請負額）及び長期の未成工事を工事進行基準により収益に計上する場合における期中出来高相当額。ただし、税抜方式を採用する場合は、取引に係る消費税額及び地方消費税額を除く。 ・共同企業体により施工した工事については、共同企業体全体の完成工事高に出資の割合を乗じた額又は分担した工事額を計上する。 ※参照：「工事進行基準」
兼業事業売上高	・建設業以外の事業を併せて営む場合における当該事業の売上高

※営業外収益

受取利息配当金	受取利息	・預金利息及び未収入金、貸付金等に対する利息
	有価証券利息	・公社債等の利息及びこれに準ずるもの

	受取配当金	・株式利益配当（投資信託収益分配金、みなし配当を含む）
その他	有価証券売却益	・売買目的の株式、公社債等の売却による利益
	雑収入	・他の営業外収益科目に属さないもの

※特別利益

前期損益修正益	・前期以前に計上された損益の修正による利益。ただし、金額が重要でないもの又は毎期経常的に発生するものは、経常利益（経常損失）に含めることができる。
その他	・固定資産売却益、投資有価証券売却益、財産受贈益等異常な利益。ただし、金額が重要でないもの又は毎期経常的に発生するものは、経常利益（経常損失）に含めることができる。

※4つの費用

費用区分	内容	勘定科目
売上原価	・本業の売上を上げるための仕入れ	売上原価
販売費及び一般管理費	・売上を上げるための費用	人件費、地代家賃　など
営業外費用	・本来の営業活動以外から経常的に発生する費用を示すもの	支払利息・割引料　など
特別損失	・本来の営業活動以外で、特別な要因で一時的に発生した損失を示すもの	地震、火災等の災害による損失、投資有価証券の評価損失　など

※売上原価

完成工事原価	・完成工事高として計上したものに対する工事原価
兼業事業売上原価	・兼業事業売上高として計上したものに対する兼業事業の売上原価

※販売費及び一般管理費

役員報酬	・取締役、執行役員、会計参与又は監査役に対する報酬（役員賞与引当金繰入額を含む）
従業員給料手当	・本社及び支店の従業員等に対する給料、諸手当及び賞与（賞与引当金繰入額を含む）
退職金	・役員及び従業員に対する退職金（退職年金掛金を含む）。ただし、退職給付に係る会計基準を適用する場合には、退職金以外の退職給付費用等の適当な科目により記載すること。なお、いずれの場合においても異常なものを除く。
法定福利費	・健康保険、厚生年金保険、労働保険等の保険料の事業主負担額及び児童手当拠出金
福利厚生費	・慰安娯楽、貸与被服、医療、慶弔見舞など福利厚生などに要する費用
修繕維持費	・建物、機械、装置などの修繕維持費用及び倉庫物品の管理費など
事務用品費	・事務用消耗品費、固定資産に計上しない備品費、新聞・参考図書等の購入費
通信交通費	・通信費、交通費及び旅費
動力用水光熱費	・電力、水道、ガス等の費用
調査研究費	・技術研究、開発等の費用
広告宣伝費	・広告、公告又は宣伝に要する費用
貸倒引当金繰入額	・営業取引に基づいて発生した受取手形、完成工事未収入金等の債権に対する貸倒引当金繰入額。ただし、異常なものを除く。
貸倒損失	・営業取引に基づいて発生した受取手形、完成工事未収入金等の債権に対する貸倒損失。ただし、異常なものを除く。
交際費	・得意先、来客等の接待費、慶弔見舞金及び中元歳暮品代など
寄付金	・社会福祉団体等に対する寄付
地代家賃	・事務所、寮、社宅等の借地借家料
減価償却費	・減価償却資産に対する償却額

開発費償却	・繰延資産に計上した開発費の償却額
租税公課	・事業税（利益に関連する金額を課税標準として課されるものを除く）、事業所税、不動産取得税、固定資産税等の租税及び道路占用料、身体障害者雇用納付金等の公課
保険料	・火災保険その他の損害保険料
雑費	・社内打合せ等の費用、諸団体会費並びに他の販売費及び一般管理費の科目に属さない費用

※営業外費用

支払利息	支払利息	・借入金利息等
	社債利息	・社債及び新株予約権付社債の支払利息
貸倒引当金繰入額		・営業取引以外の取引に基づいて発生した貸付金等の債権に対する貸倒引当金繰入額（異常なものを除く）
貸倒損失		・営業取引以外の取引に基づいて発生した貸付金等の債権に対する貸倒損失（異常なものを除く）
その他	創立費償却	・繰延資産に計上した創立費の償却額
	開業費償却	・繰延資産に計上した開業費の償却額
	株式交付費償却	・繰延資産に計上した株式交付費の償却額
	社債発行費償却	・繰延資産に計上した社債発行費の償却額
	有価証券売却損	・売買目的の株式、公社債等の売却による損失
	有価証券評価損	・会計計算規則第5条第3項第1号及び同条第6項の規定により時価を付した場合に生ずる有価証券の評価損
	雑支出	・他の営業外費用科目に属さないもの

※特別損失

前期損益修正損	・前期以前に計上された損益の修正による損失。ただし、金額が重要でないもの又は毎期経常的に発生するものは、経常利益（経常損失）に含めることができる。
その他	・固定資産売却損、減損損失、災害による損失、投資有価証券売却損、固定資産圧縮記帳損、異常な原因によるたな卸資産評価損、損害賠償金等異常な損失。ただし、金額が重要でないもの又は毎期経常的に発生するものは、経常利益（経常損失）に含めることができる。

■損害賠償

契約違反（債務不履行）や不法行為を原因として発生した損害を填補することをいう（民法第415条、第709条）。金銭で賠償するのを原則とする（同法第417条、第722条第1項）が、名誉毀損では謝罪広告を求めることもできる（同法第723条）。賠償されるのは財産上の損害が通例であるが、生命、身体、自由等の侵害にあっては精神的損害（慰謝料）も請求できる（同法第710条、第711条）。賠償額は、原則としてその加害行為（債務不履行）によって通常生ずべき（相当因果関係のある）損害に限るが、特別の事情による損害も当事者が予見し、又は予見可能であったときは賠償の対象となる（同法第416条）。損害賠償請求権は、不法行為では加害者及び損害を知ったときから3年、債務不履行では権利発生から10年で時効消滅する。

■損害賠償額の予定
⇒違約金

■損害賠償請求等の妨害行為の規制

平成20年の法改正（暴対法）により、損害賠償請求や事務所撤去のための請求をし、又はしようとする者やその配偶者等に対して、指定暴力団員が不安を覚えさせるような方法で請求を妨害する行為を禁止し（同法第30条の2）、その違反者又は違反のおそれがある者に命令をすることができるようになった

（命令違反には1年以下の懲役又は50万円以下の罰金）。禁止行為の具体例として、①つきまとうこと　②執拗に電話をかけること　③乱暴な言葉で威迫すること　④行動を監視していることを告げること　⑤動物の死骸を送りつけること　等が考えられる。

た

■代位弁済

　第三者又は共同債務者（保証人、連帯債務者等）が債務を弁済することをいう。弁済者は弁済した全額について債務者に対して求償権を取得し、その範囲で債権者が債務者に対して持っていた担保権などを債権者に代位して行使することができることになる。上記共同債務者のように弁済をするについて正当の利益を有する者が弁済したときは、法律上当然に債権者に代位（法定代位）する（民法第500条）が、その他の第三者が弁済したときには、債権者の承諾を得て代位（任意代位）する（同法第499条第1項）。任意代位の場合には、弁済者は債権譲渡の場合（同法第467条）と同様の対抗要件（債務者の通知又はその承諾）を具備しなければならないものとされている（同法第499条第2項）。

■耐火建築物

　建築物のうち、①主要構造物が、耐火構造であるもの、又は建物の周囲で発生する通常の火災や屋内火災による火熱に火災が終了するまで耐えられる性能（政令で定める技術的基準に適合するもの）等を有するもの、及び②外壁の開口部で延焼のおそれのある部分に、防火戸等の政令で定める防火設備（政令で定める技術的基準に適合するもの）を有するもののこと（建築基準法第2条第9号の2）。

■耐火構造

　鉄筋コンクリート造、れんが造等の構造で、建築基準法施行令第107条で定める耐火性能を有するものをいう。具体的には、壁、柱、床、梁にあっては、建築物の規模及び構造により1時間から3時間、屋根及び階段にあっては30分間の火災に耐えられる性能を有するものとして国土交通大臣が認めて指定するものとされている（建築基準法第2条第7号）。

■大工工事

　建設業法第2条に規定する建設工事の一つ。木材の加工や取り付けにより工作物を築造したり、工作物に木製設備を取り付ける工事をいう。具体的工事例として、大工工事、型枠工事、造作工事などがある。

■第三セクター

　国や地方公共団体（第一セクター）と民間企業（第二セクター）の共同出資により設立された事業体のこと。三セク（さんせく）ともいう。1969年に策定された新全国総合開発計画において、公共企業体と民間資本の共同出資による官民共同企業体が地域開発や産業基盤整備のための大規模公共事業の開発主体として位置付けられたものである。第三セクターは、1980年代後半のバブル景気時に、へき地を活性化するということで観光業などを中心に新設事業が相次いだ。しかし、バブル崩壊後はずさんな経営ぶりが表面化し、経営悪化の例も多くみられている。例えば、宮崎県のリゾート施設「シーガイア」では、2001年2月19日、負債総額3,261億円を出して、会社更生法を申請した。

■貸借対照表（B/S）

　ある一定時における企業の財政状態を示す計算書類。バランスシートともいう。左側には資産が、右側には負債並びに資本が列挙されている。資産は、決算日時点で企業が所有している財貨と権利の総称であり、企業に投下されている資金が具体的にどのような形態で運用されているかを示している。負債は、将来の支払い・返済債務の総称であり、資本は、企業所有者たる株主の投資額と過去の企業利益の留保累積額との総称である。負債と資本は、企業に投下されている資金の調達源泉を示している。

※貸借対照表

資産	負債
	資本

※資本（純資産の部）

株主資本	資本金		・会社法第445条第1項及び第2項並びに第450条の規定によるもの
	新株式申込証拠金		・申込期日経過後における新株式の申込証拠金
	資本剰余金	資本準備金	・会社法第445条第3項及び第4項並びに第451条の規定によるもの
		その他の資本剰余金	・資本剰余金のうち、資本金及び資本準備金の取崩しによって生ずる剰余金や自己株式の処分差益など資本準備金以外のもの
	利益剰余金	利益準備金	・会社法第445条第4項の規定によるもの
		その他利益剰余金 ●●●積立金	・株主総会又は取締役会の決議により設定されるもの
		繰越利益剰余金	・利益剰余金のうち、利益準備金及び●●●積立金以外のもの
	自己株式		・企業が所有する自社の発行済株式
	自己株式申込証拠金		・申込期日経過後における自己株式の申込証拠金
評価・換算差額	その他有価証券評価差額金		・時価のあるその他有価証券を、期末日時価により評価替えすることにより生じた差額から、税効果相当額を控除した残額
	繰延ヘッジ損益		・繰延ヘッジ処理が適用されるデリバティブ等を、評価替えすることにより生じた差額から、税効果相当額を控除した残額
	土地再評価差額金		・土地の再評価に関する法律に基づき事業用土地の再評価を行ったことにより生じた差額から税効果相当額を控除した残額
新株予約権			・会社法第2条第21号の規定によるものから同法第255条第1項に定める自己新株予約権の額を控除した残額

■退職金
⇒損益計算書

■耐震改修の固定資産税の減額
　平成18年度税制改正によって創設された固定資産税の特例。個人又は法人が住宅用家屋（昭和57年1月1日以前から所有するものに限る）について平成18年1月1日から平成27年12月31日の間に一定の耐震基準に適合させる耐震改修（費用の額が30万円以上で一定の証明がされたものに限る）を行った場合には、その住宅の固定資産税額（1戸あたり120㎡相当部分に限る）の2分の1に相当する額が一定期間減額される特例（地方税法附則第16条第8項）。減額期間は、耐震改修完了日に応じて定められている。

■耐震構造
　地震により生じる水平力などに耐えられるように考慮して設計された構造。1995年1月の阪神・淡路大震災以降、より高度な耐震性能を備えるために設計基準が見直された。

■大深度地下利用法
　「大深度地下の公共的使用に関する特別措置法」の略。地下空間の利用を図る法律。2001年4月施行。道路や地下鉄、上下水道など公益性の高い事業を進めるため、地下40メートル超を「大深度地下」と定義している。首都圏、中部圏、近畿圏の三大都市圏を対象とし、土地所有者への補償や用地買収は原則不要で、土地の入り組んだ権利関係にかかわらず事業を進められる利点がある。

■耐震壁（たいしんへき）
　建築物の壁のうち、地震力に対してのみ抵抗する壁。「耐力壁」とは区別される。地震力を分担し、耐震的に効果のある構造耐力のある壁体のことをいう。耐震壁を建物の形状などに応じてバランスよく配置することで、建物の耐震性を高め、柱・梁の負担を軽減することができる。

■大発破工法（だいはっぱこうほう）
　原石採取並びに大量の岩石切取のため、小断面のずい道を掘り、薬室に多量の爆薬をつめ、一挙に大量の岩石などを破砕する工法。

■代物弁済（だいぶつべんさい）
　本来の債務の支払いの代わりに、他の物によって支払うこと（民法第482条）。例えば、債権者より金銭を借りている債務者は、金銭をもって支払うのが普通であるが、それが困難である場合に、商品や家財道具などで弁済すること。期限までに債務を支払わない場合には、不動産を代物弁済する約束をし、これを仮登記しておき、担保の一手段とすることがある（仮登記担保）が、支払いがなされない場合には、この仮登記を本登記にして代物弁済を受けることになる。

■大ブロック工法
　⇨ステージング式架設工法

■代理
　本人と一定の関係にある者（代理人）が、本人のために意思表示をし（能働代理）、又はこれを受けることによって（受働代理）、その法律効果が代理人ではなく全面的に本人に帰属する制度をいう（民法法99条以下）。親権者（同法第5条、第818条）など法律の規定に基づく法定代理と、本人の信任を受けて代理人となる任意代理とがある。任意代理権は、通常、委任・請負の契約に伴う代理権授与行為により発生し、代理人に委任状が交付されることが多い。民法上、代理人は本人のためにすることを示して行われるが、商行為の代理では顕名は不用である（商法第504条）。代理人は本人に対し善管義務、忠実義務を負い、自己契約、双方代理を行ってはならない（民法第108条）。

■耐力壁（たいりょくへき）
　建築物は、自重、積載荷重、積雪、風圧、土圧及び水圧並びに地震その他の振動及び衝撃に対して安全な構造のものとして、政令で定める基準に適合するものでなければならないと規定されている（建築基準法第20条）。地震、風などによる水平力、及び建物の自重、家具や人の重量、屋根の積雪重量等による鉛直力（垂直方向の荷重）に抵抗するこれらの壁をまとめて「耐力壁」という。耐力壁の構造については、建築基準法施行令第78条の2で具体的に規定している。なお、力を負担しない抵抗力のない単なる間仕切り壁のようなものは「非耐力壁」という。

■タイル・れんが・ブロック工事
　建設業法第2条に規定する建設工事の一つ。れんが、コンクリートブロック等により工作物を築造したり、工作物にれんが、コンクリートブロック、タイル等を取り付け、又は張り付ける工事をいう。具体的工事例として、コンクリートブロック積み（張り）工事、れんが積み（張り）工事、タイル張り工事、築路工事、スレート張り工事（スレートを外壁等に張る工事）などがある。
※スレートにより屋根を葺く工事は「屋根工事」に該当する。

■田植え
　コンクリート打設が完了してから、差し筋やアンカーボルトを埋め込む作業。田植えは、鉄筋の周りに気泡が生じ、鉄筋とコンクリートの付着力が低下する。

■ダウンタウン・リンケージ制度
　新しく都心部のオフィス地域に進出する企業には、その都市の住宅問題解決のため、資金などの一部を担うことを義務付けたもの。アメリカのサンフランシスコやボストンで実施されている制度。

■宅地造成等規制法
　がけくずれ又は土砂の流出を生ずるおそれが著しい市街地等の区域内における宅地造成に関する工事等について、災害の防止のため必要な規制を行うことを目的に昭和36年に制定された法律。都道府県知事、指定都市・中

核市・特例市の長は、宅地造成に伴い災害が生ずるおそれの著しい市街地又は市街地になろうとする土地の区域であって、宅地造成に関する工事について規制を行う必要があるものを「宅地造成工事規制区域」として指定することができること（第3条）、宅地造成工事規制区域内で、宅地以外の土地を宅地にする工事又は宅地において行う土地の形質の変更の工事を行う場合は、工事着手前に都道府県知事等の許可を受けなければならないこと（第8条）等を定めている。

■宅地建物取引業

　宅地又は建物の①売買・交換　②売買・交換・貸借の代理　③売買・交換・貸借の媒介を、業として行うものをいう（宅地建物取引業法第2条第2項）。したがって自ら貸借を業として行う行為は該当しない。業として行うとは、宅地建物の取引を社会通念上事業の遂行とみることができる程度に行う状態を指し、その判断は①取引の対象者　②取引の目的　③取引対象物件の取得経緯　④取引の態様　⑤取引の反復継続性　を参考に諸要因を勘案して総合的に行われる。宅地建物取引業の免許を受けて営む者を「宅地建物取引業者」といい、国土交通大臣の免許を受けた者と都道府県知事の免許を受けた者がいる。

■宅地建物取引主任者（国家資格）

　宅地建物取引業法に基づき宅地又は建物の売買、交換又は貸借の契約が成立するまでの間に、重要事項の説明等を行う国家資格者。宅地建物取引業者は、従業員5人につき専任の宅地建物取引主任者を1人設置しなくてはならない（同法第15条第1項）。宅地建物取引主任者資格試験は、居住している都道府県が指定する試験会場で年に一度実施される。ちなみに2008年の受験者数は209,415人、合格者は33,946人で合格率は16.2%であった。

◆宅地建物取引主任者資格試験の申込／問合せ
　㈶不動産適正取引推進機構
　Tel　03-3435-8111

■宅配ロッカー

　マンションのエントランス付近に設置される共用施設。居住者が不在の時に宅配物などを預かるロッカーで、24時間いつでも利用できる。形態はコインロッカーのようなもの。配達人が留守を確認したうえ、ロッカーに荷物を入れて施錠し、配達証明を郵便受けに入れるので、居住者は荷物が届いていることがわかる。届いた荷物は専用カードや暗証番号等で取り出すことができる。

■多自然型工法
⇒三面張り

■タックスヘイブン（Tax Haven）

　租税回避地。外国企業に対し、税制上（法人税や利子・配当の源泉課税がゼロかそれに近い税率など）の優遇措置をとっている国や地域のこと。バミューダ島、英国領バージン諸島・ケイマン諸島などが有名。これらの国や地域は、そのほとんどが自国の産業を持たない小さな国々であり、法人税や個人所得税をゼロかほぼゼロにすることで、外国企業や大富豪の資金を受け入れ、それに付随する産業を振興させようとしている。

■建具工事

　建設業法第2条に規定する建設工事の一つ。工作物に木製又は金属製の建具を取り付ける工事をいう。具体的工事例として、金属製建具取付け工事、サッシ取付け工事、金属製カーテンウォール取付け工事、シャッター取付け工事、自動ドア取付け工事、木製建具取付け工事、ふすま工事などがある。

■建物・構築物
⇒固定資産

■多能工
⇒多能工型建築生産システム

■多能工型建築生産システム（多能工）
　多種多様の熟練工に依存する従来の建築生産の問題点を解消するとともに、近い将来予測される熟練工の減少に対応していくことを狙いとした施工システム。部材のプレハブ化、ユニット化、新材料の採用によって、これまで各種の専門的技能を必要とした作業を単純化・標準化し、マニュアルに沿って短期間の教育を受けた一定少数の多能工のみで一連の作業をまかなえる。

■ダム水路主任技術者（国家資格）
　水力発電所の水力設備（ダム、導水路、サージタンク及び水圧管路等）の工事、維持及び運用に係る保安の監督を行う者として、認定される国家資格。ダム水路主任技術者は、ダムの運用における安全の確保及び電力の安定供給を図る責任者として従事する。なお、国土交通大臣が別に定める実務の経験年数の要件を備えることによって、「管理主任技術者」となることができる。
●実施機関：資格・試験【ダム水路主任技術者】（経済産業省）

■短観
　⇒企業短期経済観測調査

■短期貸付金
　⇒流動資産

■短期借入金
　⇒流動負債

■ダンパー
　空気調節弁のこと。空調ダクト内を通過する空気を、いろいろな目的に応じて調節又は制御するもの。ダンパーを大別すると、風量調節を目的とした「風量調節ダンパー」、防火区画を貫通している場合延焼防止を目的とした「防火ダンパー」、風の流れを一方向のみ流す目的の「チャッキダンパー」などがある。

■単品スライド
　公共工事標準請負契約約款第25条第5項に基づき「特別な要因により工期内に主要な工事材料の日本国内における価格に著しい変動を生じ、請負代金額が不適当となったとき」に、請負代金額の変更を請求できる措置。平成20年6月国土交通省は、最近の特定の資材価格の高騰を踏まえ、単品スライド条項（第25条第5項）に基づく請負代金の見直しを円滑に行うことができるよう、当面の運用ルールを定めた。条項適用の対象とする資材は、鋼材類と燃料油の2品目のほか、発注者・受注者間の個別協議に基づき、原材料費の高騰などその価格上昇要因が明確な資材について、対象資材の価格上昇に伴う増額分のうち、対象工事費の1％を超える額を発注者が負担する。

■担保
　⇒人的担保
　⇒物的担保

■担保物件
　債権の担保を目的とする物権をいう。民法上は、留置権、先取特権、質権、抵当権の4つが定められているが、そのほかにも仮登記担保、譲渡担保があり、所有権留保も担保の機能を有する。留置権と先取特権は一定の要件が備われば法律上当然に発生するが（法定担保物権）、その他のものは契約によって発生する（約定担保物権）。担保物権の中心的効力は、目的物について他の一般債権より優先弁済的効力が認められ、目的物が他の権利に変じたときには物上代位の効力を有することであるが、留置権にはこの効力がなく、いわゆる留置的効力によって債務の弁済を間接に促すことができる。担保物権は、債務がなければ存在せず、債権とともに移転し、全部の弁済があるまでは消滅しない。

■地域建設業経営強化融資制度

公共工事の請負代金債権を活用し、建設業に関係の深い機関（建設業振興基金、前払保証事業会社、事業協同組合、建設企業の有する債権の譲受機関など）が協力することにより、金融機関からの融資がスムーズに行われるようにする制度のこと。建設投資の低迷や鋼材類及び原油価格の高騰等、厳しい経営環境が続く中、資金需要の増大が予想される年末を控え、経営基盤の脆弱な中小企業が多数を占める建設企業の資金調達の円滑化を推進するため、2008年（平成20年）11月4日から、平成23年3月末までの措置として実施している。公共工事の請負代金債権を債権譲受機関に譲渡することにより、工事の途中段階から、①出来高相当部分については、建設業振興基金の保証を活用して、債権譲受機関（事業協同組合など）から、融資を受ける。②出来高を超える部分については、前払保証事業会社の保証により、銀行などから、融資が受けられる。

※相談窓口

北海道建設業信用保証㈱ Tel 011-221-2092	北保証サービス㈱ Tel 011-241-8654
東日本建設業保証㈱ Tel 03-3545-5125	㈱建設経営サービス Tel 03-3545-8534
西日本建設業保証㈱ Tel 06-6543-2944	㈱建設総合サービス Tel 06-6543-2848
㈶建設業振興基金　業務第一部　Tel 03-5473-4575	

■地域整備方針

　都市再生特別措置法に基づき、都市再生緊急整備地域ごとに、都市再生基本方針に即して、都市再生本部が定める、当該都市再生緊急整備地域の整備に関する方針。地域整備方針には、①当該地域の整備の目標、②当該地域において都市開発事業を通じて増進すべき都市機能に関する事項、③当該地域における都市開発事業の施行に関連して必要となる公共施設その他の公益的施設の整備に関する基本的な事項等を定めるものとされている（都市再生特別措置法第15条第2項）。都市再生本部は、地域整備方針を定めようとする場合には、あらかじめ、関係地方公共団体の意見を聴き、その意見を尊重しなければならず、定めたときは遅滞なくこれを公表しなければならない。

■置換工法（ちかんこうほう）

　軟弱地盤層を改良する工法の一つ。軟弱地盤の土に良質な土やコンクリートを混ぜて置き換える工法のこと。具体的な方法は、①軟弱地盤を支持層の地盤まで掘削　②掘削した軟弱な土とセメント（改良材）を攪拌する　③攪拌した土を掘削した場所に戻す　④転圧をする。

■蓄熱技術

　熱エネルギーをいったん蓄え、必要な時に放出する技術。熱エネルギーの有効利用に役立つ技術として期待され、建物の空調施設として様々な方法で取り入れられている。最も一般的なものは潜熱を利用した「氷蓄熱技術」で、深夜電気料金の安い時間帯に冷水・温水・氷を作成蓄熱し、昼間の空調に利用するものである。通常は建物の地下部分などに蓄熱槽を設けるが、最近では、床や壁を蓄熱に利用する「躯体蓄熱」や、縦方向に深い建築空間（ダクトスペース等）を有効に利用した「大深度成層蓄熱」などがある。また、個別の建物だけに限らず、地域冷暖房システムとして大規模に展開され、「都市地域蓄熱」が進められている。

※都市地域蓄熱：みなとみらい21（MM21）の地域冷暖房システムの中央熱プラントは、世界最大規模の冷熱供給用潜熱蓄熱設備を備え、ホテルや会議場等多くの建物を一度に管理し、熱エネルギーを有効に利用している。

■築年数

　建築経過年数の略称。築年数は、購入者にとって購入意思に影響する事項とされている。一般に築年数により、建物の外観、傷み

具合などが違ったりするので、物件価格に影響を及ぼすからである。不動産の表示に関する公正競争規約施行規則では、新築分譲住宅、中古住宅、新築分譲マンション、中古マンション、新築賃貸用マンション、賃貸マンション・貸家・賃貸アパート等、共有制リゾートクラブ会員権の広告にあたっては、建築年月を表示することが義務付けられている。また、物件の築年数を調査する場合、どの資料に基づくべきかが重要であるが、通常、建物登記簿の表題部に記載された「登記原因及びその日付」の年月日をその根拠にすることにしている。この年月日は、原則として、建築工事請負人が発行した工事完了引渡証明に基づき記載されることになっている。

■地質調査技士（民間資格）
　ボーリング等地質調査の現場作業に従事する技術者として認定される民間資格。㈳全国地質調査業協会連合会が1966年にスタートさせた現場技術者を対象にした資格のこと。地質調査技士は①現場調査部門：現場で実際に機械等の操作を行う技術者、②現場技術・管理部門：現場技術、現場管理に精通した技術者、③土壌・地下水汚染部門：土壌・地下水汚染調査に従事する技術者の３部門がある。なお、同連合会では、成果品の電子化、地質資料データの二次利用という状況を踏まえ、2006年度に「地質情報管理士」の資格を創設した。
●実施機関：㈳全国地質調査業協会連合会
　Tel　03-3818-7411
　http://www.zenchiren.or.jp/

■地質調査業者登録制度
　土木建築に関する工事に必要な地質又は土質について、調査等を行う地質調査業を営む者が、一定の要件を満たした場合に、国土交通省の登録が受けられる制度（国土交通省告示に基づく登録制度）。この登録は任意のもので、登録の有無に関わらず、地質調査業の営業は自由に行うことができる。なお、登録の有効期限は５年間で、有効期間の満了後引き続き地質調査業を営もうとする者は、有効期間満了の日の90日前から30日前までに登録の更新申請をしなければならない。

■地籍
　土地に関する戸籍のこと。人間が土地に住みつき、居住しない土地の占有をも主張するようになるという長い過程の中で、土地に人為的な種々の性格が与えられてきた。そのため土地の位置、形質及び所有関係を明らかにすることとし、不動産登記法が整備され、一筆ごとに所在、地番、地目、地積及び所有者が記録されるようになった。なお、現在登記所に備えられている簿冊や地図は、明治初年の地租改正の検地の結果を基礎としているため不正確であり、現在不正確な地籍を改訂するための地籍調査が行われている。

※地籍調査：土地分類調査、水調査と並び、国土調査法に基づく「国土調査」の一つ。主に市町村が主体となって、一筆ごとの土地の所有者、地番、地目を調査し、境界の位置と面積を測量するもの。

■地籍調査
　⇒地籍

■地代家賃
　⇒損益計算書

■地耐力（ちたいりょく）
　地盤は、建物に加わる荷重を受けて、建物を安全に保持する役割があるが、地耐力とは、この地盤が荷重に対して耐え得る強さのこと。判定は載荷試験等により行うが、同一の地盤でも荷重の種類等により、地耐力は異なってくる。新しい盛土の締め固めが不十分であると、建物重量に地耐力が堪えきれず、沈下を起こすといった不具合が発生する。

■地中連続壁工法
　ベントナイト等を主成分にした安定液を孔内に満たして掘削壁面の安定を保ちながら地盤を掘削し、この中に場所打ち鉄筋コンクリ

ートなどの壁体を連続して構築していく工法。止水壁や土留壁あるいは地下構造物の側壁などに広く利用されている。従来の打ち込み式の鋼矢板工法が騒音・振動を伴うため、これに代わって特に都市内の建設工事ではこの地中連続壁工法の利用度が増大している。

■地方交付税

地方公共団体の税源の不均衡を調整することによって、地方税収入の少ない団体にも財源を保障し、どの地域においても一定の行政サービスを提供できるよう、国から地方公共団体に対して交付する資金。財源不足額から算定される普通交付税と、災害時などに交付される特別交付税がある。国税のうち、所得税、法人税、酒税、消費税、たばこ税の収入額の一定割合が充てられる。

■地方自治法

地方公共団体の組織や運営に関して定めている地方自治に関する基本法のこと。1947年施行。建設関係では、一定金額以上の工事などは議会の承認を受けないと、落札者が決まっていても契約することができない。入札については、最低制限価格と低入札価格調査制度のどちらでも採用することを認めている（法第234条、施行令第167条の10）。

■地方単独事業

国の補助を受けず、地方公共団体が自前の財源（地方税や地方債など）で実施する公共事業をいう。県単事業などと略される。これに対し国からの補助金など一種のひも付き財源に基づいて実施するものを補助事業という。

■地方道路税

ガソリンに課税される国税の一つ。ガソリンには揮発油税と地方道路税が課税されており、その全額が「道路整備費・道路建設費」などに充てられる。揮発油税と地方道路税は、製油所などの製造場（元売り）が製造場から油槽所などへガソリンを移出する際に課税されるので、「蔵出し税」とも呼ばれている。揮発油税と地方道路税は本来28.7円（1ℓあたり）となっているが、租税特別措置法によって2008年3月31日までの間、25.1円が上乗せされ、53.8円（1ℓあたり）となっていた。この暫定税率分（25.1円）を延長するか、廃止するかで国会で揉め、3月31日をもっていったん失効したが、2008年度税制関連法案が衆議院で再議決されたことに伴い、再び暫定税率が復活し、2008年5月1日から2018年3月31日までガソリン1ℓあたり53.8円（揮発油税48.6円、地方道路税5.2円）となった。国は税収を「地方道路譲与税」として地方自治体に全額譲与している。

■地山補強土工
　⇨連続繊維補強土工

■チャンバー

多数のダクトを集合させる場合、又は多数のダクトに分散させる場合などにその箇所で使用するボックス（ダクトの室）をいい、その他に消音を目的とする消音チャンバーもある。

■中央建設業審議会

略して中建審という。国土交通大臣の諮問機関で、学識経験者、建設工事の需要者及び建設業者である委員で構成されている。建設業に関し、最も権威ある中立的で公正な審議会である。中建審は、建設業の改善に関する重要事項等を調査審議するとともに、建設業に関する事項について関係各所に建議することができ、建設工事の標準請負契約約款、入札参加者の資格基準、予定価格を構成する諸経費基準を自ら作成し、その実施を勧告できる（建設業法第34条）。

■中央公共工事契約制度運用連絡協議会

略して中央公契連という。組織は、中央公契連をトップとして、地方の公契連（関東等）や都県の公契連がある。主な目的は、契約制度の運用の合理化を図るために、発注機

■中央防災会議

　国における防災の最高意思決定機関。地震など自然現象による災害や、大規模な火災や爆発などの人為的な災害を未然に防いだり、発生時の被害を抑えたり、災害からの復旧を図ったりする計画を策定・推進する組織。内閣総理大臣を会長とし、閣僚や学識経験者がメンバー。内閣府に事務局が設置されている。

■中間前払金

　公共工事の着工時に支払う請負代金額の40％以内の前払金に加えて、工事の中間段階にさらに請負代金額の20％以内を前払金として支払うもの。中間前払金は、国土交通省、農林水産省などの国の機関をはじめ、公団・事業団、都道府県、市町村などの地方自治体においても採用されている。特に地方自治体においては、1999年（平成11年）２月17日　地方自治法施行令及び地方自治法施行規則の一部が改正され、前払金として請負代金額の最大60％まで支出できるようになったため、中間前払金制度の導入が進んでいる。

※参照「前払金保証事業」

■中小企業

　中小企業基本法では、量的に常用従業員が300人以下又は資本金が３億円以下の企業（同法第２条）をいう。詳細は下表のとおり。なお、中小企業庁では、中小企業の方が中小企業施策を利用する際の手引書となる「中小企業施策利用ガイドブック」を発行している。各種支援策のうち、各企業が活用したい施策を探すことができる。

◆中小企業施策利用
　　　　ガイドブックについて◆
・ガイドブックの入手：中小企業庁又は最寄りの中小企業支援機関（経済産業局、商工会、商工会議所、中央会等）
・問い合わせ先：中小企業庁広報室
　Tel　03-3501-1709

※中小企業基本法における定義

業　種	常用従業員数	資本金・出資金
一般業種（製造・建設業・運輸業など）	300人以下	3億円以下
卸売業	100人以下	1億円以下
サービス業	100人以下	5,000万円以下
小売業	50人以下	5,000万円以下

※個人事業者の場合は、常用従業員数による。
産業別規模別企業数（2006年）【中小企業白書2008年版より加工】

産業区分	中小企業 企業数	中小企業 構成比%	大企業 企業数	大企業 構成比%	合計 企業数	合計 構成比%
第二次産業	947,046	22.6	2,308	18.7	949,354	22.5
第三次産業	3,250,673	77.4	10,043	81.3	3,260,716	77.5
非一次合計	4,197,719	100	12,351	100	4,210,070	100

※第二次産業：鉱業、建設業、製造業
※第三次産業：卸売業、小売業、保険業、不動産業、運輸・通信業、電気・ガス・水道・熱供給業、サービス業

■長期借入金

　⇨固定負債

■長期手形

　建設業法第24条の５第３項では、元請負人が特定建設業者であり、下請負人が資本金

4,000万円未満の一般建設業者である場合、下請代金の支払いにあたって一般の金融機関による割引を受けることが困難であると認められる手形を交付してはならないと定められている。支払期日までに「割引を受けることが困難と認められる手形」は、現金払いと同等の効果が期待できないので、下請負人の利益保護のため、その交付を禁じている。手形期間は120日以内で、できるだけ短い期間とすることが重要である。

※一般の金融機関による割引を受けることが困難であると認められる手形：「一般の金融機関」とは、預金又は貯金の受入れ及び資金の融通を併せて業とする銀行、相互銀行、信用組合、信用金庫、農業協同組合等をいい、いわゆる市中の金融業者は含まない。「割引を受けることが困難であると認められる手形」とは、その時の金融情勢、金融慣行、元請負人・下請負人の信用度等の事情並びに手形の支払期間を総合的に勘案して判断する。手形期間が120日を超えるものについては、割引困難な手形に該当するおそれがある。

■長期前払費用
 ⇒固定資産

■超高層ビル
　法律上、高さが60mを超えるビルをいう。建築基準法第20条及び同施行令第36条において、高さが60mを超えるビルに対しては、建築構造や防火構造などについて異なる制限を課していることから、高さが60mを超えるビルが超高層ビルと解されている。1963年及び1970年の建築基準法改正により、高さ制限が緩和され、容積地区制が採用されたため、高さ31mを超えるビルが建てられるようになった。それまで制限されていた31mを超えて建てられたビルを「高層ビル」という。高さ60mを超えるビルは、その高層ビルを超えたという意味で「超高層ビル」と呼ばれるようになった。

※現在の日本のビルの高さ順位

名称	所在地	高さ	階数	竣工年
横浜ランドマークタワー	神奈川県横浜市	296m	70階	1993年
大阪ワールドトレードセンタービル	大阪府大阪市	256m	55階	1995年
りんくうゲートタワービル	大阪府泉佐野市	256m	56階	1996年
ミッドタウンタワー	東京都港区	248.1m	54階	2007年
ミッドランドスクエア	愛知県名古屋市	247m	47階	2006年

■調査研究費
 ⇒損益計算書

■調停調書
　紛争の当事者が、簡易裁判所へ調停の申立てをし、調停委員会のあっせんにより、お互いに譲り合って合意ができた場合に、その結果を裁判所が記載して作成してくれる書類のこと。調停調書は、訴訟における確定判決、和解調書と同じく、強制執行ができる債務名義となる。

※債務名義：「貸した金を支払え」とか、「家を明け渡せ」などのように、債権者が債務者に対して持っている請求権があることを書面で明示して、このことについて強制執行ができることを法律上認めた公の文書。債務名義となる書類は、判決正本、調停調書正本、和解調書正本、公正証書（執行認諾文言のついたもの）、仮執行宣言付支払督促など。

■丁張り
　土工事などにおける基準面を杭や板、縄で設けたもの。構造物を現地に建設する場合、設計図の寸法を確認するため、工事の支障にならない位置に木片などで高さや幅を確認できるように縄張りを行うこと。また、この時に目印となる木片を指す。丁張りは基礎をつくるための重要な基準となる。

■帳簿

　営業所ごとに、営業に関する事項を記載したもの（磁気ディスク、パソコン等に備えられたファイル等でもよい）。建設業法（第40条の3）では、営業所ごとに、営業に関する事項を記載した「帳簿」の備付け、保存を義務付けている。営業に関する事項とは、①営業所の代表者氏名、代表となった年月日、②請け負った工事と下請に出した工事に関する工事名、現場所在地、契約日、契約相手の名称・許可番号、完了検査・引渡の日、③下請代金の支払状況に関する所定事項をいう（同施行規則第26条第1項）。また、必要な添付書類については、①契約書（又は写し）、②下請代金を支払った際の領収書等（又は写し）、③工事現場閉鎖後の施工体制台帳のうち、監理技術者及び全下請負人に関する名称・許可番号、担当工事の内容、工期・主任技術者等について記載された部分となっている（同施行規則第26条第2項）。保存期間は、当該建設工事の目的物を引き渡した時から5年間。なお、2008年11月28日施行　改正建設業法により、①完成図、②発注者との打ち合せ記録、③施工体系図、が保存の義務付け図書に加わった。これらの保存期間は引き渡しから10年間。

■直接工事費

　工事目的物をつくるために現場で直接必要とする費用。材料費、労務費、直接経費（特許使用料、水道光熱電力料、機械経費）により構成される。

■直轄工事負担金

　国道や一級河川などのうち、国が直接管理する区間の工事費や維持管理費について、受益者である都道府県が、道路法や河川法などの規定により応分の負担をすること。河川では、河川法第60条により通常工事では2分の1、大規模工事では10分の3、その他改良工事に要する費用にあっては3分の1、維持修繕については10分の4.5の負担率が定められている。道路では、道路法第50条により新設・改築工事では3分の1、維持・修繕費では10分の4.5の負担となっている。

■賃金台帳

　賃金計算の基礎となる事項及び賃金の額その他事項を、賃金の支払の都度記入した元帳をいう。使用者は、事業所ごとに賃金台帳を作成しなければならない（労働基準法第108条）。賃金台帳に記載すべき必要事項は、①氏名　②性別　③賃金計算期間　④労働日数　⑤労働時間　⑥基本給、手当その他の賃金の種類ごとにその金額　等について、労働者各人別に記入しなければならない（同施行規則第54条第1項）。なお、賃金台帳は最後の記入をした日から3年間保存しなければならない（同法第109条）。

■沈埋工法（ちんまいこうほう）

　海底トンネルの施工法の一つ。あらかじめ地上で製作したトンネルブロック（沈埋函）を海底（水底）に掘った溝に沈め、順次接続してトンネルにする工法のこと。ちなみに、沈埋工法によって日本で初めて建設されたトンネルは、安治川トンネルである。

※安治川トンネル：大阪市を流れる安治川（あじがわ）の河底を横断するトンネル。日本で最初に沈埋工法でつくられたトンネルで、昭和19年に開通。エレベーターで地下に行き、河底のトンネルを歩いて、再びエレベーターに乗り向こう岸に出ることができる。

つ

■追認（ついにん）

　本来ならば効果の生じない法律行為に、効果を生じさせる意思表示をいう。追認には次のような規定が設けられている。①無権代理人の行為は本人に効果を及ぼさないが、本人が追認すれば行為の時にさかのぼって効果を生ずる（民法第113条、第116条）。②無効な法律行為は当事者がこれを知ったうえで追認すると、そのとき新たな法律行為をしたのと同様に扱われる（同法第119条）。③取り消す

ことができる法律行為を追認すると、確定的な（もはや取り消しできない）ものとなる（同法第122条）。④民事訴訟において、訴訟能力、法定代理権又は訴訟代理権の欠けた者がした訴訟行為は無効であるが、後に、能力を取得した者、訴訟代理権を与えられた者が追認すれば、行為の時にさかのぼって有効となる（民事訴訟法第34条第2項、第59条、第312条第2項）。

■通常必要と認められる原価

　工事を施工するために、一般的に必要と認められる価格。建設業法第19条の3において、通常必要と認められる原価に満たない金額を請負代金の額とする契約を禁止している。通常、建設工事の価格は、①直接工事費（材料費や工事費等、工事目的物の施工に直接必要な経費）、②共通仮設費（現場事務所の営繕費や安全対策費等、工事全体にまたがって使う経費）、③現場管理費（現場社員の給与等、工事を監理するために必要な経費）、④一般管理費（会社の営業部門や管理部門の人件費や経費等）、⑤利益、の5つの要素により構成されている。建設業法にいう「通常必要と認められる原価」とは、当該工事の施工地域において、工事を施工するために一般的に必要と認められる①～④の経費の合計値とされている。

■通信交通費
　⇒損益計算書

■継手と仕口（つぎて・しぐち）

　部材をその材軸方向に継ぐ方法又はその接合部を継手といい、方向の異なる部材を接合する方法又はその接合部を仕口という。木材の場合、継手が用いられるのは、土台、梁、桁、胴差（どうさし）、大引（おおびき）、根太（ねだ）、母屋、たる木等であり、追掛け大栓継ぎ（おっかけだいせんつぎ）、腰掛あり継ぎ（こしかけありつぎ）等各種の継手がある。また、仕口は、柱・梁・桁、土台のL字部などに現れ、部材が重なって交差する場合には、相欠き（あいがき）、渡りあご等が用いられ、一方の部材が他方の部材にぶつかりT字形をなす場合には、ほぞ差し、大入れを基本とする各種の仕口が用いられる。

■ツー・バイ・フォー工法

　アメリカ、カナダなど北米を中心に発達した木造住宅建築工法。建築基準法等では「枠組壁工法」という。住宅の構造材に断面サイズ2×4インチ（1インチは2.54cm）の製材が最も多く使用されていることから「ツー・バイ・フォー」と呼ばれている。2×4材で構造体をつくり、構造用合板や石膏ボードなどで壁・床を構成する。木材が表面に現れないため、耐火性が高く、枠組材で密閉された空間をつくるため延焼しにくい。また、高い強度と機密性を持ち、耐震性にも比較的優れている。日本では建設省（当時）が1974年8月、正式に建築基準法の一般工法と認めた。

■坪庭

　本来は木造住宅の堀や垣根、建物などで囲まれた建物の内部に、光や風を取り入れるためにつくられた、比較的狭い庭のことをいう。旅館や料亭などの和風建築物において、情緒的な演出効果を高める効果がある。最近では一戸建てだけではなく、マンションでも取り入れられるようになった。メインバルコニーとは別に玄関ホールや居室に面して設置され、「インナーバルコニー」と表現されることが多い。浴室の窓越しに戸外の風景を楽しめるようにつくられるバスコートも坪庭の一種。

■吊り足場

　上から吊った足場のこと。高所作業で下から足場を設けられない場合に用いることが多い。ボルト締め、鉄筋組立、現場溶接などの足場として使用される。
※「足場」

■ツールボックス・ミーティング

　小グループの職場安全常会のこと。職場の

適当な場所で、職長を中心にして、その日の作業の内容や方法・段取り・問題点について短時間で話し合ったり、指示伝達を行う。工具箱（ツールボックス）に座って行うことがあることから、このような名称がついている。

て

■出合い丁場（であいちょうば）

　同じ場所で2つ以上の業者が工事をすること。工事を進める際、工種の異なる工事（施工者が異なるときもある）が、同一現場で同時に進行する状況をいう。それぞれの工事の段取りを上手に行わないと時間のロスが生じたり、人員や施工機械などが錯綜するため、労働安全衛生上慎重な対応が必要となる。

■定額法

　減価償却費の計算方法のうち、毎期同額ずつ費用計上していく方法。減価償却の対象となる有形固定資産について、取得原価、残存価額、耐用年数を調べ、取得原価から残存価額を控除した要償却減価を耐用年数で除して毎期の減価償却費を計算する。

※事例：取得原価1,000　残存価額100　耐用年数5年間の場合
　毎年の減価償却費
　　　　　　　＝（1,000−100）÷5＝180

※参照「減価償却」

■定額保護
　⇒預金保険機構

■定期借地権

　契約時にあらかじめ借地期間を定め、その期限がきた時に契約の更新がなく、建物を取り壊して更地にして返還する必要がある借地権。契約期間が50年以上の一般定期借地権、同10年以上20年以下の事業用定期借地権、そして同30年以上で、建物付で土地を返還できる条件の付いた建物譲渡特約付借地権がある。

■定期借地権付き住宅

　新借地借家法（1992年8月1日施行）で創設された定期借地権を使った住宅。マイホームの分譲で主に利用されるのが一般定期借地権付きの住宅。これは土地を地主から50年以上の契約で借り、そこに建物を建てる。契約時には保証金又は権利金を支払い、契約期間中には地代を土地所有者に支払う。契約期間が終了したら建物を取り壊し、更地にして返還しなければならない。土地を所有する場合より、低い価格で住宅を購入できるメリットがある。

■定期借家権

　賃貸借契約で定めた契約期間が満了すると、契約が更新されず、賃貸借が終了する借家権のこと。「良質な賃貸住宅等の供給の促進に関する特別措置法」（2000年3月1日施行）で新たに認められた。正当事由制度が適用されず、法定更新ということがなく、合意をしても契約が更新されることはない。借家人が引き続き居住を続けたい時は、再契約をすることになる。

■定期・設計変更協議部分払い方式

　定期的に細かい頻度で部分払い、設計変更協議を実施し、前払金を全体工期で均等割した金額以上に出来高に応じて支払う方式。この方式により、①工期末に一括して設計変更を実施せず、新規工種などの発生に伴った設計変更協議と変更契約を速やかに実施することで、設計変更を巡るトラブルが減少するという、双務性のある設計変更となる　②月ごとに出来高に応じた工事代金を支払う（定期的な部分払い）ため、受発注者間のコスト意識が醸成できる　③支払いを毎月行うことで、工事代金が従来以上に速やかにすべての下請業者にまで到達することで、公共工事の経済効果が早期に発現する　④工事代金の支払い回数が増えるため、工事資金の調達に伴う施工者などの金利負担が軽減し、受注者の財務状況が改善されるなどの効果が期待されている。

■ディスクロージャー

企業が株主・債権者などの投資者や取引先を保護するために、経営成績・財政状態・業務状況等の内容を公開すること。投資家や取引先といったステークホルダーに対して、重要な判断材料を提供することになるため、情報開示のスピードはもちろん、情報の質が問われる。ディスクロージャーを強化することによって、企業活動の透明性を高め、不正行為などを食い止める効果もある。企業の社会的責任（CSR）の観点からも、ますます情報開示の重要性が高まっている。

■ディーゼルハンマー

ディーゼルエンジンと同様な作動原理（ピストンの落下によりシリンダー内の重油と空気の混合ガスが圧縮され燃焼爆発を起こし、このエネルギーを杭頭に与えるとともにピストンを上昇させて、反復打撃を自動的に行う）により、反復打撃を自動的に行う杭打ちハンマー。打撃力が大きなこと、電源が不要なこと等が優れた特徴であるが、大きな騒音と振動が発生する欠点がある。

■低炭素社会

二酸化炭素の排出が少ない社会のこと。地球温暖化の主因とされる温室効果ガスの一つ、二酸化炭素の排出量が少ない産業・生活システムを構築した社会。平成19年度の日本の環境・循環型社会白書において提唱された。福田内閣で積極的に地球温暖化対策として「低炭素社会」をキーワードとするキャンペーンを洞爺湖サミット（平成20年7月開催）に向け実施した。

■抵当権

債権者が、債務者又は担保を提供する第三者（物上保証人）から提供された不動産を、提供者に使用させたまま担保にとり、債務者が期限までに債務の履行をしない場合に、その不動産を競売するなどして優先的に弁済を受ける権利（民法第369条）。物的担保の主流として、広く利用されている。抵当権は契約により設定されるが、これを他の債権者等に主張できるためには、抵当権設定登記をしなければならない。

■低入札価格調査制度

異常に低い価格の入札の場合、原価割れ受注や低価格入札による疎漏工事防止のため、調査のうえ最低価格でも落札者としないことができる制度。なお、その際には、次順位の者が落札者となる。なお、地方公共団体の工事では、国の会計法では認められていない「最低制限価格（ロアーリミット）」制度が地方自治法で認められており、制限価格を下回った場合には自動的に失格となる。

■底盤（ていばん）

鉄筋コンクリート（RC）造の基礎構造物の一部をいう。建物の垂直荷重を支持地盤に直接伝達するため基礎梁の下部に設けたスラブを指す。「水圧盤」「耐圧盤」「礎版」ともいう。

■定率法

減価償却費の計算方法のうち、毎年定率の償却費を用いて減価償却費を計上していく方法。毎期の期首未償却残高に一定率を乗じて減価償却費を計上する方法である。初めのうち償却費は多額であるが、毎期の費用計上額が逓減していく。

※事例：取得原価1,000　残存価額100　耐用年数5年間（償却率0.369）の場合
1年目減価償却費　＝1,000×0.369＝369
2年目　＝（1,000−369）×0.369＝233
3年目
＝（1,000−（369+233））×0.369＝147

※参照「減価償却」

■ティルトアップ工法

昭和30年代前半に、日本住宅公団（住宅・都市整備公団の前身）を中心に開発されたPC工法（プレキャスト工法）によるコンクリート造中層アパートの建築工法。ルームサ

イズの大型プレキャストコンクリート版を現場工場で打ち、クレーンによって立て起こして（ティルトアップ）組立て、版相互を接合金物の溶接によりジョイントして建物をつくりあげるもの。昭和33年10月に竣工した「公団多摩団地（東京都日野市多摩平）」のテラスハウス（各戸に専用庭がついた長屋風の住宅）は、日本で初めてティルトアップ工法で建てられた。

■手形交換所
　一定の地域内に所在する金融機関が申し合わせによって、定時に決まった場所へ約束手形や小切手などを持ち寄って、その決済交換を行う場所。各地にある銀行協会などにより設置・運営されている。手形交換所には手形交換所規則という取り決めがあり、その手形交換にかけることのできる証券類を限定している。また、手形・小切手の信用を維持するため、取引停止処分という制度がある。これは、資金不足などにより、手形や小切手の決済ができなくなった場合、その手形類は不渡りとなり、6ヵ月の間に2回不渡りを起こすと、当該手形交換所で取引をする全ての金融機関との間で、当座取引及び貸出取引が2年間禁止される。

※参照「銀行取引停止処分」

■出来形
　公共工事標準請負契約約款にいわれる請負代金に対する部分完成額のこと。一般に建設物の「形として出来上がった部分」の額をいう。建設工事について請負代金の部分払、中間払などに使用される出来形査定の方法は、発注者によって多少異なるが、多くは目的物の出来上がった形を基準としている。出来形の計算は一般に請負代金内訳書により、直接工事費に間接費を配賦した額の総工事費に対する割合とされる。

■出来高
　建設業界では一般に「工事進捗」といわれているもの。請負者内部の工程的原価管理に用いられているもので、基本的には出来形の考え方と同じである。請負者側の工事進捗は形としての完成に関係なく、その工事に対する先行投資や準備費など出来形に含まれない費用の発生等を含めて考えているものが出来高である。

■テクリス
　測量調査設計業務実績情報システム（TEchnical Consulting Records Information System）。公共発注機関並びに公益民間企業が発注する業務実績情報をデータベース化し、発注機関及び企業に対して情報提供するシステム。㈶日本建設情報総合センター（JACIC）が運営している。

■デジタルATC
　⇒ATC

■手すり壁
　⇒パラペット

■手すり先行工法
　⇒足場

■鉄筋工事
　建設業法第2条に規定する建設工事の一つ。棒鋼等の鋼材を加工し、接合し、又は組立てる工事をいう。具体的工事例として、鉄筋加工組立て工事、ガス圧接工事などがある。

■鉄筋の露出
　コンクリートの亀裂等の原因により、コンクリートが剥離し工作物に埋設された鉄筋が露出することをいう。鉄筋コンクリートの建物は、鉄筋とこれを保護するコンクリートによってその安全性が確保される。コンクリートのアルカリ性は鉄筋が酸化して錆びることを防ぐとともに、その不燃性は火災の熱から鉄筋が弱くなることを防いでいる。これらの役割を持つコンクリートに亀裂が生じ剥落を起こすようなことがあれば、鉄筋は急速に錆

びて弱くなり、火災時には直接熱を受けて軟化してしまう。コンクリートが剥落して鉄筋が露出することは、建物にとって致命的な出来事である。直ちにコンクリートやモルタルで修繕をして、鉄筋を保護する手当てを行う必要がある。

■デットとエクイティ（DebtとEquity）
　資金調達方法の区分。デットとは有利子負債のことで、デットファイナンスは、銀行借入金や社債等により調達された将来償還や返済義務のある資金のこと。エクイティとは株式のことで、エクイティファイナンスは、新株式発行を伴う資金調達のこと。

■てっぽう水
　⇒土石流

■デノミ
　⇒デノミネーション

■デノミネーション
　通貨の呼称単位を切り下げること。略称はデノミ。急激なインフレのため金額の表示が膨大になってしまったような場合に、例えば、現在の100円を新しい1円と呼び変えること。計算、記帳、支払いなどの手続きが煩雑になるのを回避する目的で実施される。

■デファクト・スタンダード
　国際標準化機構（ISO）や日本工業規格（JIS）などの標準団体による公的な標準ではなく、市場での競争を通して決まる事実上の業界標準。技術革新のスピードが速い先端産業では、公的標準化がどうしても遅れるから、業界で自主的に標準化を進めなければならない。そのため各製品の間である程度の互換性を保たなければならず、規格を統一する必要がある。そのためにデファクト・スタンダードがつくられるが、その過程では激しい規格競争が展開される。自社の規格がデファクト（ラテン語で「事実上の」の意）になると、大きな利益が入手できる。米国マイクロソフト社のパソコン用基本ソフト「Windows」のように業界標準の座につくと業界で支配的地位に立てるため、企業戦略上、重要なテーマとなっている。

■デフレ
　⇒デフレーション

■デフレーション
　国全体の物価が継続的に下落する現象。略称はデフレ。需要と供給のバランスが崩れた時に起こる。不景気で物が売れない時にデフレになりやすい。

■デフレーター
　ある経済量の金額表示の値を、時間的に、その数量だけの変動として比較できるように、その間の価格変動による影響を取り除いた数値に直すために用いられる価格指数のこと。例えば、建設工事費は年ごとに資材や人件費などの物価変動があるため、実績額を単純に比較することができない。このため基準年からさかのぼって物価上昇率を加味した係数で割り戻し（あるいは現在価格に修正）して、工事額を比較する場合の価格修正指数のこと。

■デベロッパー（Developer）
　開発業者。大規模な住宅開発や都市開発、リゾート開発などをする業者のこと。宅地造成や都市基盤の整備に始まり、オフィスビルの建設やマンション分譲といった事業の主体となる団体・企業を意味する。都市再生機構などは公共デベロッパーと呼ばれるため、比較的資本の大きな不動産会社、開発部門などを持つ私鉄・商社・ゼネコンなどは民間デベロッパーと呼ばれている。また、規模の小さいものでも例えば、一戸建ての建売業者などもデベロッパーと呼ぶこともある。

■手簿（てぼ）
　⇒野帳（やちょう）

■デューデリジェンス（Due Diligence）

　資産の適正評価手続き。不動産や債権、プロジェクトや企業が持つ収益性やリスクなどを、複数の観点から詳細・公正に調査してその価値を算定する業務。投資実行後に不測の損失やリスクが発生することを避ける目的で実施される。

■テラゾー

　大理石のように仕上げた人造石。白色セメントに大理石や花崗岩の砕石を混ぜて固め、表面を磨いて大理石のような美しい模様に仕上げた加工石のこと。天然石と比較すると安価で、耐久性に優れている。現場で練ってから磨く現物テラゾーと、あらかじめ大判のタイル状になった製品を張り付ける場合がある。

■デリニェーター（デリネーター）

　車道の側方に沿って道路線形などを明示し、特に夜間におけるドライバーの視線誘導を行うもの。視線誘導が良好になる事で、ドライバーが容易に道路線形や勾配を把握できることから、安全、快適な走行が可能となり、交通事故の防止にも効果がある。デリニェーターは、土中に立て込むタイプやガードレールに取り付けるタイプがあり、支柱と自動車のライトを反射する丸い反射体から構成されている。また、積雪地では、デリニェーターにスノーポールを添加し、積雪時においても道路端が確認できるようにしている。

■デリバティブ

　金利・債券・為替・株式・商品等から派生した取引の総称。金融商品を原資産とするものがほとんどであることから、金融派生商品とも呼ばれる。将来の金利や相場の変動を予測して取引するもので、主にリスクヘッジ目的や投機目的に利用されるケースが多い。デリバティブの代表例としては、①「先物取引」（将来における特定の時期に、事前に決定した価格で現物商品を売買することを約束する取引）、②「オプション取引」（あらかじめ決定された価格により、一定期間中に商品を売買する権利を取引する）、③「スワップ取引」（種類の異なる金利や通貨をやり取りする取引）があげられる。

■電気工事

　建設業法第2条に規定する建設工事の一つ。発電設備、変電設備、送配電設備、構内電気設備等を設置する工事をいう。発電設備工事、送配電線工事、引込線工事、変電設備工事、構内電気設備（非常用電気設備を含む）工事、照明設備工事、電車線工事、信号設備工事、ネオン装置工事などがある。

■電気工事士（国家資格）

　電気工事の欠陥による災害の発生を防止することを目的として、電気工事に関する専門家を認定する国家資格。電気工事士には第一種電気工事士と第二種電気工事士があり、小規模工場やビル等（最大500kW未満の需要設備）の電気工事に必要なのが第一種。住宅や小規模店舗等（一般用電気工作物）の場合、第一種又は第二種電気工事士の資格で行うことができる。第一種又は第二種電気工事士は、建設業法における主任技術者（電気工事）及び一般建設業の営業所専任技術者となり得る資格である。

●関連団体：㈶電気技術者試験センター
　Tel　03-3552-7691
　http://www.shiken.or.jp/

■電気工事施工管理技士（国家資格）

　電気工事に関する高度な知識と応用力をもつ者として、管理・監督業務を行うための国家資格。主に指導・管理業務を行う1級電気工事施工管理技士と、技術者として施工管理を行う2級電気工事施工管理技士がある。1級電気工事施工管理技士は、建設業法における監理技術者（電気工事）及び特定建設業の営業所専任技術者となり得る資格であり、2級電気工事施工管理技士は、主任技術者（電気工事）及び一般建設業の営業所専任技術者となり得る資格である。

※注：監理技術者及び特定建設業の営業所専任技術者となり得る資格を有する者は、主任技術者及び一般建設業の営業所専任技術者となり得る。

●実施機関：㈶建設業振興基金
　Tel　03-5473-1581
　http://www.kensetsu-kikin.or.jp/

■電気主任技術者（国家資格）

　電気工作物の安全確保のため、電気工作物の工事、維持、運用に関する保安の監督者として認められた国家資格。電気主任技術者には第一種、第二種及び第三種電気主任技術者の3種類があり、電気工作物の電圧によって必要な資格をもつ電気主任技術者を選任することが義務付けられている。電気主任技術者（一種・二種・三種）は、建設業法における主任技術者（電気工事）及び一般建設業の営業所専任技術者となり得る資格である。

●関連団体：㈶電気技術者試験センター
　Tel　03-3552-7691
　http://www.shiken.or.jp/

■電気通信工事

　建設業法第2条に規定する建設工事の一つ。有線電気通信設備、無線電気通信設備、放送機械設備、データ通信設備等の電気通信設備を設置する工事をいう。具体的工事例として、電気通信線路設備工事、電気通信機械設置工事、空中線設備工事、データ通信設備工事、情報制御設備工事（コンピュータ等の情報処理設備の設置工事を含む）、TV電波障害防除設備工事などがある。

※既に設置された電気通信設備の改修、修繕又は補修は「電気通信工事」に該当する。なお、保守（電気通信施設の機能性能及び耐久性の確保を図るために実施する点検、整備及び修理をいう）に関する役務の提供等の業務は「電気通信工事」に該当しない。

■電気通信工事担任者（国家資格）

　電気通信事業者と利用者間のネットワーク接続のスペシャリストとして認定される国家資格。電気通信回線に端末設備又は自営電気通信設備の接続工事を行い、又は監督する者の資格。2005年8月1日より新制度となり、IP時代に適合する資格制度として生まれ変わった。IP系サービス（デジタル）を中心とする「DD第一種～第三種」と、従来の電話サービス（アナログ）を中心とする「AI第一種～第三種」、及びデジタルとアナログを総合的に取り扱う「AI・DD総合種」に区分されている。

●実施機関：㈶日本データ通信協会
　Tel　03-5907-6556
　http://www.dekyo.or.jp/

■天空率（てんくうりつ）

　建築基準法の改正（平成15年1月施行）により新たな高さ制限の考え方として導入されたもので、天空率とは、地上の一定の位置から天空を見上げたときに、実際に見える天空の割合を数値化したもの。計画建物が所定の算定位置において、斜線制限に適合する建築物の天空率以上であれば、斜線制限に適合する建築物と同程度以上の採光、通風等が当該位置において確保されるものとして、斜線制限の適用が除外される。この天空率を使うことにより、斜線制限によって切り取られ不整形にならざるを得なかった建築物の形を整形にすることができ、建築構造の単純化（合理化）による建築コストの削減ができる。また、基準容積率の限度いっぱいに建築することが可能となる。緩和の対象となる高さ制限は、道路斜線、隣地斜線、北側斜線であり、日影規制や条例による高度斜線などは緩和の対象とはならない。

■電子商取引（Electronic Commerce）

　インターネットなどのネットワークを使って、受発注、契約、決済を行う取引形態。Eコマースともいう。電子商取引は大きく3つに分けられ、①企業同士の取引（B to B）②企業・消費者間の取引（B to C）③消費者同士の取引（C to C）がある。特にB to C取引においては、実際に商品を手にとって見る

ことができない欠点があるものの、商品の返品を認めたり、商品の細部の写真を掲載するなど工夫をしており、格安で高速なインターネットの常時接続環境が広まったことにより、ユーザー層が急拡大しBtoC取引が目覚しい普及を遂げている。

※企業同士の取引（Business to Business）：売り手と買い手がWebサイトなどを使ってオープンな取引を行う電子市場や、企業内で抱えていた業務をネットワークを通じてアウトソーシングするASPなどがある。

※企業・消費者間の取引（Business to Consumer）：企業がWebサイトに商品カタログを掲載し、消費者がWebブラウザから商品を購入するタイプが代表的。他には、オンライン証券取引、ホテルや航空券の予約サービス、銀行の残高照会や振込みができるオンライン・バンキングなどがある。

※消費者同士の取引（Consumer to Consumer）：Webサイト上でオークションを行うオンラインオークションが代表的。

■電子政府

　政府や自治体への申請や届出をインターネットで手続きできるようにする構想。公共工事などの業務発注や、住民票登録などの各種手続き、行政文書の管理などに活用することにより、業務の効率化とコスト削減、サービスの質の向上を図ることが目的。2006年から、2010年を展望した政府の新しい「電子政府推進計画」が始まっている。納税や社会保険給付、不動産関係などの申請手続きが既にオンライン化されている。行政手続きの大半をペーパーレス化することを目指しているが、実現できれば役所への手続きが自宅のパソコンから行えるようになり、行政の持つ様々な情報がインターネットを通じて閲覧できるようになる。反面、セキュリティ対策など、課題は多いとの指摘もある。

■電子入札

　国や地方公共団体等が発注する工事などの入札手続きを、インターネット上で行うシステム。通常のインターネット利用と比べて高度なセキュリティレベルが必要となるため、国土交通省などでは電子証明書をICカード形式で発行することにより、本人なりすまし等の不正入札を防止している。2001年秋から導入が始まった。入札に参加するための移動回数が大幅に減少するとともに、書類作成などの業務の効率化が期待されている。

■電子納品

　⇒公共工事総合プロセス支援システム

■天井高

　床から天井までの高さのこと。マンションなどにおいては、一般的に台所・洗面所・トイレなどの水回りは低めになる。その理由は天井裏に換気ダクトが設置されているためである。居室の天井の高さについては、建築基準法施行令第21条で、2.1m以上でなければならないと定められている。天井高が高ければ開放的な雰囲気が味わえるので、リビングやダイニングは天井高が高い場合が多い。

■点蝕（てんしょく）

　アルミサッシの外側の表面に点状に腐蝕が現れる状態をいう。建築用のアルミは合金アルミで各種の防蝕加工が施されているが、鉄道沿線、海浜地帯、都心部等では、アルミの表面に鉄粉、海塩粒子、粘着力のある汚染物質が付着したりする。その場合、付着物とアルミニウムとの間で局部的に電流が発生することが多い。そのためアルミ表面が局部電流に侵されて点状に腐蝕が発生する。半年に1回くらいは十分清掃して、表面の異物が付着しないように心掛けることが必要である。

■電蝕（でんしょく）

　金属がイオン化傾向の大きい他の金属と接触すると、局部的に電流が流れ、その部分の組織が破壊される現象をいう。異種金属が接触しなくても、土中の迷走電流により基礎用鋼管杭が電蝕を起こすこともある。電蝕を防ぐため異種の金属と接触しないような設計を

行うとともに、接触したとしても表面の塗装によって直接には触れないように考慮する。例えばアルミサッシと、左官用鉄製ラス（下地材）とが開口部回りで接触する可能性が大きい場合には、あらかじめルーフィングで十分養生するなどの工夫が必要となる。

■転付命令（てんぷめいれい）

債務者の財産に対する強制執行の一つ。差押えた金銭債権を支払いに代えて券面額で差押え債権者に転付する執行裁判所の裁判のこと。強制執行ができるのは、不動産や動産だけでなく、債務者が持っている預金や第三者に対する債権も、差押さえることができる。

と

■当期純利益

経常利益に特別利益、特別損失を加減して計算された税引前当期利益あるいは税引前当期損失から、さらに税額を控除して計算される利益。マイナスの場合は、当期純損失となる。特別利益、特別損失は、反復して発生することのないものである。火災や水害による建物の破損といった損失、固定資産の売却による利益や損失、前期損益の修正額がこれにあたる。

※特別利益

前期損益修正益	・前期以前に計上された損益の修正による利益。ただし、金額が重要でないもの又は毎期経常的に発生するものは、経常利益（経常損失）に含めることができる。
その他	・固定資産売却益、投資有価証券売却益、財産受贈益等異常な利益。ただし、金額が重要でないもの又は毎期経常的に発生するものは、経常利益（経常損失）に含めることができる。

※特別損失

前期損益修正損	・前期以前に計上された損益の修正による損失。ただし、金額が重要でないもの又は毎期経常的に発生するものは、経常利益（経常損失）に含めることができる。
その他	・固定資産売却損、減損損失、災害による損失、投資有価証券売却損、固定資産圧縮記帳損、異常な原因によるたな卸資産評価損、損害賠償金等異常な損失。ただし、金額が重要でないもの又は毎期経常的に発生するものは、経常利益（経常損失）に含めることができる。

■凍結工法

「水を冷やすと凍る」という物理現象を利用して、地盤を凍らせ凍土をつくり、凍土の強度及び遮水性の良さを利用する工法。地下水が豊富な場所で地山安定の目的が達しにくい場合などに採用される工法で、低温液化ガス方式とブライン方式があるが、一般に土木分野の補助工法として採用されているのは、ブライン方式である。

※ブライン方式：ブライン（不凍液）を冷凍機を使って−20℃から−30℃に冷却し、地盤中に埋設した凍結管に循環ポンプで送り込んで地盤を冷却する。

■倒産

企業が経済的に破綻し、正常な経営活動を行えなくなること。倒産は法律用語ではなく、一般的には、経営が行き詰まり、支払いができなくなった状態をいう。「倒産」と呼ばれる状態は、①銀行取引停止処分を受けた場合（6ヵ月以内に2回の不渡りを出した場合の処分）、②企業が法的倒産手続きを申請した場合（会社更生・民事再生・破産・特別精算）、③私的整理に入った場合である。

■投資活動キャッシュフロー
　⇒キャッシュフロー計算書

■投資その他の資産
　⇒固定資産

■投資的経費

　道路の整備や施設建設など、その経費の支出の効果が短期的に終わらず、将来にわたる資本の形成に向けられる経費のこと。地方自治体の予算科目では、普通建設事業（補助事業と単独事業に分けられ、国の直轄事業負担金を含む）・災害復旧事業・失業対策事業を指す。

■投資有価証券
　⇨固定資産

■同時履行の抗弁権（どうじりこうのこうべんけん）

　双務契約の当事者が、「相手方が債務を提供するまでは自己の債務を履行しない」と主張できる権利（民法第533条）。例えば、土地の売買の場合、売主は土地の売買代金を全額支払ってもらうまでは、土地の所有権移転登記に応じなくてもよいということになる。

※双務契約：売買契約では、売主は品物を引き渡す義務を負い、買主は代金支払義務を負うように、お互いが義務を負担する契約を双務契約という。

■動力用水光熱費
　⇨損益計算書

■道路管理者

　道路法上の道路の管理に関し権能を有する者のこと。道路の管理とは、道路の新設、改築、維持・修繕、道路の占用許可など道路本来の目的を達成するために行われる一切の行為をいい、その管理の内容によっては道路管理者が異なることがあるが、基本的には下表のとおりである。

※道路管理者

道路の区分		管理者
高速自動車国道		国土交通大臣（高速自動車国道法第6条）
一般国道	指定区間内	国土交通大臣（道路法第12条、第13条）
	指定区間外	都道府県知事・指定市の長（道路法第13条、第17条）
都道府県道		都道府県知事・指定市の長（道路法第15条、第17条）
市町村道		市町村長（道路法第16条）

■登録基幹技能者

　建設現場の実態に応じた施工方法を技術者に提案する一方、現場の技能者を束ね、指導、統率しながら優れた建設生産物をつくり上げる熟練技能者。上級職長に位置付けられる有能な技能者といえる。平成20年4月改正建設業法で経営事項審査の加点対象となった（1人あたり3点）。従前は、各職種団体がそれぞれ独自で講習を行い、「○○基幹技能者」として認定していたが、経審加点を機に国土交通省が講習実施機関として登録した資格運営団体の講習を受けることで、「登録○○基幹技能者」の資格が取得できることになった。

※参照「基幹技能者」

■登録建設業経理士

　従来の1級及び2級建設業経理事務士検定試験の合格者、平成18年度以降の1級及び2級建設業経理士検定試験の合格者を対象とし、㈶建設業振興基金が実施する登録講習会を修了した者に与えられる称号。2009年（平成21年）から実施予定。従来から実施していた1級及び2級を対象とした「ステップアップ講習会」を発展させた「登録講習会」を実施し、修了者を「登録1級建設業経理士」又は「登録2級建設業経理士」として通常の合格者とは別に実務者登録を行い、5年間有効のカード式登録証を交付することにしている。

■登録免許税

登記、登録、許認可等を受ける場合に、国に納付する国税（登録免許税法第2条）。不動産に関する登記の申請者を納税義務者とし（所有権の保存登記の場合は申請者、移転登記、抵当権設定登記等、登記権利者・登記義務者による共同申請の場合は双方）、不動産の価額を課税標準とする。不動産の登記の際の課税標準は時価であるが、当分の間、固定資産課税台帳に登録されている価格とされ、登録価格のないものは登記官が認定した価格となる。所有権の保存の税率は0.4％、売買による所有権の移転の税率は2％（平成18年4月1日から平成21年3月31日までの土地の売買によるものは1％）、抵当権設定登記の税率は0.4％となる。なお、一定の新築住宅の所有権保存登記・移転登記、一定の既存住宅の移転登記、一定の抵当権設定登記には税率軽減の特例がある（租税特別措置法第72条の2、第73条、第74条）。

■道路公団民営化

　高速道路を建設・運営する日本道路公団など4公団の民営化のこと。4公団（日本道路公団・首都高速道路公団・阪神高速道路公団・本州四国連絡橋公団）は、採算の悪い道路建設を進めた結果、債務が膨張した。経営効率化で危機打開をはかるため、2004年に6社に再編、05年10月に民営化し、東日本高速道路㈱、中日本高速道路㈱、西日本高速道路㈱、首都高速道路㈱、阪神高速道路㈱、本州四国連絡高速道路㈱の6社が誕生した。道路資産と債務は独立行政法人「日本高速道路保有・債務返済機構」に引き継がれ、民営道路会社は高速道路の新規建設や管理、サービスエリア経営を担っている。高速道路を保有・債務返済機構から借り、通行料収入の中からリース料を機構に支払う仕組。民営化に際して6社と国土交通省は協定を結び、①国が定めた高速道路整備計画（9,342km）にうち未整備の約1,100kmを2020年までに建設する、②約40兆円の債務を2050年度までに返済して、すべての高速道路を無料開放する——ことを確認した。

■道路特定財源

　受益者負担（道路を多く利用する人ほど整備による受益が大きいことから、利用に応じて整備費を負担していただく）の考え方に基づき、道路の整備費を自動車利用者が負担する制度。国の道路特定財源を構成する税としては、揮発油税・石油ガス税・自動車重量税の3税。地方の道路特定財源としては、軽油引取税・自動車取得税・地方道路譲与税・自動車重量譲与税・石油ガス譲与税の5税である。公共事業の見直しと財政改革の中で、道路整備のみに使途目的が限定されている税は改めるべきだという議論の対象になっている。2005年12月に政府・与党がまとめた基本方針では、将来的に一般財源化することが明記されている。

■道路法

　道路網の整備のため、道路に関して認定、管理、保全や費用の分担区分等に関する事項を定め、もって交通の発達に寄与することを目的として昭和27年に制定された法律。この法律では、「道路」とは、一般交通の用に供する道で、高速自動車国道・一般国道・都道府県道・市町村道をいい、トンネル・橋・道路用エレベーター等道路と一体となってその効用を全うする施設又は道路の付属物等を含んだものと定義している（第2条）。

■特殊株主
　⇒総会屋

■特殊建築物

　①不特定多数の者の用に供する、②多数の者が就寝の用に供する、③火災発生のおそれ又は可燃物の量が多い、④周辺に及ぼす公害等の影響が大きい等の特性を有し、防災上、環境・衛生上、特段の配慮の必要性が高い建築物のこと。具体的には学校、体育館、病院、劇場、観覧場、集会場、展示場、百貨店、市場、ダンスホール、遊技場、公衆浴場、旅館、共同住宅、寄宿舎、下宿、工場、倉庫、自動車車庫、危険物の貯蔵場、と畜

場、火葬場、汚物処理場等の建築物を指す（建築基準法第2条第2号）。

■特種電気工事資格者（国家資格）
　自家用電気工作物のうち特種な分野である特種電気工事について資格を定め、認定される国家資格。この資格が必要な工事は、自家用電気工作物（最大500kW未満の需要設備）のうち、ネオン工事及び非常用予備発電装置工事であり、特種電気工事資格者認定証の交付は、その工事の種類ごとに行われる。
●実施機関：資格・試験【特種電気工事資格者】経済産業省

■特殊法人
　公共の利益を実現したり特別な行政を実施するため、個別の法律に基づき設立された法人。国の監督下で事業を進めるが、政府の補助金や出資金に頼っている特殊法人には、赤字経営のところもある。公社・公団・事業団など合わせて77の特殊法人が存在した（2001年時点）。特殊法人は、官僚の天下りや非効率的な経営など多くの弊害が指摘され、小泉内閣では行政改革担当相を中心に廃止も含めた整理・合理化などの改革が進められた。2008年10月現在、31法人（事業団1、公庫1、特殊会社26、その他3）となっている。

■特殊法人等改革
　2001年6月に成立した「特殊法人等改革基本法」に基づいて、同年12月に「特殊法人等整理合理化計画」が閣議決定された（77の特殊法人と86の認可法人が合理化されることになった）。その後、各法人所管府省が「特殊法人等整理合理化計画」の具体化を進めて、2005年1月までに全163の特殊法人等のうち136法人の組織形態について、法制上の措置その他必要な措置を講じている。特に建設関係の特殊法人見直しでは、住宅金融公庫（2007年4月）、都市基盤整備公団（2004年7月）は廃止して独立法人化、道路4公団（日本道路公団・首都高速道路公団・阪神高速道路公団・本州四国連絡橋公団）の統合民営化（2005年9月）などの見直しがなされている。

■独占禁止法
　自由な競争を制限したり阻害したりする行為を規制し、競争を回復させること、そして、その競争を促進させて「一般消費者の利益を確保するとともに、国民経済の民主的で健全な発達を促進する」ことを目的とする法律。正式名称は、「私的独占の禁止及び公正取引の確保に関する法律」という。独占禁止法は、公正で自由な競争を実現するため、大きく分けて①競争を制限する行為と②競争を歪める行為を禁止している。公正取引委員会は、入札談合等の違反行為があると認めるときは、違反行為者に対して違反状態を解く措置を命ずる排除措置命令（法第7条、第8条の2、第20条等）やカルテルなどに対する課徴金（法第7条の2、第8条の3等）などの措置をとることができる。
※参照「価格カルテル」

①競争を制限する行為	・不当な取引制限	・事業者同士が連絡をとりあって、価格、生産量や取引先などを共同して決定したり、話し合って競争をやめてしまうこと ・カルテル、入札談合、価格協定、生産協定など
	・私的独占	・事業者が他の事業者の活動を排除したり、支配したりして、市場の支配力（価格、数量などをコントロールできる力）をつくったり、その力を行使したりすること
②競争を歪める行為	・不公正な取引方法	・競争の手段が不適当で、公正で自由な競争を歪める行為 ・不当廉売（ダンピング）、抱き合わせ販売、優越的地位の濫用など

■特定遺贈（とくていいぞう）

遺贈（遺言による遺産の処分）のうち、特定の不動産や債権、一定の金銭、債務免除等の具体的な財産的利益の遺贈のこと。特定遺贈の効力は遺贈者死亡の時から生じ、受遺者はいつでも遺贈の放棄ができる。遺贈義務者は受遺者に対し、相当の期間を定め遺贈の承認又は放棄の意思表示を確認することができ、意思表示がなければ承認したものとみなされる。

■特定行政庁

建築基準法において、独立の行政機関の性格を有する建築主事を置く地方公共団体の長をいう。人口25万人以上の政令で指定する市（義務設置。建築基準法第4条第1項）及び建築主事を置くその他の市町村（任意設置。同法第4条2項）の区域については当該市町村の長、建築主事を置かない市町村の区域については、都道府県知事である。ただし、限定的な権限のみを有する建築主事を置く市町村（同法第97条の2）及び特別区（同法第97条の3）の区域については、その限定的な権限に関しては当該市区町村の長、その他の権限に関しては都道府県知事である。特定行政庁は建築物の違反是正、同法第48条各項ただし書の許可等の命令権限を有する。

■特定建設業者

建設業の許可は、一般建設業の許可と特定建設業の許可とに区分して与えられる（建設業法第3条）が、この内、特定建設業の許可を受けた者を「特定建設業者」という。特定建設業の許可は、発注者から直接請け負った1件の建設工事について、消費税込3,000万円（建築一式工事の場合は4,500万円）以上の工事を下請に発注しようとする場合に必要とされる許可であるので、特定建設業者には下請契約の総額に制限はない。特定建設業は下請負人の保護の徹底を図るために設けられた制度であり、特定建設業者には下請代金の支払期日、下請負人に対する指導、施工体制台帳の作成など特別の義務が課せられている

（同法第24条の5、第24条の6、第24条の7）。また、特定建設業の許可の取得にあたっては、営業所の専任技術者の資格や財産的基礎などに関し、一般建設業よりも厳しい要件が課されている（同法第15条）。2008年3月末現在、48,138業者が特定建設業の許可を取得している。

■特定建設工事共同企業体
⇨ 8条協定書

■特定建築者制度

市街地再開発事業で、すべてが権利床のものを除き、再開発ビルの建築を施行者以外の者に行わせることができる制度。施行者以外で再開発ビルを建築する者を「特定建築者」といい、民間事業者を対象とするときは公募で定める。1999年6月の都市再開発法改正で、権利床を含む再開発ビルでも特定建築者制度が適用できることになった。

■特定都市河川浸水被害対策法

都市部を流れる河川の流域において、著しい浸水被害が発生、又はそのおそれがあり、かつ、河道等の整備による浸水被害の防止が市街地化の進展により困難な地域について、特定都市河川及び特定都市河川流域を指定し、流域水害対策計画の策定、雨水貯留浸透施設の整備等の措置を定め、特定都市河川流域の浸水被害の防止対策の推進を図ることを目的として、平成16年5月15日より施行された法律。特定都市河川及び特定都市河川流域は、国土交通大臣又は都道府県知事が指定する。特定都市河川及び特定都市河川流域が指定されたときは、河川管理者、都道府県及び市町村の長並びに下水道管理者は、共同して、流域水害対策計画を定めなければならない。流域水害対策計画には、浸水被害対策の基本方針等を定める者とされ、同計画に基づき、河川管理者による雨水貯留浸透施設の整備等がなされる。また、特定都市河川流域における雨水の流出の抑制のため、雨水浸透阻害行為及び保全調整池の機能を阻害するおそ

れのある行為への規制並びに都市洪水が発生したときの円滑かつ迅速な避難のための都市洪水想定区域・都市浸水想定区域の指定等がなされる。

■特定土地区画整理事業
　土地区画整理促進区域内の土地についての土地区画整理事業のこと。大都市地域における住宅及び住宅地の供給の促進に関する特別措置法により設けられている制度。この特定土地区画整理事業は、①事業計画において、特に共同住宅区及び集合農地区に定めることができる、②換地計画において、義務教育施設用地及び公営住宅等の用地を定めることができる等の特色を有しており、農地の所有者等にとって農業経営と住宅経営がしやすいようにするとともに、学校用地の取得が難しく、また、公的住宅が不足している大都市地域の特殊事情に対応するように措置されている。

■特定法人貸付事業
　⇒企業の農業参入

■特別会計
　道路整備や年金など特定事業を行ったり、特定の資金を運用したりする場合に、政策全体の経費を計上する一般会計とは別に管理される予算（国：財政法第13条第2項、地方公共団体：地方自治法第209条第2項）。国の特別会計は2007年時点で29あり、事業の実施、資金の運用、国債償還などの機能を持っているが、各省庁が個別に管理しているため、縦割り行政の温床となっている。2005年12月、政府は、当時31あった特別会計を5年間で2分の1から3分の1に減らす計画を決定している。

■特別検査
　金融庁が大口債務者（融資先）に対する大手銀行の自己査定を検証する検査。2001年9月「改革先行プログラム」に、不良債権処理促進の一環として盛り込まれたもの。2002年3月期に初めて実施した検査においては、融資残高が100億円以上あり、市場の評価（株価や格付けなど）が大幅に低下した経営不振の大手企業149社が対象とされ、検査を受けた。青木建設の民事再生法適用申請を始め、三井建設・住友建設・フジタの統合発表、佐藤工業の会社更生法適用申請などの背景に特別検査があるといわれる。

■特別清算
　債務超過の状態にある解散した株式会社が、迅速かつ公正な清算をするために、申立権者（清算人、株主、監査役、債権者）の申立により、裁判所の監督のもとにおいて行われる法的清算手続きのこと（会社法第510条以下）。特別精算を利用できるのは、清算中の株式会社に限られる。主な手続きの流れは、申立後に清算人が協定案を作成し、債権者集会において出席債権者の過半数及び総債権額の4分の3以上の同意を得て協定案が可決され（同法第567条以下）、以後、清算人が協定案に沿った弁済を行う。特別清算は、破産状態にある株式会社を法的手続きによって簡易かつ迅速に清算するという本来の形のみならず、親会社が業績不振で赤字になっている子会社の整理、清算を行う場合にも利用されている。

■特別損失
　⇒損益計算書

■特別損失その他
　⇒損益計算書

■特別ボイラー溶接士（国家資格）
　全ボイラー及び第一種圧力容器の溶接を行うための国家資格。ボイラーの安全を確保するために、その知識経験を用い、ボイラー、圧力容器の製造、修理、改造、修繕などの作業に携わることができる資格。特別ボイラー溶接士を受験するためには、普通ボイラー溶接士免許を取得後、1年以上の実務経験が必要となる。特別ボイラー溶接士は、すべての

溶接作業ができる。普通ボイラー溶接士は、溶接部の厚さ25mm以下のボイラー及び第一種圧力容器の溶接の業務と管台、フランジ等を取り付ける場合の溶接業務ができる。
●実施機関：㈶安全衛生技術試験協会
　Tel　03-5275-1088
　http://www.exam.or.jp/

■特別利益
　⇨損益計算書

■特別利益その他
　⇨損益計算書

■独立行政法人
　独立行政法人通則法（1999年法律第103号）第2条第1項に規定される法人。各府省の政策実施部門のうち一定の事務・事業を分離・独立させて効率的に運営するための法人。業務の質の向上や活性化、効率性の向上、自律的な運営、透明性の向上を図ることが目的である。国土交通省関係では2001年4月から土木研究所、建築研究所、交通安全公害研究所、港湾技術研究所が独立行政法人に移管した。また、新たに直轄の機関とした国土技術政策総合研究所が発足した。独立行政法人は、中期計画を策定し、事業に複式簿記など企業会計手法を取り入れ、監査法人の監査を受ける。

■特例容積率適用区域
　商業地域内の都市計画において、特別の容積率を適用することができると定められた区域（都市計画法第9条第15項）。特例容積率適用地区に定められた区域においては、敷地の未利用の容積を関係権利者の合意に基づいて、他の敷地に活用することを認める制度。これまでも隣接する敷地での未利用容積の移転は可能だったが、この制度により隣接にこだわらない容積率の移転が可能になった。

■都市計画
　都市の健全な発展と秩序ある整備を図るための土地利用、都市施設の整備及び市街地開発事業に関する計画で、都市計画法の規定により定められたものをいう。都市計画区域の整備・開発及び保全の方針、区域区分（市街化区域及び市街化調整区域）、都市再開発方針等、地域地区、促進区域、遊休土地転換利用促進地区、被災市街地復興推進地域、都市施設、市街地開発事業、市街地再開発事業等予定区域、地区計画等の11種類がある（同法第6条の2～第12条の12）。都市計画が決定されるとその効果として、都市計画がはたらき、一定の建築行為等が規制されることとなる。都市計画は、都道府県又は市町村が定める（同法第15条第1項～第4項）。

■都市計画事業
　都市計画法の規定による国土交通大臣又は都道府県知事の認可又は承認を受けて行われる都市計画施設の整備に関する事業及び市街地開発事業をいう。都市計画事業は、原則として市町村が施行し、それが困難又は不適当な場合等に都道府県が、また国の利害に重大な関係を有する場合に国の、そして特別の事情がある場合等に民間事業者が施行することができる（都市計画法第59条）。都市計画事業の認可又は承認が行われると、都市計画事業については土地収用権が付与されるとともに、事業地内における事業の施行の障害となるおそれがある土地の形質の変更、建築物の建築等の行為が制限されることとなる（同法第65条）。

■都市計画税
　都市計画事業又は土地区画整理事業に要する費用に充てる目的で、都市計画区域として指定されている市街化区域内の土地又は家屋の所有者に対して市町村（特別区は都）が課税する市町村（特別区は都）税をいう（政令指定都市では区に権限委任）。市街化調整区域内の土地及び家屋についても、一定の場合に条例で区域を定めて都市計画税を課税することができる。納税義務者、課税標準等は固定資産税と同一であり、原則として固定資産

税とあわせて賦課徴収される（地方税法第702条の8）。また、税率は、0.3％を超えることができない（同法第702条の4）。

■都市再開発法
　市街地の計画的な再開発に関し必要な事項を定め、都市における土地の合理的かつ健全な高度利用と都市機能の更新を図ることを目的として1969年に制定された法律。都市計画に、土地所有者等による計画的な再開発の実施が適切であると認められる区域を「市街地再開発促進区域」に定めることができること（第7条第1項）、市街地再開発促進区域内の土地所有者等は、できる限り速やかに第1種市街地再開発事業等の再開発を施行するように努めること（第7条の2）、市街地再開発促進区域内で2階建て以下の建築物等の建築をする場合は、原則として都道府県知事の許可を受けなければならないこと（第7条の4第1項）、第1種市街地再開発事業の認可・事業決定の公告があった後は、事業の施行の障害となるおそれがある土地の形質の変更、建築物等の新築・増築等をする場合は、都道府県知事の許可を受けなければならない（第66条第1項）等を定めている。

■都市再生緊急整備地域
　都市再生特別措置法に基づいて、都市の再生の拠点として、都市開発事業等を通じて緊急かつ重点的に市街地の整備を推進すべき地域として政令で指定する地域。民間主導で都市再生を促すため、政府が地域を指定し、容積率などの建築規制をしない特区のことで、2007年2月現在計65地域となっている。具体的な指定の手続きは、閣議で決定される都市再生基本方針の中で、都市再生緊急整備地域を指定する政令の立案に関する基準その他基本的な事項が定められ、その後、都市再生本部が関係地方公共団体の意見を聴き、その意見を尊重しつつ、地域を指定する政令案を立案し、閣議決定を経て政令として公布され、その時点で指定されたことになる。

■都市再生事業
　都市再生緊急整備地域内における都市開発事業（都市における土地の合理的かつ健全な利用及び都市機能の増進に寄与する建築物及びその敷地の整備に関する事業のうち公共施設の整備を伴うもの）であって、当該都市再生緊急整備地域の地域整備方針に定められた都市機能の増進を主たる目的として、当該都市開発事業を施行する土地の区域の面積が一定規模以上のもの。

■都市再生特別措置法
　近年における急速な情報化、国際化、少子高齢化等の社会経済情勢の変化に応じて、都市の再生を図るために制定された法律。2002年6月施行。都市再生に関する基本方針、都市再生の拠点として緊急に整備すべき地域における民間都市再生事業計画の認定制度の創設、都市再生緊急整備地域などの特別措置の創設、都市再生緊急整備協議会の設置などについての措置が講じられている。都市再生の拠点となるべき「都市再生緊急整備地域」が政令で指定されると、その地域内で国土交通大臣の認定を受けた民間事業者による都市再生事業の計画は、金融支援等が受けられる。

■都市再生本部（都市再生）
　2001年5月の閣議決定により内閣に設置された。都市再生本部は、環境、防災、国際化等の観点から都市の再生を目指す21世紀型都市再生プロジェクトの推進、土地の有効利用等都市の再生に関する施策を総合的にかつ強力に推進するために設置された。2002年6月1日施行の「都市再生特別措置法」においては、都市の再生に関する施策を迅速かつ重点的に推進するため、内閣に都市再生本部を置くこととされるとともに（同法第3条）、本部の所掌事務は、①都市再生基本方針の作成・都市再生基本方針の実施推進、②都市再生緊急整備地域を指定する政令の立案、③都市再生緊急整備地域ごとの地域整備方針の作成及びその実施推進等とされた（同法第4条）。

■土壌汚染状況調査

　土壌汚染対策法で定められた土壌の特定有害物質による汚染の状況の調査。同法は、有害物質を取り扱っていた工場を廃止する場合や、工場跡地の土壌汚染の可能性が高く、人の健康に被害を及ぼすおそれがあるような場合、土地の所有者に汚染状況を調査することを義務付けている。調査の結果、土に含まれている有害物質の量や土から溶けだした有害物質の量が基準を超えている場合、都道府県などがその土地を土壌汚染指定区域に指定し、台帳をつくり、その情報を公開しなければならない（同法第3条～第6条）。

■土壌汚染対策法

　土壌の特定有害物質による汚染の状況の把握に関する措置及びその汚染による人の健康被害の防止に関する措置を定めること等により、土壌汚染対策の実施を図ることを目的として2003年2月15日に施行された法律。本法では、鉛、砒素、トリクロロエチレン等の25品目の特定有害物質に関する定義、土壌汚染の状況調査、土壌汚染のある土地についての指定区域の指定、土壌汚染による健康被害の防止措置等を定めている。

■土壌地下水汚染

　人の活動により排出された有害物質が土に蓄積され、又は地下水に混入し汚染されている状態をいう。特に地下水面に汚染物質が到達すると、地下水の流れにのって、周辺地域へも拡散し、汚染が広がっていく可能性がある。土壌地下水汚染問題は、企業だけの問題に留まらず、その周辺住民や土地取引をする不動産業・投資家・金融機関なども含め、跡地を利用する人々にとっても、身近な問題といえる。2003年2月15日「土壌汚染対策法」が施行され、これをきっかけに土壌地下水汚染の問題は、広く社会に認識されるようになってきている。

■土石流（どせきりゅう）

　山や谷の土砂（土や砂、石）が長雨や集中豪雨などによって、一気に麓（下流）に向かって押し流される現象。「山津波」とか「てっぽう水」などと呼ぶ地方もある。土石流は、谷沿いに溜まっている土砂を巻き込んだり、地震による斜面崩壊で落ち込んだ土砂が押し流され、雪ダルマ式に土砂が膨らみ、岩石を先頭に流れ落ちるため破壊力が大きく、大被害に結びつきやすい。土石流には、火山の噴火の後、積もった火山灰に雨が降って起こるものや、ダムの決壊が引き金となり発生することもある。2006年7月　梅雨前線の停滞により、長野県諏訪地域（岡谷市、諏訪市、辰野町）に豪雨をもたらし、死者9名の惨事となったが、この災害の原因は、大雨が引き金になって発生した土石流であった。

■塗装工事

　建設業法第2条に規定する建設工事の一つ。塗料、塗材等を工作物に吹付け、塗付け、はり付ける工事をいう。具体的工事例として、塗装工事、溶射工事、ライニング工事、布張り仕上げ工事、鋼構造物塗装工事、路面標示工事、下地調整工事、ブラスト工事などがある。

■㈳土地改良建設協会（土改協）

　1968年　農林水産大臣の許可を得て設立された社団法人。「土地改良事業に関する建設技術の向上、進歩に努め、農業と農村の発展に貢献する」ことを目的としている。土改協では、①土地改良事業の施工技術や環境保全技術に関する調査研究　②土地改良事業の施工等に関する諸課題の調査研究　③広報・社会貢献活動　等の事業を行っている。会員の内訳は、2008年7月1日現在、65社（土地改良工事を行う法人）により構成されている。

◆所在地／電話番号
　〒105-0004　東京都港区新橋5-34-4　農業土木会館2階
　Tel　03-3434-5961

■土地家屋調査士（国家資格）

土地家屋調査士法により認定された、法務省管轄の国家資格者。国家資格試験に合格した、土地や建物の登記と測量の専門家のこと。土地家屋調査士は、①土地の境界確認　②境界杭復元　③測量　④分筆登記　⑤合筆登記　⑥地目変更登記　⑦地積更正登記　⑧建物の新築登記　⑨増改築の登記　⑩取り壊しの登記　等を担当する。

■土地基本調査

土地の所有、利用構造を総合的に把握するため、国土庁（現国土交通省）が1993年（平成5年）秋から5年ごとに実施している大規模調査。2008年（平成20年）調査では、法人及び世帯を対象に、①土地に関する基本的事項（面積、所有形態、利用主体、利用状況、取得時期、取得方法、所在地等）、②土地所有者の属性（法人の業種、資本金、本社所在地、世帯の構成、年間収入、世帯の会計を支える者の年齢及び従業上の地位等）の調査が行われた。土地に関する諸施策の企画・立案に際しての基礎資料として用いられるほか、学術・研究機関、企業等でも幅広く活用される。

■土地区画整理組合

土地区画整理事業を行う施行者の一つで、土地区画整理法に基づき設立された組合。地元の地権者からの自主的な発意により、土地の所有権者及び借地権者により構成されている。土地整理組合が設立されると、施行地区内の土地について所有権及び借地権がある者はすべて組合員になる。組合を設立するには、土地所有者又は借地権者が7人以上共同して、定款及び事業計画を定め、都道府県知事に設立の認可を受けなければならない。認可の申請に際しては、施行地区となるべき区域内の宅地の所有者、及び借地権者のそれぞれ3分の2以上の同意を得なければならず、かつ、同意した者の有する宅地及び借地の地積の合計が総地積の3分の2以上でなければならない。

■土地区画整理士（国家資格）

土地区画整理事業の円滑な施行が進められるように、当該事業に関する専門的知識をもつ者として認定される国家資格。土地区画整理士は、土地区画整理事業の専門家として、事業の推進について中心的な役割を担う。
●関連団体：㈶全国建設研修センター
　Tel　03-3581-0139
　http://www.jctc.jp/

■土地区画整理事業

一定の地域で道路や公園などの公共施設の新設や宅地の整備を行う市街地開発事業の一つ。整備が必要とされる市街地の一定区域内で、土地所有者等からその所有土地等の面積や位置などに応じて、少しずつ土地を提供（減歩）してもらい、それを道路・公園などの公共施設用地等に充て、これを整備することにより残りの土地（宅地）の利用価値を高め、健全な市街地を整備する。「換地処分」という行政処分を通して、地区内に新たに必要となる公共施設の用地及び事業費の一部に充てるため第三者に処分して換金すること等に用いる土地（保留地）を、土地所有者等が少しずつ出し合うことによって生じさせるところに大きな特色がある。

■土地再評価差額金
　⇒貸借対照表

■土地収用法

公益事業に必要な土地などの収用・使用に関する基本法。公共の利益となる事業に必要な土地等の収用又は使用に関し、その要件、手続き及び効果並びにこれに伴う損失の補償等について規定している。1951年施行。公共の利益となる事業の用に供する土地を必要とする場合において、その土地を当該事業の用に供することが土地の利用上、適正かつ合理的であるときは、土地を収用等できること（第2条）、土地を収用等して事業を行う者（起業者）は、事業の種類等によって国土交通大臣又は都道府県知事の認定を受けなけれ

ばならないこと（第16条、第17条）、事業の認定の告示があった後は、都道府県知事の許可を受けなければ、事業を施行する土地（起業地）について、事業に支障を及ぼすような形質の変更をしてはならないこと（第28条の3第1項）等を定めている。起業地の区域は、市町村で確認することができる。

■特許権
　⇒固定資産

■独禁法ガイドライン
　「流通・取引慣行等と競争政策に関する検討委員会」（座長：館龍一郎・東大名誉教授）の答申を下敷きに、公正取引委員会がまとめた「流通・取引慣行に関する独占禁止法上の指針」。法律の文章を読んだだけではわかりにくい独占禁止法違反になるケースを、具体的に、しかもきめ細かく例示したもの。
※参照「独占禁止法」

■とび・土工・コンクリート工事
　建設業法第2条に規定する建設工事の一つ。①足場の組立て、機械器具・建設資材等の重量物の運搬装置、鉄骨等の組立て、工作物の解体等を行う工事　②くい打ち、くい抜き及び場所打ぐいを行う工事　③土砂等の掘削、盛上げ、締め固め等を行う工事　④コンクリートにより工作物を築造する工事　⑤その他基礎的・準備的工事　をいう。具体的工事例として、①とび工事、ひき工事、足場等仮設工事、重量物の揚重運搬配置工事、鉄骨組立て工事、コンクリートブロック据付け工事（根固めブロック、消波ブロックの据付け等土木工事において規模の大きいコンクリートブロックの据付けを行う工事）、工作物解体工事　②くい工事、くい打ち工事、くい抜き工事、場所打ぐい工事　③土工事、掘削工事、根切り工事、発破工事、盛土工事　④コンクリート工事、コンクリート打設工事、コンクリート圧送工事、プレストレストコンクリート工事　⑤地すべり防止工事、地盤改良工事、ボーリンググラウト工事、土留め工事、仮締切り工事、吹付け工事、道路付属物設置工事、捨石工事、外構工事、はつり工事などがある。

■土木一式工事
　建設業法第2条に規定する建設工事の一つ。総合的な企画、指導、調整のもとに土木工作物を建設する工事（補修、改造又は解体する工事を含む）をいう。必ずしも2以上の専門工事が組み合わされていなくとも、工事の規模、複雑性等からみて総合的な企画、指導及び調整を必要とし、個別の専門的な工事として施工することが困難なものも含まれる。なお、農業用水道、かんがい用排水施設等の建設工事は「水道施設工事」ではなく、「土木一式工事」に該当する。

■土木学会認定技術者
　㈳土木学会が認定している資格。土木学会認定技術者資格は、組織よりも個人の力量が重視される時代を迎えて、①土木技術者を評価し、活用する仕組みづくり、②土木技術者としてのキャリアパスの提示、③土木技術者の継続的な技術レベルの向上、を土木技術の専門家集団である土木学会が主体的に行うために創設されたもの。特別上級技術者、上級技術者、1級技術者、2級技術者の4つの階層の資格が設けられており、このうち、特別上級技術者は、日本を代表する土木技術者として、専門分野における極めて高度な知識と経験を有するか、あるいは土木技術に関する広範な総合的知見を有することが要件とされている。なお、2008年度から特別上級技術者を除き、土木学会の会員以外でも資格認定証を交付できるようにしている。

　社団法人土木学会
　〒160-0004　東京都新宿区四谷1丁目外濠公園内
　Tel　03-3355-3441

■土木施工管理技士（国家資格）
　土木施工に関する高度な知識と応用力をも

つ者として管理・監督業務を行うための国家資格。主に指導・管理業務を行う1級土木施工管理技士と、技術者として施工管理を行う2級土木施工管理技士がある。1級土木施工管理技士は、建設業法における監理技術者（土木・とび土工・石・鋼構造物・ほ装・しゅんせつ・塗装・水道施設工事）及び特定建設業の営業所専任技術者となり得る資格であり、2級土木施工管理技士は、主任技術者及び一般建設業の営業所専任技術者となり得る資格である。2級土木施工管理技士には、「土木」「鋼構造物」「薬液注入」の3種別があり、例えば2級土木施工管理技士（土木）の場合、主任技術者になり得る建設工事は、土木・とび土工・石・鋼構造物・ほ装・しゅんせつ・水道施設工事である。

※注：監理技術者及び特定建設業の営業所専任技術者となり得る資格を有する者は、主任技術者及び一般建設業の営業所専任技術者となり得る。

●関連団体：㈶全国建設研修センター
Tel 03-3581-0139
http://www.jctc.jp/

■土木の日

土木の世界を知ってもらうために、土木学会が定めた日。1987年（昭和62年）から毎年11月18日を「土木の日」と定め、土木工事の必要性や実態を知ってもらうためのPRを行っている。「土木」という字を分解すると、十と一で「土」、十と八を組み合わせると「木」になることから。この日は土木にちなんだイベントが各地で開催され、私達の生活に様々な形で土木が関わっていることを実感することができる。

■土間コン

地盤全面を直接コンクリート仕上げにした部分（土間コンクリート床：土間コン）。すき間なく全面に打設することから「べたコン」ともいう。土間コンの基本は、地面を掘って仮枠を立て、丸太等で基礎を突き固め、さらにその上に砂利を敷いて、これも突き固める。次に固まった基礎の上にコンクリートを平均に流し込み、1時間くらい後でモルタル塗りをし、木ゴテで伸ばす。仕上げは、塗面にセメントの粉を少量振って中塗りゴテで押さえる。2～3日そのままにして、固まったら仮枠をはずす。

■ドーマー窓（Domer Window）

屋根裏部屋や吹き抜けへの採光を主目的として、屋根上に設けられた窓。屋根窓ともいう。屋根面に対して直角に取り付けられていて、夏は直接の陽ざしを遮ることができ、冬の陽ざしは低く差し込むことで暖房効果も期待できる。採光と同時に通風の役割もあるが、最近では外観上のデザインのアクセントとして付けられることもある。

■トラス

直線的な材料を用い、三角形の構成を基本単位とし、各部材の節点（2以上の部材の接合する部分）をすべてピン接合とした骨組み構造のこと。三角形を組み合わせた骨組みには、外力に対する抵抗力が高く、形が崩れにくいという特性がある。これにより、材料コストを抑えながら、構造体が変形しにくく、大きな構造物や空間をとることができる。トラスは、住宅の屋根組みのほか、鉄橋や塔などに用いられ、素材としては鉄骨、金属製フレーム、木材などが使用される。トラスは宇宙ステーションにも使われている。

■トラッキング現象

長期間コンセントにプラグを差し込んだままでおくと、プラグとの間にほこりが溜まり、それが湿気を帯びることによって漏電すること。火災の原因となる。電気の使用中は、電気は使用している器具の方に流れるが、スイッチが切ってあるとトラッキングの起こっている部分に流れ出して加熱が始まる。消防庁の調査では、プラグを差し込んだまま長年放置すると出火の危険があるとされている。対策としては、コンセントに長期間差し込んでいるプラグを一度抜いて、乾布等

で清掃することが必要。特に冷暖房機器・厨房周りのコンセント・物陰に隠れているコンセント、周囲に水気のある場所（金魚飼育用コンセント等）には、注意が必要といわれている。

■トランクルーム
　建物の1階や地下などに造られた小型倉庫のこと。住人が荷物の保管のために使用するスペース。最近では利便性を考えて、住戸の玄関脇やバルコニーなどに設置するタイプも増えている。ゴルフバッグ、スキー用具、釣り道具など大きな物の収納に便利である。

■取締役会
　取締役によって構成される株式会社の業務意思決定機関のこと。取締役会の職務は、会社経営における業務意思決定及び取締役（代表取締役を含む）の職務の執行の監督、代表取締役の選定及び解職とされている（会社法第362条第2項～第4項）。公開会社、監査役会設置会社、委員会設置会社、大会社においては、取締役会は必須設置機関である（同法第327条、第328条）。

■取引上の優越的な地位
　⇒自己の取引上の地位を不当に利用

■トレーサビリティ
　生産から流通を経て販売にいたるまでの過程の追跡可能のこと。英語のTrace（追跡）とAbility（できること）を組み合わせた言葉で「生産履歴追跡」。特に、肉や野菜といった生鮮食品やそれらを原料とする加工食品を扱う業者が、原料調達から生産、流通、販売までの情報を開示して、小売店や消費者が川下からそれらの情報を遡って辿れる仕組みを指す。その食品がいつどこで誰によって生産され、どのような農薬や肥料が使われ、どんな流通経路を辿って、消費者の手元に届けられたかといった生産履歴情報が確認でき、万一食品に関する事故が発生しても、原因の究明や回収が容易になるメリットもある。国産牛について個体識別番号を割り当てて管理する仕組みが完成し、2004年12月から情報の管理・公開が義務付けられている。一方、土木・建築分野においても例えば、意図的に計算条件等を変更して設計を行った「姉歯問題」、レディーミクスコンクリートへの不法加水問題、落橋防止装置のアンカーボルト施工不良問題、ホロースラブ桁の内部型枠の品質問題など不正問題が発生している。50年から100年以上も使用される土木構造物ではトレーサビリティが重要であり、全ての構造物の設計図書（設計条件、設計計算書、設計図面等）や施工管理図書（施工方法、使用材料等）を管理する方法や、構造物そのものにこれら情報を埋め込む方法等が考えられている。

■ドレンチャー
　延焼を防ぐための消火設備の一つ。建物の屋根や外壁、軒先、窓上などに配置した散水ノズルから圧力水を放出して水幕を張ることにより、隣家などで発生した火災からの延焼を防止する。

■どんぶり勘定
　おおまかな勘定のこと。"どんぶり"とは職人などがつける腹がけの前かくしのこと。"どんぶり"から現金を出し入れしたため、このようにいう。建設業、特に中小の建設企業では、未だに「どんぶり勘定」的な企業が多く、確実に原価管理ができている企業は少ないといわれている。単に、下請企業に値引きを要請するだけでなく、①複数の下請企業から見積りをとり、できるだけ価格を下げる　②工事開始後であっても手順を変更して、作業を合理化して工事費を下げる　等、厳しい経営環境の中で利益を確保していくためには、きちんと工事原価を管理していくことが重要である。

な

■内整理
　⇨私的整理

■内装仕上工事
　建設業法第2条に規定する建設工事の一つ。木材、石膏ボード、吸音板、壁紙、たたみ、ビニール床タイル、カーペット、ふすま等を使用して、建築物の内装仕上げを行う工事をいう。具体的工事例として、インテリア工事、天井仕上工事、壁張り工事、内装間仕切り工事、床仕上工事、たたみ工事、ふすま工事、家具工事（建築物に家具を据付け又は家具の材料を現場にて加工若しくは組み立てて据付ける工事）、防音工事（建築物における通常の防音工事であり、ホール等の構造的に音響効果を目的とするような工事は含まれない）などがある。

■内部者取引
　⇨インサイダー取引

■内部統制
　社内の内部管理体制のこと。企業などの内部において、違法行為や不正、ミスやエラー等が行われることなく、組織が健全かつ有効・効率的に運営されるよう各業務で所定の基準や手続きを定め、それに基づいて運営・管理を行うこと。2000年9月の大和銀行巨額損失代表訴訟判決（内部統制に関する不備が巨額の賠償命令につながる）や、西武鉄道、カネボウ、雪印、不二家など不正会計に関する事件や不祥事などの頻発から、「内部統制」強化の認識が高まった。2006年5月から施行となった会社法では、取締役／取締役会に内部統制システム構築の義務を課している（同法362条）。さらに、「金融商品取引法（日本版SOX法）」が2006年6月成立し、2009年3月期の決算から、上場企業に内部統制報告書の提出・公認会計士によるチェックが義務付けられた（同法24条の4の4）。

■内部留保
　当期の税引後利益から、配当金、役員賞与など社外に支払う分を差引いた残りの部分。企業内に留保され再投資される。内部留保には、商法により積み立てることが決められている「利益準備金」、企業の判断により積み立てられる「任意積立金」、「未処分の利益」がある。この内部留保と「資本金」、「資本準備金」の合計を株主資本といい、総資産に占める割合が高いほど、その企業の安定性が高いといえる。

■内容証明郵便
　郵便物の内容文書（受取人へ送達する文書）について、いつ、いかなる内容のものを、誰から誰宛てに差し出したかということを、差出人が作成した謄本（内容文書を謄写した書面）により、郵便局（郵便事業株式会社）が証明する郵便物のこと。差出人は、文書（1枚の用紙に1行20字×26行以内。横書きに作成するときは、1行13字以内、1枚40行以内又は、1行26字以内、1枚20行以内で作成することができる）とともに、謄本（コピーでも可）2通を郵便局へ提出すると、郵便局は文書と謄本を対照し、符合すると認めたときは、それぞれの文書に郵便事業株式会社・郵便認証司の証明印が押される。謄本1通は郵便局で5年間保存され、残りの1通は差出人に証拠書類として交付され、文書は宛先に送付される。なお、2001年2月から、インターネットで送った文書を郵便局が印刷して配達する電子内容証明サービス（通称「e内容証明」）が開始されている。

■生放流（なまほうりゅう）
　下水の排水方式の一つ。下水道が完備されている区域（「下水道の処理区域」という）では、汚水を各住戸の浄化槽で浄化する必要がないので、住宅から出る汚水を浄化槽を通さずに、直接そのまま公共下水道管（汚水管）に放流することができる。不動産業界では、汚水を生のまま放流できるという意味で「生放流」と呼ばれている。

■名寄せ

破綻した金融機関に、預金者が普通預金・定期預金など複数の口座を開設している場合、それらを合算して、預金保険で保護される預金総額を算出する作業。名寄せは、破綻した金融機関にある預金の払戻額の確定に必要な作業であり、預金保険機構が行う。ペイオフの解禁に伴い、一般預金等は1金融機関ごと、預金者1人あたり、元本1,000万円までとその利息が保護される。

■ナレッジマネジメント（Knowledge Management）

企業の競争力を向上させるため、個々の従業員が有する知識や情報を発掘、整理し、組織全体として再利用できるようにする経営手法のこと。

■縄張

暴力団が正当な権利を持っているわけではないのに、自分の権利として主張する勢力範囲のこと。暴力団は、その中で、みかじめ料、用心棒料をとったり、賭博を行ったり、縄張はシノギの場であり、暴力団の勢力の伸張を決める重要な要素となる。暴力団同士の対立抗争の多くは、この縄張争いでもある。

※参照「シノギ」

に

■二級河川
⇒一級河川

■二戸一階段（にこいちかいだん）

マンション2戸に対して1つの階段を設置すること。1階に10戸あるとすれば、5つの階段を設ける。この方式のメリットはプライバシーを守りやすいことである。最近では「二戸一エレベーター」という発展タイプも登場している。

■ニッチ産業

すき間産業。市場の中に、他の企業が未発見、注目しない隙間を見出し、そこに参入する産業。

■ニッチ戦略

マーケティング手法の一種で、広く市場全体を対象とせず、あらかじめ絞り込んだ特定の分野、部門に対し集中的に経営資源を投下すること。西洋建築物の彫像などを置くために設ける壁面の狭い半円形の窪みという意味のことばであるニッチから転じた語。

※参照「ニッチ産業」

■㈳日本ウェルポイント協会（ポイント協）

1976年1月　建設大臣（当時）の許可を得て設立された社団法人。「ウェルポイントの技術の向上に関する調査、研究を行うとともに、ウェルポイント業務の進歩、改善を図ることにより、公共の福祉の増進に寄与する」ことを目的としている。ポイント協では、①ウェルポイントの技術の向上に関する調査・研究　②ウェルポイント業の経営に関する指導　③ウェルポイント業の施策に関する調査・研究　等の事業を行っている。会員の内訳は、2008年5月30日現在、①正会員：本会の目的に賛同する建設業許可業者（関連業者を含む）（会員数41社）②特別会員：本会に功労があった者又は学識経験者で総会において推薦された者　により構成されている。

◆所在地／電話番号
〒160-0003　東京都新宿区本塩町23番地
　　第2田中ビル
Tel　03-3226-6221

■㈳日本埋立浚渫協会

1961年12月　運輸大臣（当時）の許可を得て設立された社団法人。「港湾における土地造成及び諸施設の建設に関する施工の合理化を図り、もって港湾の整備発展に寄与する」ことを目的としている。㈳日本埋立浚渫協会では、①港湾における土地造成及び諸施設の建設に関する施工の合理化に関する調査研

究、内部資料の収集　②浚渫船その他作業船の能率向上に関する研究及び作業従事者の研修　③港湾における水域の汚染を防止するための埋立及び浚渫の工法に関する調査研究等の事業を行っている。会員の内訳は、2008年7月1日現在、27社（港湾において埋立浚渫の事業を営む者）により構成されている。

◆所在地／電話番号
〒107-0052　東京都港区赤坂3-3-5　国際山王ビル8階
Tel　03-5549-7468

■㈳日本海洋開発建設協会（海洋協）
　1973年4月　建設大臣（当時）の許可を得て設立された社団法人。「海洋開発に関連する建設事業に必要な建設技術の進歩向上に努め、海洋開発建設事業の推進を図ることによって、我が国の経済の発展と公共福祉の増進に寄与する」ことを目的としている。海洋協では、①海洋開発建設事業の計画、設計、施工に関する調査及び研究　②前項に係る業務及び海洋開発建設事業に付帯する業務の受託　③海洋開発建設事業に関する資料の収集及び刊行　等の事業を行っている。会員の内訳は、2008年8月1日現在、①正会員：海洋開発建設事業に関する計画、設計及び施工について十分な能力と信用を有する建設業者（会員数46社）②特別会員：本会の趣旨に賛同する者又は団体（会員数3団体、6社）により構成されている。なお、これまで分野別に活動をしてきた日本土木工業協会、日本電力建設業協会、日本鉄道建設業協会、日本海洋開発建設協会の4協会が2009年4月1日に合併し、新生「日本土木工業協会」が発足した。

◆所在地／電話番号
〒104-0032　東京都中央区八丁堀2-5-1
東京建設会館6階
Tel　03-3553-4095

■㈳日本機械土工協会（日機協）
　1977年11月　建設大臣（当時）の許可を得て設立された社団法人。「建設事業の機械土工に関する調査及び研究開発と、これらの合理化及び普及を図るとともに、建設工事の施工の安全と公害防止に努め、もって社会公共の福祉に寄与する」ことを目的としている。日機協では、①機械土工に関する施工技術の向上のための調査及び研究開発　②機械土工に関する施工の合理化及び技術者養成の指導　③土工工事業構造改善計画の作成、構造改善の推進、指導票に関する事業　等の事業を行っている。会員の内訳は、2008年4月1日現在、①正会員：建設事業の機械土工の施工を行う者（会員数42名、構成員142社）②賛助会員：機械土工の施工に関する各種資材、機械装置の製作、販売の事業を行う者で、本会の目的に賛同し入会した個人又は法人（会員数11社）により構成されている。

◆所在地／電話番号
〒110-0015　東京都台東区東上野5-1-8
上野富士ビル9階
Tel　03-3845-2727

■㈳日本橋梁建設協会（橋建協）
　1964年6月　建設大臣（当時）の許可を得て設立された社団法人。「橋梁建設業の健全なる発達を図ることにより国土の開発を推進し、もって公共の福祉増進に寄与する」ことを目的としている。橋建協では、①橋梁建設に関する技術の調査研究並びに試験　②橋梁建設に関する資料の収集、編集、刊行　③橋梁建設に関し、政府機関、公共団体及び学術団体等に対する建議及び意見の具申　等の事業を行っている。会員の内訳は、2008年7月1日現在、橋梁の設計、製作、架設及び補修の事業を営む法人（会員数49社）により構成されている。

◆所在地／電話番号
〒104-0061　東京都中央区銀座2-2-18
鉄骨橋梁会館
Tel　03-3561-5225

■㈳日本空調衛生工事業協会（日本空衛協）

1948年10月　東京都の許可により社団法人設立。その後1953年8月建設省（当時）に移管。「空調衛生工事業者相互間及び関連業者との連絡を緊密にし、広く知識を内外に求め、空調衛生設備の進歩改善を促し、空調衛生工事業界の向上を図る」ことを目的としている。日本空衛協では、①空調衛生工事業の地位向上に関する調査、研究並びに指導、連絡　②機関誌及び参考図書の刊行　③空調衛生工事業に関する建議及び請願　等の事業を行っている。会員の内訳は、2008年9月1日現在、①企業会員：空気調和設備工事、給排水衛生設備工事、環境衛生設備工事、消火設備工事及び特殊管設備工事の管工事業を営む者（会員数244社）②団体会員：管工事業を営む者をもって組織する法人格を有する団体及び管工事業を営む者をもって組織する法人格を有しない団体の代表者（会員数46団体、構成員約5,000社）③賛助会員：管工事業に使用する材料、機器の製造業者又は販売業者及び団体で本会の趣旨を賛助するもの（会員数86）により構成されている。

```
◆所在地／電話番号
　〒104-0041　東京都中央区新富2-8-1
　金鵄ビル5階
　Tel　03-3553-6431
```

■日本経営者団体連盟
⇒日本経団連

■日本経団連

日本経済団体連合会の略。2002年5月に経済団体連合会と日本経営者団体連盟が統合して誕生した総合経済団体。会員数は1,632社・団体等。内訳は、日本の代表的な企業1,315社、製造業やサービス業等の主要な業種別全国団体130団体、地方別経済団体47団体などから構成されている（2008年10月14日現在）。日本経団連は、経済・産業分野から社会労働分野まで、経済界が直面する内外の広範な重要課題について、経済界の意見を取りまとめ、政治・行政に着実かつ迅速な実現を働きかけている。

※日本経営者団体連盟：略称は日経連。労働組合に対応する経営者団体の全国組織。1948年4月設立され、地方別経営者団体と業種別経営者団体によって構成され、労働争議、団体交渉、労働法などの解釈など労働問題への対応について経営者側の団結を図り、全般的な方針を示したり指導したりすることを主目的とした。

■㈳日本下水道施設業協会（施設協）

1981年11月　建設大臣（当時）の許可を得て設立された社団法人。「下水道施設業の健全な発展を図りもって下水道事業の促進に寄与し、国民の生活環境の改善に貢献する」ことを目的としている。施設協では、①技術の改善向上のための調査研究　②国、地方公共団体等の施策に対する協力　③情報及び資料の収集並びにその普及啓発　等の事業を行っている。会員の内訳は、2008年7月1日現在、①正会員：下水道施設業を営む法人（会員数35社）②賛助会員：本会の目的に賛同する法人、その他の団体（会員数7社）により構成されている。

```
◆所在地／電話番号
　〒104-0033　東京都中央区新川2-6-16
　馬事畜産会館2階
　Tel　03-3552-0991
```

■㈳日本建設業経営協会（日建経）

1976年1月　建設大臣（当時）の許可を得て設立された社団法人。「建設業の経営の近代化、合理化を促進することにより、その資質の向上を図り、もって我が国建設産業の健全な発展に寄与する」ことを目的としている。日建経では、①建設業の経営の近代化に関する調査研究及び啓発　②共同技術開発による建設業の技術力の向上　③建設産業の経済活動に関する調査研究及び情報管理　等の事業を行っている。会員の内訳は、2008年7月31日現在、①正会員：本会の目的に賛同す

る建設業者で資本金1億円以上の法人（会員数53社）②特別会員：学識経験者又は法人で理事会において承認されたもの　③賛助会員：正会員の資格を有しない建設業者又は本会の目的に賛同し、その事業に協力しようとする者で、理事会において承認されたもの（会員数4社）により構成されている。

◆所在地／電話番号
　〒104-0032　東京都中央区八丁堀2-5-1
　東京建設会館7階
　Tel　03-5542-5556

■㈳日本建設業団体連合会（日建連）

　1967年11月　建設大臣（当時）の許可を得て設立された社団法人。「建設業界に共通する基本的重要問題について公正な意見を取りまとめ、その実現に努力して、建設産業の健全な発展を図り、これを通じて社会公共の福祉増進に寄与する」ことを目的としている。日建連では、①建設業界に共通する基本的重要問題について、関係団体の意見を調整し、統一意見を確立する　②建設業界の健全な発展と、その事業遂行のため必要とする諸制度の確立及び改善に努めるとともに、政府の諸計画の円滑な遂行に協力すること　③建設産業の諸問題等に関する調査研究、統計の作成、資料の収集を図るほか、資料の頒布、講演会及び説明会の開催等を行うことにより建設業の実情を紹介すること　等の事業を行っている。会員の内訳は、2008年7月1日現在、①団体会員：全国的総合建設業団体（会員数10団体）②法人会員：全国的に総合建設業を営む法人（会員数51社）③特別会員：日本国内で総合建設業を営む外国法人（会員数5社）により構成されている。なお、法人会員については、本会加盟団体の1以上の正会員で、資本金10億円以上、年間完工高300億円以上の総合建設業者としている。

◆所在地／電話番号
　〒104-0032　東京都中央区八丁堀2-5-1
　東京建設会館
　Tel　03-3553-0701

■㈳日本建設大工工事協会（日建大協）

　1975年11月　建設大臣（当時）の許可を得て設立された社団法人。「建設大工工事業者の経済的地位の向上を図るとともに、施工技術の改善を促進し、もって大工工事業の健全なる発展に寄与する」ことを目的としている。日建大協では、①建設大工工事業の労務対策に関する調査研究　②労働災害防止に関する調査研究　③建設大工工事に関する技術の改善及び資材の調査研究　等の事業を行っている。会員の内訳は、2008年8月1日現在、①正会員：建設業法第3条に規定する建設業の許可を受けて大工工事業を営む者（会員数501名）②賛助会員：建設資材及び機器の製造業者、販売業者並びにこれらの者が組織する団体（法人でないものにあってはその代表者）で本会の目的に賛同する者（会員数12名）により構成されている。

◆所在地／電話番号
　〒105-0004　東京都港区新橋2-10-3　岩城ビル7階
　Tel　03-3591-1098

■㈳日本建築板金協会（日板協）

　1970年12月　通商産業大臣（当時）の許可を得て設立された社団法人。「板金加工業及び板金工事業の近代化と板金加工技術及び板金工事施工技術の向上を図り、もって我が国板金加工業並びに板金工事業の進歩発展に寄与するとともに国民住生活の改善向上に資する」ことを目的としている。日板協では、①板金加工業及び板金工事業の経営の改善に関する調査研究及び指導　②板金加工用及び板金工事用資材並びに板金加工法及び板金工事施工法に関する調査研究　③板金加工技術及び板金工事施工技術に関する研究　等の事業を行っている。会員の内訳は、2008年8月1日現在、①正会員：板金加工業者及び板金工事業者をもって構成する団体（会員数46団

体）②賛助会員：板金加工又は板金工事用の資材、機械及び工具の製造業者若しくは販売業者又はそれらの業者をもって構成する団体（19社）により構成されている。

◆所在地／電話番号
〒108-0073　東京都港区三田1-3-37　板金会館
Tel　03-3453-7698

■㈳日本左官業組合連合会（日左連）

1957年12月　建設大臣（当時）の許可を得て設立された社団法人。「左官工事の技術的進歩改善を図り、左官業の社会的経済的地位の向上発展を期し、もって公共の福祉を増進させる」ことを目的としている。日左連では、①左官工事に関する技術・資材の調査・研究及び指導　②左官業の社会的・経済的使命に関する宣伝及び啓蒙　③左官業構造改善計画の作成、構造改善の推進及び指導に関する事業　等の事業を行っている。会員の内訳は、2008年8月1日現在、①正会員：左官工事業団体、同連合会、その団体の構成員　②賛助会員：会員数45社（メーカー7割、材料業者3割）により構成されている。

◆所在地／電話番号
〒162-0841　東京都新宿区払方町25番地3
Tel　03-3269-0560

■日本商工会議所

略称は日商。1922年（大正11年）設立。全国516の都市に設立されている商工会議所の連合体。会員の大半が中小企業であり、中小企業対策を推進する立場から、政策提言活動を行っている。また、経済・社会全般に関する調査研究や、会員向け事業の展開、簿記やビジネス英語などの各種検定試験も実施している。

■㈳日本造園組合連合会（造園連）

1974年6月　建設・労働大臣（当時）の許可を得て設立された社団法人。「造園技術者の技能及び知識の向上を図り、もって造園業に従事する者の社会的・経済的地位の向上と造園業の健全な発展に寄与する」ことを目的としている。造園連では、①造園工事に係る職業訓練に関する事業　②造園技能者の育成に関する施策の研究建議　③造園工事業にかかる技術の改善に関する研究建議　等の事業を行っている。会員の内訳は、2008年4月1日現在、造園業に従事する者が組織する団体（法人格を有しない場合は、団体の代表者）で、本会の目的に賛同するもの（会員217組合、賛助会員18社）により構成されている。

◆所在地／電話番号
〒101-0052　東京都千代田区神田小川町3-3-2　マツシタビル7階
Tel　03-3293-7577

■㈳日本タイル煉瓦工事工業会（日タ煉）

1968年7月　建設大臣（当時）の許可を得て設立された社団法人。「全国各地区ごとのタイル煉瓦工事業者を結集し、タイル煉瓦工事業の技術的、経済的及び社会的な向上発展を図り、もって公共の福祉を増進する」ことを目的としている。日タ煉では、①タイル・煉瓦工事の技術及び資材の改善に関する調査研究、指導並びに奨励　②タイル・煉瓦工事業の経営の改善に関する調査研究、指導並びに奨励　③タイル・煉瓦工事業の社会的使命に関する啓発　等の事業を行っている。会員の内訳は、2008年4月1日現在、①正会員：地域ごとのタイル煉瓦工事業者の団体及びタイル煉瓦工事業を営む法人（会員数21団体、所属企業数1,017社、17法人）②賛助会員：本会の目的事業を賛助するもの（会員数14社）により構成されている。

◆所在地／電話番号
〒162-0843　東京都新宿区市谷田町2-29　こくほ21・5階
Tel　03-3260-9023

■㈳日本鉄道建設業協会（鉄建協）

1965年4月　運輸大臣（当時）の許可を得て設立された社団法人。「鉄道建設工事に関する技術及び事業の調査研究並びにその進歩・改善に努め、公共の福祉に寄与する」ことを目的としている。鉄建協では、①施工技術に関する調査研究　②安全施工に関する調査研究　③事業経営に関する調査研究　等の事業を行っている。会員の内訳は、2008年10月5日現在、①正会員：鉄道建設工事に経験を有し、本会の目的、趣旨に賛同する法人（会員数107社）②特別会員：鉄道建設工事の学識経験者の中から総会において委嘱する者（会員数2名）により構成されている。なお、これまで分野別に活動をしてきた日本土木工業協会、日本電力建設業協会、日本鉄道建設業協会、日本海洋開発建設協会の4協会が2009年4月1日に合併し、新生「日本土木工業協会」が発足した。

◆所在地／電話番号
〒104-0032　東京都中央区八丁堀2-5-1
　東京建設会館6階
Tel　03-3551-2494

■㈳日本電力建設業協会（電建協）

1957年4月　建設大臣・通商産業大臣（当時）の許可を得て設立された社団法人。「電力建設の促進及び工事の合理化に協力して、産業の振興に寄与し、公共の福祉を増進する」ことを目的としている。電建協では、①電力建設の促進及び工事の合理化に関する調査、研究　②国会、関係官公庁、電気事業者等に対する建議、陳情及びその諮問に対する答申　③関係官公庁、電気事業者、関係団体その他との連絡　等の事業を行っている。会員の内訳は、2008年8月1日現在、建設業を営む会社であって、電力建設工事の経験を有するもの（会員数64社）により構成されている。なお、これまで分野別に活動をしてきた日本土木工業協会、日本電力建設業協会、日本鉄道建設業協会、日本海洋開発建設協会の4協会が2009年4月1日に合併し、新生「日本土木工業協会」が発足した。

◆所在地／電話番号
〒104-0032　東京都中央区八丁堀2-5-1
　東京建設会館6階
Tel　03-3551-3971

■㈳日本道路建設業協会（道建協）

1954年10月　建設大臣（当時）の許可を得て設立された社団法人。「道路建設技術の向上、研究開発及び道路建設業の健全なる発展を図り、もって道路整備の促進に協力し、公共の福祉の増進に寄与する」ことを目的としている。道建協では、①道路に関する啓発及び周知宣伝　②道路技術及び道路用資材に関する調査研究　③道路に関する試験、研修等の事業を行っている。会員の内訳は、2008年8月1日現在、道路建設を業とし本会の目的趣旨に賛同する個人及び法人（会員数216社）により構成されている。

◆所在地／電話番号
〒104-0032　東京都中央区八丁堀2-5-1
　東京建設会館3階
Tel　03-3537-3056

■㈳日本塗装工業会（日塗装）

1959年8月　建設大臣（当時）の許可を得て設立された社団法人。「会員相互の和親協力によって建設塗装技術及び経営の進歩改善を図り、建設塗装工事業の健全なる発達と建設文化の向上に寄与する」ことを目的としている。日塗装では、①塗装工事に係る技術と技能の研究開発並びに指導、訓練　②塗装工事業の経営の改善に関する調査研究並びに指導　③塗装工事業に関する建議及び請願　等の事業を行っている。会員の内訳は、2008年3月31日現在、①正会員：塗装工事業を営み、その技術・信用及び責任に関し、非難されることのない個人企業並びに法人で、原則として建設業法の許可業者（会員数2,867社）②団体会員：建設塗装工事業者を構成員とする業者団体であって当該都道府県支部の推薦

によるもの、又は塗装工事業界に相当な貢献をし、本会の目的達成に寄与すると認められる塗装工事業団体（会員数2団体）により構成されている。

◆所在地／電話番号
　〒150-0032　東京都渋谷区鶯谷町19-22
　塗装会館3階
　Tel　03-3770-9901

■㈳日本鳶工業連合会（日鳶連）
　1966年5月　建設大臣（当時）の許可を得て設立された社団法人。「全国の鳶工事業者を結集し、鳶工事業の技術的進歩改善と、鳶工事業者の社会的、経済的地位の向上により、建設業の発展を図り、もって公共の福祉を増進させる」ことを目的としている。日鳶連では、①とび工事業の経営並びに技術の改善に関する調査研究及び建議　②とび工事業者の育成に関する施策の研究及び建議　③とび工事業の安全施工に関する研究及び建議等の事業を行っている。

◆所在地／電話番号
　〒105-0011　東京都港区芝公園3-5-20
　日鳶連会館
　Tel　03-3434-8805

■㈳日本土木工業協会（土工協）
　1949年4月　建設大臣（当時）の許可を得て設立された社団法人。「土木工事に関する技術の進歩と経営の合理化に努め、社会公共の安寧福祉を増進する」ことを目的としている。土工協では、①河川、山林、架橋、隧道、道路工事等に対する施工技術の進歩改良　②技術、経営方法に関する調査研究及び統計資料の収集と業務上必要な情報の交換　③河川、堤防、山林、橋梁、道路、路線の保全に対する一般公衆の啓蒙　等の事業を行っている。会員の内訳は、2009年2月1日現在124社（土木工事業者で、全国的に事業を経営し、かつ、東京都内に本店又は支店を有し、技術・責任感等において信用ある法人）により構成されている。なお、これまで分野別に活動をしてきた日本土木工業協会、日本電力建設業協会、日本鉄道建設業協会、日本海洋開発建設協会の4協会が2009年4月1日に合併し、新生「日本土木工業協会」が発足した。

◆所在地／電話番号
　〒104-0032　東京都中央区八丁堀2-5-1
　東京建設会館6階
　Tel　03-3552-3201

■日本版401k
　米国で普及した確定拠出年金（401k）の日本版。米国の内国歳入法第401条k項に規定された確定拠出型年金制度を雛型に作られた、加入者が運用方法を選べる新しい年金制度のこと。掛金が決まっており（確定拠出）、運用実績により、年金受取額が変わってくる、自己責任の年金制度。企業単位でつくる「企業型」と、自営業者らが個人で入る「個人型」の2タイプがある。

■日本版REIT
　投資家から集めた資金をオフィスビルなど複数の不動産に投資し、その賃料収入や売却益で投資家に配当金を分配するもの。REIT＝リートは「Real Estate Investment Trust」の略で、「不動産投資信託」のこと。2000年11月施行の「改正投資信託法」により、不動産も対象として認められた。「日本版REIT」や「J-REIT」と呼ばれている。日本版REITには、投資法人を設立して運用する「会社型」と、信託銀行が運用する「契約型」がある。

■日本版SOX法
　相次ぐ会計不祥事（カネボウの粉飾決算・上場廃止事件など）やコンプライアンスの欠如などを防止するため、法令遵守や内部統制の確立を求める法律のこと。「金融商品取引法」（2006年6月施行）第24条の4の4と、第193条の企業の内部統制について規定され

ている部分。米国のサーベンス・オクスリー法（SOX法：法案を提出した2人の議員の名前に由来する）に倣って整備したため、日本版SOX法と呼ばれている。日本版SOX法は、上場企業及びその連結子会社に、会計監査制度の充実と企業の内部統制強化を求めており、適用時期は、2008年4月から始まる会計年度とされている。

■入札改革

　高コストといわれる公共工事をめぐる談合が社会問題となっており、公共工事の入札及び契約に関し不正を起こりにくくするために、入札制度を見直すこと。手続きの透明性・客観性を高めて、市場原理（競争性の向上）が働く余地を大きくすることが狙い。指名競争入札（入札参加企業があらかじめ決まっている）から一般競争入札（不特定多数の企業が参加できる）への移行や、価格以外の技術力や施工実績など、総合的に判断する総合評価方式の導入などが柱となっている。

■入札・契約適正化法

　2000年（平成12年）11月17日に成立した「公共工事の入札及び契約の適正化の促進に関する法律」（2001年2月15日施行）で、次の4点の事項が全ての発注者に義務付けられた。①毎年度の発注見通しの公表（発注工事名・時期等を公表）　②入札・契約に係る情報の公表（入札参加者の資格、入札者・入札金額、落札者・落札金額　等）　③施工体制の適正化（丸投げの全面禁止、受注者の現場施工体制の報告、発注者による現場の点検等）　④不正行為に対する措置（不正事実（談合など）の公正取引委員会、建設業許可行政庁への通知）。

■入札後に価格協議等を行う方式

　発注者としての特殊法人等における新しい入札契約の方式の一つ。概要は、①入札者のうち、予定価格を下回り、かつ最低の価格を提示した者を落札予定者とし、入札後、価格、工法等について協議を行う。②価格について、発注側の設計単価との比較等を行い、合理的な単価を採用する、又は価格低減に資する技術提案を採用することで、その低減を図る。③協議が不調であった場合には、当初の入札の際に次に低い価格で入札をした者と協議を行うか、再入札を行うこととなる。

■入札参加資格審査

　公共工事の入札参加を希望する建設企業の資格審査のこと。国、都道府県、市町村等が発注する建設工事の請負契約の相手方を入札で選ぶ場合に、あらかじめ相手方が契約対象者としてふさわしいかどうか審査することをいう。公共工事の受注を元請で希望する建設企業は、必要な申請書類を提出して審査を受け、入札参加資格者名簿に登録されていることが必要になる。入札参加資格審査は、建設企業の「客観的事項」と「主観的事項」の2つの結果を勘案して、順位付け・格付けが行われている。

※参照「主観点数・客観点数」「格付け・等級」

■入札時VE方式

　工事の入札段階で、設計図書による施工方法等の限定をなくし、指定されない施工方法等について技術提案を受け付けて審査したうえで、入札参加者を決定し、各入札参加者が提案に基づいて入札し、「価格競争」により落札者を決定する方式。

■入札談合

　国、地方公共団体、特殊法人等が行う公共工事や、物品などの調達先を決定する入札に際し、入札参加者間において事前に調整をして、あらかじめ受注予定者（本命落札者）を決定しておき、この受注予定者が落札できるようにするため、その入札金額などにつき入札参加者が自主的に話し合って決めること。業者間協定ともいう。入札談合は独占禁止法上のカルテル（不当な取引制限）に該当し、刑法上の談合罪に該当するときは、公の競売又は入札の公正を害する行為として刑法上の処罰の対象となる。入札談合が多数行われて

いる事態に対応して、国土交通省は「談合等の不正行為に対する指名停止措置の強化」の方針を公表している。特に「入札談合等関与行為防止法」の施行を踏まえ、入札談合者への公共事業の指名停止措置について、その期間及び地域を強化している。

■入札不調
　公共工事では入札の結果、最低入札者が予定価格を超過した場合は、入札を繰り返すことになるが、最終入札の結果、落札者がない場合、入札を打ち切る。これを入札不調という。

■入札ボンド制度
　公共工事の入札参加者に対して、金融機関等による審査・与信を経て発行される履行保証の機能を有する証書の提出を求める制度。この履行保証の機能を有する証書を「入札ボンド」という。国土交通省では、一般競争入札の拡大と総合評価方式の拡充を進めるにあたり、市場機能を活用して一層質の高い競争環境を整備することを目的に、2006年（平成18年）10月より入札ボンド制度を導入している。これまで一律に入札保証金を免除していた運用を改め、対象工事については、入札保証金の納付を原則化したうえで、入札ボンドの提出があれば、入札保証金の納付を求めないこととした。①履行能力が著しく懸念される業者の排除　②金融機関等の与信枠の設定等による過大な入札参加の抑制　③ダンピング受注に対する一定の抑制　等の効果が期待されている。なお、入札ボンドとして取り扱われるものは、①損害保険会社の入札保証保険証券　②金融機関の履行保証の予約証書　③前払保証事業会社の契約保証の予約証書　④金融機関の入札保証証書　がある。

■入札前に技術提案等を行う方式
　発注者としての特殊法人等における新しい入札契約の方式の一つ。概要は、①受注希望業者に対し技術提案の公募を行うとともに、低価格資材、工法について発注者より提案。

②業者提案の採否、発注者提案の採否について協議を行い、価格低減を誘導しつつ、各工法の採否を決定する。③入札により、最低価格入札者を落札者とし契約する。

■ニューマチックケーソン工法
　潜函工法ともいう。Pneumaticは「空気」、Caissonは「函」を意味する。鉄筋コンクリート製の函（躯体）を地上で構築し、躯体下部に気密な作業室を設け、ここに地下水圧に見合った圧縮空気を送り込むことにより、地下水の浸入を防ぎながら掘削・排土を行い、その躯体を地中に沈める工法。内部の空気が逃げないようにコップを逆さまにして、水中に押込んだ状態のように、水の浸入を空気の圧力によって防ぐ原理を応用したもの。橋梁や建物の基礎、トンネルなどの発進立坑、地下鉄などのトンネル本体などに広く活用されている。

■任意整理
　⇨私的整理

■認定電気工事従事者（国家資格）
　自家用電気工作物のうち簡易な分野である電気工事について資格を定め、認定される国家資格。この資格が必要な工事は、電圧600V以下で使用する自家用電気工作物（最大電力500kW未満の需要設備）であり、第一種電気工事士試験に合格した者、第二種電気工事士免状の交付を受け、かつ、交付後（持っている資格でできる範囲内での）電気工事に関し3年以上の実務経験を有し、又は講習を修了した者、又は、電気主任技術者の免状の交付を受けている者又は電気事業主任技術者であって、電気主任技術者免状の交付を受けた後、又は電気事業主任技術者となった後、電気工作物の工事、維持若しくは運用に関し3年以上の実務経験を有し、又は認定電気工事従事者認定講習を修了した者に対して認定される。
●実施機関：資格【特種電気工事資格者】
　（経済産業省）

ね

■根固工

洪水時に河床（川底）の洗掘（せんくつ：川を流れる水により、川底や堤防が削られること）が著しい場所において、護岸基礎工前面の河床の洗掘を防止するために設けられる構造物。根固工には、①粗朶沈床工（そだちんしょうこう：木の枝を切ったものと石を組み合わせたもの）②木工沈床工（丸太と石を組んだもの）③捨石工（大きな石を捨てこんだもの）④篭工（鉄線篭に石を詰め込んだもの）等がある。

■ネガティブフリクション

支持杭は一般に杭先端部の地盤抵抗で支持されるが、例えば、中間層に軟弱な層があり、それを貫通して支持地盤に打設された杭の場合、杭周辺の地盤が沈下すると、杭周面に下向きの摩擦力が作用する。この力は、杭の支持力に貢献せず、荷重として作用する。この力を「ネガティブフリクション」という。

■ネゴシエーション契約（技術交渉方式）

発注者と業者が価格や技術について交渉を行ったうえで、契約の相手方や契約内容・価格を決定する仕組み。入札参加を希望する業者が技術提案書を提出し、発注者は施行方法の改善や価格の低減要素等を検討して、合否を判定し、合格と判定された業者と交渉に入る。交渉の中で修正案を受け付け採否を判断、入札参加者を決定する。

■熱絶縁工事

建設業法第2条に規定する建設工事の一つ。工作物又は工作物の設備を熱絶縁する工事をいう。具体的工事例として、冷暖房設備・冷凍冷蔵設備・動力設備や燃料工業・化学工業等の設備の熱絶縁工事などがある。

■根抵当権

抵当権の一種。将来借り入れる可能性のある分も含めて、不特定の債権の担保としてあらかじめ設定しておく抵当権のこと。原材料の供給契約などの継続的取引が行われる場合に利用されるもので、その間の取引額が始終増減する当事者間のすべての債権を、あらかじめ定められた金額（極度額）まで担保するものである。普通の抵当権は、抵当権によって担保される債権（被担保債権）が消滅すると、抵当権も消滅するが、根抵当権では、個々の被担保債権が消滅しても消滅せず、一定の消滅事由が発生した時（民法第398条の20）にのみ消滅する点に特色がある。

■燃料電池

水素と酸素を化学的に反応させて、電気と熱をつくり出す装置（電池）。水を電気分解すると水素と酸素が発生するが、その逆反応を用いたもので、反応により生成するのは水だけなので、極めてクリーンで発電効率が高い発電システム。電気自動車や家庭用コージェネレーション（発電の際に発生する排熱を給湯・暖房などに利用する）発電などへの応用が研究されている。

の

■農業参入

⇒企業の農業参入

■農業生産法人

⇒企業の農業参入

■農地法

田や畑など農地の所有や賃借、転用について定めた法律。1952年に制定。農地は耕作者自らが所有するのが最も適切という、自作農主義の原則をとっている。改正を重ねて、一部の法人に農地取得を認めてきたが、制限が大きく、抜本改革には至っていないといわれている。1977年に約550万haあった農地は、転用などで2007年には約465万haに減少。道路建設や商業施設の開発などの転用で、農地

が高く売れることを農家が期待し、本当に必要な農家に農地が集まっていないことが問題といわれており、農地法改正などの農地改革が急務となっている。食料の自給率が低下している我が国の農業の将来像を考えるとき、農地の総面積を確保し、集約化を促す必要があるといわれている。

※参照「企業の農業参入」

■農免農道

　ガソリン（揮発油）の取引には揮発油税がかかるが、揮発油税（ガソリン税）は道路整備の財源とする目的税であるにもかかわらず、農業用・林業用の機械や漁船で使用される揮発油にも一律に課税されている。取引の際に、そのガソリンが何に使われるのかを確かめることは現実的でないため、農林漁業用機械に消費される分の揮発油税に相当する額を財源として道路を整備することで、揮発油税の免除に代えている。この事業を「農林漁業用揮発油税財源身替農道整備事業」といい、これにより整備された道路を農免農道と呼んでいる。他に類似の例として、農免林道、農免漁道がある。

■ノーポイ運動

　工事現場の清潔や安全を保つため、たばこの吸殻、空きビン、空きカンなど投げ捨てないようにする運動。安全や整理整頓運動などの一種。

■法地

　⇨法面

■法面（のりめん）

　傾斜面のことを「法（のり）」といい、切土、盛土斜面を法面という。不動産用語では「法地」（実際に宅地として使用できない斜面部分のこと）という。自然の地形によるもの、傾斜地の造成にあたって、土崩れを防ぐためにつくられる石積み又はコンクリート擁壁など擁壁設置に伴う斜面も法面である。

■法面保護工

　自然斜面及び切土工、盛土工によって出現した法面を、植生又は構造物で被覆し、法面の浸食や風化を防止するために用いられる工法。植生による法面保護は、雨水による浸食防止、凍上崩壊の抑制と自然環境との調和が目的。構造物による法面保護工の目的は、風化、浸食、法面崩壊の防止と法面小崩壊の抑制を目的とし、植生工の不適な斜面での法面保護に用いられる。構造物の大きな土圧が予測されるときは、アンカーなどの併用も行われている。

■のれん

　⇨固定資産

■のれん代

　企業が持つ営業権のこと。企業買収の場合、買収価格から買収される企業の純資産（資産総額ー負債総額）を引いた差額が「のれん代」となる。従来の会計基準では「のれん代」を貸借対照表上の無形固定資産として計上し、一定の年数で償却する手法で処理されてきたが、2006年4月からの新ルールで、20年以内の複数年数で均等処理（定額償却）することになった。各期の償却額は、販売費及び一般管理費として計上する。

■ノンバンク

　融資のみを専門業務としている企業や金融機関のこと。預金の受け入れなどは行わない。代表的なものには、消費者金融会社、住宅金融専門会社などがある。

■ノンリコースローン

　借り手の個人や企業の信用力によらず、融資対象とする特定の資産（責任財産）の収益力のみを評価して実行する融資。借り手は特定の資産から得られるキャッシュフローのみを返済原資とし、それを超えた返済義務は負わないが、当然、特定の資産の収益力を超えた融資は受けられない。金融機関は、特定の資産の収益性をもって、融資を実行するかど

うかの判断基準とし、一定のリスクをとる代わりに通常より高めの金利を設定する。非遡及型融資。

は

■ハイ・イールド・ボンド
⇒ジャンク・ボンド

■バイオマス
　生物資源（Bio）の量（Mass）を表す概念で、一般的には「再生可能な、生物由来の有機性資源で化石資源を除いたもの」をバイオマスという。バイオマスの種類には、①廃棄物系バイオマス（廃棄される紙、家畜排泄物、食品廃棄物、建設発生木材、製材工場残材、下水汚泥など）②未利用バイオマス（稲わら、麦わら、籾殻など）③資源作物（さとうきび、トウモロコシなど）がある。

■配管勾配（はいかんこうばい）
　管の中を流れるものが滞留せず、勾配に従って速やかに流れるように勾配をつけることをいう。しだいに傾斜が上がっていくように勾配を付けて設置することを「上がり勾配」、反対に傾斜が下がっていくように勾配を付けて設置することを「下り勾配」という。勾配の度合いは、流れるものの種類や設定する流速、配管の距離などにより様々である。

■廃棄物処理施設技術管理者（国家資格）
　廃棄物処理施設を適正に維持管理するための専門知識を有する者として、認定される国家資格。廃棄物処理施設技術管理者は、処理する内容により「ごみ処理施設コース」「し尿・汚泥再生処理施設コース」「破砕・リサイクル施設コース」「産業廃棄物中間処理施設コース」「産業廃棄物焼却施設コース」「有機性廃棄物資源化施設コース」「最終処分場コース」に分類されている。
●実施機関：㈶日本環境衛生センター
　Tel　044-288-4895
　http://www.jesc.or.jp/

■廃棄物処理法
　正式名称は「廃棄物の処理及び清掃に関する法律」。廃棄物に関する基本的な法律であり、廃棄物の区分や処理責任などを規定している。廃棄物の排出量を抑えて、適正に処理することにより、生活環境の保全及び公衆衛生の向上を図ることを目的としている。家庭から排出される一般廃棄物と、建設廃棄物など企業が排出する産業廃棄物に区分しており、不法投棄に対しては罰金や懲役などの刑罰がある。

■排除措置命令
　公正取引委員会が、入札談合など独占禁止法違反の行為があったと判断した事業者や事業者団体に対し、違反行為をやめるよう命じる行政処分。違反行為がなくなった日から3年間は必要な排除措置を命じることができる。入札談合など、不当な取引制限で排除措置命令を受けた場合、事業者などはカルテル（協定）を破棄したうえで、そのことを発注者などに周知徹底し、公正取引委員会へ具体的な措置を報告するよう求められる。

■配当落ち
　配当の権利確定日が過ぎて、配当分だけ理論株価が下落すること。上場株券に配当や新株引受権その他の権利が付与されている場合、株主の権利確定日の翌日にその権利が消滅するので、株主の権利確定日に決定される売買は、配当や新株引受権その他の権利がなくなった状態で行われることになる。これを、配当の場合は「配当落ち」、新株引受権その他の権利の場合には「権利落ち」という。例えば、500円の株で期末の配当が5円の場合、期末の配当権利確定日を過ぎると、理論的に株価は495円まで下落する。配当は、定款に定められた利益配当基準日現在の株主が受け取る権利を有しているため、基準日（権利確定日）の前後での売買価格は、配当金の分だけ差が生じることになる。証券取引所では、この配当落ちの日を、権利確定日の3日前の日としている。

■配当性向

その期の純利益（税引き後利益）の中から、配当金をどのくらい支払っているかを表したもの。利益額に占める配当金の割合であり、配当余力あるいは配当の安定性を示す尺度であり、投資を行う際に企業を評価する指標の一つ。この指標の数値が低い場合は、配当余力が大きく、増配・増資の可能性が大きいことを意味し、数値が高い場合は、株主への利益還元の傾向が強いことを示している。近年は、株主志向の経営が浸透してきたことに伴い配当性向が高まってきているといわれている。

配当性向（％）＝1株あたりの配当額÷1株あたりの当期純利益×100

■配当利回り

株価に対する年間配当金の割合を示す指標。株式等を評価する尺度の一つで、1株あたりの年間配当金額を、現在の株価で除して求める。例えば、現在株価が1,000円で、配当が年10円の場合、配当利回りは1％（10円÷1,000円）となる。前期の配当で算出する「実績配当利回り」と今期の予想配当を用いる「予想配当利回り」がある。

■ハイパーインフレーション

超インフレーション。物価がきわめて短期間の間に数倍、数十倍に上昇するような激しいインフレ。戦争や大災害の後に起こることが多い。

■パイプスペース（PS）

主に住戸内のキッチンやトイレなどの配水管を柱状に仕切ったスペースのこと。間取り図では「PS」と表示されている。パイプスペースの配水管は上下階の住戸と共用しているので、勝手に外すことはできない。

■パイプルーフ工法

本体構造物の掘削作業を安全確実に構築するため、パイプ（鋼管）を本体構造物の外周に沿って等間隔にアーチ状又は柱列状に水平に打設し、ルーフや壁をつくり、地上及び地下埋設物などの防護を目的とする補助工法。軌道、道路、河川横断等のトンネル工事の上載荷重又は、側部土圧を支える補助工法として利用する。

■バイブロフローテーション工法

地盤改良業の一種。ゆるいきれいな砂層を水ジェットと振動の併用で、かなりの深さまで締め固める地盤改良工法のこと。砂地盤に加振した棒状の工具を押込み周囲の隙間に砂、砕石、スラグ等を充てんし、ゆるい砂質地盤を締め固める。

■ハイリスク・ハイリターン

投資家が、失敗する危険性も高いが、成功すれば非常に大きな利益を得る可能性もある事業を主体に資金を運用すること。一般に、高利益が期待できるものは危険性も高いということ。

■パイロットトンネル工法

本坑の掘進に先立ち、本坑断面内や本坑周辺の断面外に掘削する小径のトンネル。大断面手掘圧気シールド施工の際に採用される工法で、先行して3〜4mのシールドを掘進し、そのトンネル坑内を利用して大断面シールド掘進に影響を与えないよう、薬液注入、地下水位低下工法等を併用することをいう。

■はがれ

仕上材が、接着不良や接合不良のため下地材から離れてしまうこと。接着不良の原因は、まず第1に下地面が汚れていたり、油分やほこりなどが付着しているなど接着を妨害する場合、第2には下地面の水分の乾燥が不十分で湿潤状態であったり、水分が下地面に浸入してきたりしてはがれを起こすことがあげられる。第3は、仕上材と下地材との間の伸縮率があまりにも違いすぎて接着面に応力が加わり接着力より大きくなってはがれてしまう場合である。第4は接着剤の種類の選定に誤りがないかどうかということ、第5は接

着工事の不良があげられる。

■パークアンドライド
　都市の交通渋滞を解消する対策事例の一つ。最寄り駅まで自動車でアクセスし、駅に近接した駐車場に駐車する。そして公共交通機関（主に鉄道やバス）に乗り換え、勤務先まで通勤する交通形態のことをいう。車を使う時間が減るので、環境にやさしく、郊外で電車などに乗り換えるため、都心部の自動車交通による渋滞の緩和効果が期待されている。

■派遣労働
　ある会社（派遣元事業主）と雇用関係にある労働者が、別の会社に派遣され、派遣先の会社の指揮命令の下で働くこと。賃金は、派遣元事業主から労働者に支払われる。雇用主と実際の指揮命令者が違うことから、労働者の保護のために「労働者派遣事業の適正な運営の確保及び派遣労働者の就業条件の整備等に関する法律」によって、厚生労働大臣の許可を受けたあるいは届出を受理された会社のみが、適用対象業務についてのみ労働者派遣事業を行うことができる。建設業務、港湾運送業務、警備業務などについては、労働者派遣事業を行うことはできない（同法4条）。派遣労働は、派遣元事業主との雇用契約の形態により、①登録型労働者派遣　②常用雇用労働者派遣　③紹介予定派遣がある。
　※参照「建設業における労働力需給調整システム」
　※建設業務：土木、建築その他工作物の建設、改造、保存、修理、変更、破壊若しくは解体の作業又はこれらの作業の準備の作業に係る業務。
　※登録型労働者派遣：労働者は、派遣元事業主に自分の名前や可能な業務などを登録しておき、仕事が生じた時に、その期間だけ派遣元事業主と雇用契約を結んで派遣先で働く。その派遣期間が終われば、派遣元事業主との雇用契約も終了する。
　※常用雇用労働者派遣：派遣元事業主と雇用契約を結ぶ形態。派遣されていない期間も派遣元事業主の従業員としての地位は継続する。
　※紹介予定派遣：派遣先に雇用されることを目的として派遣される場合。例えば、6ヵ月の予定で派遣された労働者は、派遣期間満了後派遣先企業と合意すれば、派遣先企業の社員となることができる。2000年12月から解禁され、派遣期間中に仕事の内容や、職場環境の確認ができることから、転職後のミスマッチを防ぐシステムとして注目されている。

■パーゴラ
　語源は「ぶどう棚」。家の軒先に設置する棚のこと。夏の強い直射日光を遮ったり、道路からの目隠しの効果も期待できる。

■破産（はさん）
　破産法によって、債務者の総資産を換価し、総債権者に公平に配当する裁判上の手続きをいう。債務者が支払不能（法人では債務超過）の状態となると、債権者又は債務者の申立てによって裁判所が破産手続き開始の決定をし（破産法第30条）、同時に破産管財人を選任する（同法第74条）。債権の届出をさせ、調査をする一方で破産財団を換価し、破産管財人が按分額で配当する（同法第193条以下）。破産財団に抵当権などの担保権を持っている者（別除権者）は破産手続きと関係なく競売手続き（民事執行法第180条以下）を進め（破産法第65条）、優先弁済を受けられる。ただし、支払停止又は破産手続き開始の申立ての後、又はこれに近い時期の弁済や担保設定等は、破産管財人の否認（同法第160条以下）によってその効力を奪われる。倒産会社など、債務者本人が破産を申立てする場合を自己破産という。

■破産債権・更生債権等
　⇒固定資産

■破産者で復権を得ない者
　破産法の規定に基づき、裁判所から破産宣告を受けた者で、いまだ破産法にいう「復権事由」に該当しない者をいう。「復権事由」

とは、裁判所による免責の決定が確定した場合等に認められる当然復権（破産法第255条）と、破産者が弁済等により債務の全部を免れた時に、破産者の申立により裁判所が行う復権の決定（同法第256条）がある。建設業法第8条において、建設業許可を受けられない者として定められているが、復権を得た場合は、許可の拒否事由にはならない。

■破産手続
　⇒破産

■破産法
　支払不能又は債務超過にある債務者の財産等の清算に関する手続きを定めた法律（破産法第1条）。債務者がその債務の弁済を継続することができない状態になった場合、裁判所により任命された破産管財人のもとで債務者の財産を換価し、換価した財産を債権者に対し公平に分配することにより、債務の清算をする。破産法は、倒産法制の中では清算型手続きに該当する。2004年6月2日全面改正された破産法が公布され、2005年1月1日から施行されている。

■バーゼルⅡ（新しい自己資本比率規制）
　スイスの都市のバーゼルにある国際決済銀行に事務局があるバーゼル銀行監督委員会が国際統一基準として定めた金融機関の新しい自己資本比率。銀行の抱えるリスクの大きさ（自己資本比率の分母）をより精緻なものとするべく、1998年からバーゼルⅠの抜本的な見直しが開始され、2004年6月に新BIS規制（バーゼルⅡ）が公表された。市場リスクについては、バーゼルⅠでは単一計算方式であったのをバーゼルⅡでは銀行が「標準方式」（バーゼルⅠを一部修正した方式）と「内部格付手法」（行内格付けを利用して借り手のリスクをより精緻に反映する方式）のうちから自らに適する手法を選択することとなった。また、事務事故、システム障害、不正行為等で損失が生じるリスク（粗利益を基準に計測する手法と、過去の損失実績などをもとに計測する手法のうちから、自らが適する手法を選択）であるオペレーショナル・リスクが追加されている。なお新BIS規制では自己資本比率の分子と達成するべき水準についてはBIS規制と変更がない。日本では、2007年3月末から適用された。

※国際決済銀行：1930年に設立された各国の中央銀行をメンバーとする組織（本部はスイス、バーゼル）。当初の設立目的は、第一次大戦後のドイツの賠償を円滑に処理することを主な目的とした。現在は出資国の中央銀行間の協力を促進し、金融政策・国際通貨問題などに関する討議・決定を行っている。中央銀行からの預金の受入等の銀行業務も行っている。

■パーソントリップ調査（PT調査）
　交通の主体である「人（パーソン）の動き（トリップ）」を把握することを目的とした調査。どのような人が、どこからどこへ、どのような目的・交通手段で、どの時間帯に動いたかについて、調査日1日の全ての動きを調べるもの。この調査により、都市圏内の交通実態を把握し、都市圏などの将来の交通計画などを策定する。

■肌別れ（はだわかれ）
　張り合わされた接合面や塗り重ねた接触面が離れること。左官工事、塗装工事等現場での塗り工事では、一度で仕上げは行わず、下塗り、中塗り（むら直し）、上塗り（仕上塗り）の順に何回かに分けて仕上げる。この場合、乾燥が不十分なまま塗り重ねると、それぞれの工程の境界線で剥離を起こすことがある。これを一般に肌別れという。住宅の玄関等の土間が、コンクリートの重みで基礎本体と離れてしまう現象も「肌別れ」というが、この場合、肌別れしないように鉄筋をホールインアンカー（基礎本体に鉄筋などを固定するために使われる金具）で基礎本体に連結させ、肌別れを防止する工事が必要である。

■破断（はだん）

金属などの構造物が、衝撃や疲労などの原因で切断される現象。最も一般的なのは、屋上露出防水層が下地コンクリートの動きに追随できなくて破断して雨漏りを起こす場合である。下地コンクリートの熱挙動を和らげるために穴あきルーフィングを用い密着工法を避けるとともに、ストレッチルーフィングをアスファルトで接着して耐力の増強を図る必要がある。

■バーチカルドレーン工法
　⇨サンドドレーン工法

■8条協定書
　建設工事1件ごとに結成される特定建設工事共同企業体では、普通、共同企業体協定書第8条に出資割合が定められている。経常建設共同企業体の場合、複数の工事を当該企業体が受注し施工するため、別に出資割合を決める必要がある。この出資割合を別個に定めたものを「8条協定書」という。
※参照「JV」
※特定建設工事共同企業体：共同企業体には、一般的に特定建設工事共同企業体（特定JV）と経常建設共同企業体（経常JV）の2種類がある。特定JVは、大規模で技術的難度が比較的高い工事等を確実かつ円滑に施工するために、工事ごとに結成される。
※経常建設共同企業体：共同企業体の存続期間をあらかじめ定めて、継続的な協業関係を確保することによって、施工力や経営力を強化する目的で結成される。

■バーチャル・コーポレーション
　複数の企業や個人がネットワークによって連携をとり、あたかも一つの企業内の部門のように活動を展開する形態。仮想企業ともいう。複数の企業にいる多彩な人材をネットワークで有機的に結びつけることで、大企業にも劣らないビジネスの展開が可能になる。巨額の研究開発費を必要とする事業や、経営資源の限られているベンチャー企業などにとっては、メリットの大きい事業形態といえる。

■バーチャル・リアリティ
　仮想現実感。コンピュータを使って現実に近い仮想世界をつくり出す技術。

■白華現象（はっかげんしょう）
　セメントが硬化する時に発生する"水酸化カルシウム"と、大気中の"炭酸ガス"が結合してできた"炭酸カルシウム"が、煉瓦や土間コンクリートなどの仕上げ面に白く付着する現象。「エフロレッセンス」ともいい、俗に「鼻たれ」とか「エフロ」とも呼ばれる。コンクリート壁やタイル張り壁等に白く帯状に残る白華現象は、場合によってはひび割れが存在するかもしれず、剥離の発生も十分可能性があると考えられるので、特に外壁などは調査しておく必要がある。白華現象は、夏よりも冬の方がより多く発生する。これは夏の気温が高く、水分が壁体内に存在する間に、空気中に蒸散されてしまうからである。

■パッシブソーラーハウス
　⇨アクティブソーラー

■バッチャープラント
　コンクリートの製造施設。セメント・骨材・水量などを計量して練り混ぜを行い、その後ホッパーから積み込みまでの一連の作業を効率的かつ経済的に行う施設のこと。大規模なコンクリートダムを建設する場合、大量のコンクリートが必要となるため、一般にコンクリートを購入するより現場で製造する方が経済的なことから、現地に設置される。

■発注者
　建設業法における「発注者」とは、建設工事の注文者で、他の者から請け負っていない者をいう。建設業法第2条第5項において定義されており、建設工事の最初の注文者のみを「発注者」としている。

/通称	施　主	↔	元請業者	↔	一次下請	↔	二次下請	↔	三次下請
建設業法上	発注者	↔	元請負人 (注文者)	↔	下請負人				
					元請負人 (注文者)	↔	下請負人		
							元請負人 (注文者)	↔	下請負人

■発破技士（国家資格）

　土木工事や採石現場などで、火薬を使って山などを切り崩す発破作業を行うための国家資格。火薬類を用いる発破の作業には、せん孔、装てん、結線、点火及び後処理等の業務があり、これらについては大きな危険が伴うため、国の定めた資格者があたることになっている。

●実施機関：㈶安全衛生技術試験協会
　Tel　03-5275-1088
　http://www.exam.or.jp/

■パテだれ

　サッシ回り、開口部回り、パネル相互の接合部分等にはシーリング材が用いられているが、これが気温の上昇で軟化し、表面がずれて一部しわ状のものがその表面目地部分に現れる状態をいう。シーリング材としては、以前は魚油に炭酸カルシウムやアスベスト等を混入して練り上げたパテやコーキング材が多く用いられていた。それらの材料が太陽熱で垂れ下がってしまったことがあり、それ以来、シーリング材に対してもパテだれという言葉が使われるようになった。シーリング材も種類が多いが、用途に応じた選定を行えばパテだれのおそれはない。

■パートナーシップ制度

　米国やカナダにおいて、共同所有形態によって出資金や役務を提供して事業を営む仕組みのこと。米国（米国統一パートナーシップ法）においては「2名以上の者が営利を目的に共同して事業を営む団体」と定義されている。パートナーシップの基本形態として「リミテッド・パートナーシップ（業務の執行に関して無限責任を負うパートナーと出資金を限度に有限責任を負うパートナーにより構成）」と「ジェネラル・パートナーシップ（無限責任を負うパートナーにより構成）」の2種類がある。

■パートナーリング

　一つの建設プロジェクトに関わる利害相反者（ステークホルダー）が、チームのパートナーとしての行動をする事を前提に、様々な事象への対応に際してそれぞれの立場に優先してプロジェクトに最善の選択を行い、起き得る可能性のあるリスクを未然に防ぐか、最小に食い止めるような協働チームとして遂行すること。

■ハートビル法

　正式名称は「高齢者、身体障害者等が円滑に利用できる特定建築物の建築の促進に関する法律」。高齢者や障害者がスムーズに使える建築物を増やし、社会参加を支援するための法律。デパート、ホテル、劇場など不特定多数が利用する建築物について、出入り口、廊下、階段、トイレ、駐車場などの設計に配慮するように、建築主の努力義務を定めている。

※建築物のバリアフリー化を促進するための「ハートビル法」と駅などの公共交通機関を対象とした「交通バリアフリー法」に基づき諸施策が講じられてきたが、連続的なバリアフリー化が図られていない等の問題があったため、ハートビル法と交通バリアフリー法を統合・拡充した「高齢者、障害者等の移動等の円滑化の促進に関する法律」（バリアフリー新法）が制定、施行されている（2006年（平成18年）12月20日施

■鼻たれ
⇒白華現象

■幅杭
　用地の境界に打つ杭。通常、道路改良工事や河川改修工事などで具体的な用地交渉に入る前に、事業に必要な土地の区域（用地の幅）を現地で示すため、20m間隔に打ち込んだ頭を赤く塗った半割き丸太（径12cmくらい）のこと。取り付け道や構造物が予定されている箇所では、変化点にも設置され、地権者に明瞭に事業地の区域を明示することができる。切り土、盛り土などの法面や構造物が予定されている箇所では用地幅は広くなり、中心線から杭までの幅もそれに応じて広くなる。この幅杭設置により地積測量図が作成され必要な用地面積が計算される。

■パブリック・インボルブメント
　Public（公共性）Involvement（巻き込む）。行政機関が政策を立案する際、その案を公表し、広く市民や関係業界団体などから意見を受け付ける機会を設け、提出された意見を考慮して施策の立案や事業計画に反映させる計画や事業の進め方をいう。

■パブリック・コメント
　行政機関が命令等（政令、省令など）を制定するにあたって、事前に命令等の案を示し、その案について広く国民から意見や情報を募集すること。平成17年6月の行政手続法の改正により新設された意見公募手続き。

■はめ殺し
　枠などに固定され開閉できない建具や、その状態のこと。例えば、「はめ殺し窓」は、光を取り込む採光を目的としたサッシにガラス戸をはめ込んだ開閉しない窓のこと。通常の窓に比べて価格が安く、採光を目的とした窓のため、吹き抜けなどの高い位置に設置されることが多い。

■パラペット
　建物の屋上やバルコニーなどの外周部分に設置された低い壁のこと。「手すり壁」又は「胸壁」ともいう。パラペットは、墜落を防いだり、構造物の先端を保護し防水効果を高めるために取り付けられる。

■梁（はり）
　木造建物において、柱の上部の側面にホゾ（接合するための突起）差しで止めてある水平材。柱が斜めに倒れないように建物を支える構造上重要な部材。三角形の小屋組みの底辺となり、小屋組みを支える小屋梁と2階の床を支える床梁（2階梁）とがある。

■バリアフリー
　障害者や高齢者の諸活動に不便な障害（バリア）を取り除く（フリー）こと。もともとは、段差をなくしたり、手すりを付けるなどの工夫や配慮を施した設計を意味する住宅・建築用語として登場した。

■バリアフリー新法
　「高齢者、障害者等の移動等の円滑化の促進に関する法律」。2006年（平成18年）12月20日施行。建築物のバリアフリー化を促進するための「ハートビル法」と駅などの公共交通機関を対象とした「交通バリアフリー法」で既に定められている内容を踏襲しつつ、この2つでは措置されていなかった新たな内容が盛り込まれている。
※参照「ハートビル法」

※バリアフリー新法で新たに盛り込まれた内容

1	・対象者の拡充：身体障害者のみならず、知的・精神・発達障害者など、すべての障害者を対象。
2	・バリアフリー化対象施設の拡充：これまでの建築物及び交通機関に、道路・路外駐車場・都市公園・福祉タクシーを追加。

3	・基本構想制度の拡充：バリアフリー化を重点的に進める対象エリアを、旅客施設を含まない地域まで拡充。
4	・基本構想策定の際の当事者参加：基本構想策定時の協議会制度を法定化。また、住民などからの基本構想の作成提案制度を創設。
5	・ソフト施策の充実：バリアフリー施策の持続的・段階的な発展を目指す「スパイラルアップ」を導入。また、国民一人一人の「心のバリアフリー」の促進。

■バリュー・アット・リスク（Value at Risk）

　統計的手法を使って、市場リスクの予想最大損失額を算出する指標。現在保有している資産（ポートフォリオ）を、将来のある一定期間保有すると仮定した場合、ある一定の確率の範囲内で、マーケットの変動によって、どの程度の損失を被る可能性があるかを計測したもの。通常VaRと表記することが多い。VaRは、1990年代初頭から欧米金融機関で利用され始め、日本でも時価会計への移行に伴い、企業、特に金融機関の保有資産リスクを評価するための指標として、採用されるようになった。

■バリュー・エンジニアリング
　⇒ VE

■バルチャーファンド
　金融機関の抱える不良債権の担保になっている不動産を、集中的に買い込んでいる外資系金融機関などの投資グループのこと。一括売却（バルクセール）で空きビルや地上げ跡地を抵当権価格の10％程度でまとめ買いして、競売で担保不動産を早期に売却するか、証券化して利ざやを稼ぐことを狙っているといわれる。短期間に収益を得ることを目的に、不良債権化した資産を安く買い叩く投資姿勢を、死肉に群がるハゲタカ（バルチャー）に模している。

■パワービルダー
　建売住宅を低価格で売る地域密着型の住宅施工会社。1990年代半ばあたりから台頭し始め、各地域で業績を伸ばしている。営業地域を絞り込みながら地元の不動産情報を活用して土地を取得、条件のいい土地を小さく分割し、数棟の一戸建て住宅を建てる「ミニ開発」の手法が多い。間取りなどの規格を統一した住宅を並行して建てて効率を高め、コストを抑える。木造軸組み在来工法の2階建て住宅が主流である。

■半川締め切り
　河川工事で瀬替えができないほど流量が多い場合は、河川の半分を矢板や土嚢で締め切って水替えを行い、工事現場をドライ状態にして工事を行うこと。

■板金工事
　建設業法第2条に規定する建設工事の一つ。金属薄板等を加工して工作物に取り付け、又は工作物に金属製等の付属物を取り付ける工事をいう。具体的工事例として、板金加工取付け工事、建築板金工事（建築物の内外装として、板金を張り付ける工事をいい、外壁へのカラー鉄板張付け工事や厨房の天井へのステンレス板張付け工事等）などがある。

■パンク河川
　ある水系の河川の水利用で、上水道や農業用水、工業用水などを上流から取水するたびにマイナスとし、支川からの流入や還元水をプラスとして河川の水収支を計算すると、結果的にある地点で流量がマイナスになってしまう場合、俗にパンク河川と呼んでいる。現実的には、残流域からの流入や慣行水利権の不使用分があることなどから、枯れ河川となることは少ないが、正常流量が確保できるように、既得水利権の見直しや慣行水利権の見直しが必要となる。

※慣行水利権：旧河川法が施行された年である明治29年の時点において、すでに河川から取水を行っていたものをいう（ただし、法律用語ではない）、これについては改めて河川法に基づく取水の許可申請行為を要することなく、許可を受けたものとみなされる。慣行水利権の内容は、社会的な承認を受けた慣行によって定まる。

■販売費及び一般管理費
　⇨損益計算書

ひ

■ビオトープ
　人間の生活環境に近いところで、安定した生態系を持つ多様な動植物の生息空間（野生の生きもののすみか）。ドイツ語で「生物」を意味する「Bio」と、場所を意味する「Top」を合成した言葉。私たちの住んでいる地域にある雑木林や草原、川や池などもビオトープである。近年では、街づくりの様々な場面でビオトープの整備が進んでおり、学校の校庭やビルの屋上などの場所を利用して様々なビオトープが誕生している。

■光触媒
　太陽や蛍光灯などの光があたると、その表面で強力な酸化力が生まれ、接触してくる有機化合物（トリハロメタン等）や細菌などの有害物質を除去することができる浄化材料のこと。光触媒として主に使用されている物質は二酸化チタンである。汚れやすく掃除の困難なトンネル内の照明器具、交通量の激しい道路のガードレール、建物の内外装などメンテナンスフリーの材料として利用が進んできている。

※光触媒の機能

大気浄化	・空気中の有害物質を除去
脱　臭	・アセトアルデヒド、アンモニアなどの悪臭の分解
浄　水	・水中に溶解した汚染物質（トリクロロエチレンなど）を分解、除去
抗　菌	・抗菌作用によりクリーンな環境
防　汚	・窓ガラスや外壁などの汚れを防ぐ

■引当金
　企業会計で、現時点では確定していなくても、将来、発生する可能性が高く、かつ、その金額を合理的に見積もることができる場合、その支出や損失に備えて貸借対照表上に計上しておくものをいう。引当金には、「評価性引当金」（資産の価値が毀損することを前提として資産の部にマイナス（△）表示する）と「負債性引当金」（将来の支出に備えるため、負債の部にプラス表示する）がある。貸倒引当金は「評価性引当金」にあたり、賞与引当金、退職給付引当金、修繕引当金などは「負債性引当金」に該当する。

■被災宅地危険度判定士
　被災地で地元の市町村又は都道府県の要請により、被災宅地危険度判定を行う技術者のこと。被災宅地危険度判定士は、①宅地造成規制法・都市計画法に規定する設計資格がある者　②国又は地方公共団体などの土木・建築等の職員で一定期間以上の実務経験がある者　で、被災宅地危険度判定連絡協議会又は、都道府県知事が実施する要請講習会を受講して、認定登録を受けた土木・建築等の技術者をいう。被災宅地危険度判定の結果については、①危険宅地　②要注意宅地　③調査済宅地　の3種類の判定ステッカーを、宅地の見やすい場所に表示する。

※参照「応急危険度判定士」

■非訟事件（ひしょうじけん）
　私人間の生活関係に関する事件のうち、裁判所が通常の訴訟手続きによらず、簡易な手続きで処理をし、公権的な判断をする民事事件。その処理は、「非訟事件手続法」により行われる。裁判所は、法律に基づき権利義務の存否を判断するのではなく、裁量的にその具体的内容等を定める点に特徴がある。非訟事件は、申立又は職権による探知により開始され（非訟事件手続法第11条）、非公開で

審判される（同法第13条）。

■ヒートアイランド現象
　都市部にできる局地的な高温域のこと。都市部の気温は、アスファルト舗装、ビルの幅射熱、ビルの冷房の排気熱、車の排気熱などによって、夏になると周辺地域よりも数度高くなる。等温線を描くと都市部が島の形に似ることからヒートアイランド現象と呼ばれる。

■ひび割れ
　硬化したコンクリート又はモルタル等に生じた割れ目のこと。"亀裂"あるいは"クラック"とも呼ばれる。ひび割れは各種の建物に発生するが、特に重要なものは鉄筋コンクリート造建物に発生するひび割れで、開口部回り、ベランダや庇（ひさし）などの突出部の先端部分、柱、梁、壁、床スラブ等においてみられる。その原因としてはセメントの異常凝結・異常膨張、乾燥収縮、冬期の凍結融解作用、鉄筋の発錆、コールドジョイント部の打継ぎ強さの低下、コンクリート打設後の沈下などが考えられる。

■樋門（ひもん）
　堤内地（堤防によって洪水氾濫から守られている住居や農地のある側）の雨水や水田の水などが川や水路を流れ、より大きな川などに合流する場合、合流する川の水位が洪水などで高くなった時に、その水が堤内地側に逆流しないように設ける施設。

■ヒヤリ・ハット運動
　建設現場などで「危なかった」「ヒヤリとした」「ハットした」等の体験情報を共有し、同じことが起こらないように安全の工夫をする運動のこと。

■標準貫入試験
　地盤や土質調査をする方法の一つ。ボーリング試験で掘った穴を利用して、土の硬軟や締り具合、土の種類や地層構成を調べるための試験のこと。具体的には、試験深度まで掘削した後、サンプラー（試料採取器）を鉄管の先に接続し孔底に降ろす。63.5kgのハンマーを75cmの高さから落下させ、サンプラーを30cm貫入させるのに要する打撃回数（N値）を測る。

■標準下請契約約款
　⇒建設工事標準下請契約約款

■費用対効果分析
　投下する総費用が発生する総効果額を上回るか否かについての分析。公共工事などの整備計画をまとめる際に、投資による効果の効率性を費用との関係で費用対効果分析を実施する。公共工事のムダ使い批判の中から、効率性や経済価値を評価するものとして重視されている。例えば道路整備では、走行時間短縮や走行経費の減少、交通事故の減少などを便益として算定し、道路整備に要する事業費と道路維持管理に要する費用を費用として算定し、それらを社会的割引率を用い現在価値に換算して分析している。

ふ

■歩合給（ぶあいきゅう）
　売上高や販売数量などの実績に比例して支給される給与。歩合給は完全に成果に応じて給与が決定するので、会社にとってはリスクの少ない給与形式である。歩合給は、成果の測定が簡単にできる外交員や販売員、タクシー運転手等に採用されている。歩合制のみの給与形式「フルコミッション（完全歩合制）」での雇用契約は、労働基準法第27条（出来高払制の保障給）違反となる。雇用契約の中に歩合給を盛り込む場合は、一定の収入を確保する固定給に歩合給を上乗せする複合型の給与形式を採用する必要がある。

■ファイナンシャル・プランナー
　資産運用や老後の財産設計の相談役。顧客に対しての貯蓄設計・投資計画・保険対策・

税金対策などトータル的な資産設計を立案し、必要に応じて税理士・弁護士等の専門家の協力を得ながら総合的にコンサルティング業務を行い、その実行を援助する専門家のこと。金融機関や証券会社などの財テク相談員も含まれる。ファイナンシャル（財政・家計）のプランナー（立案・計画者）の意。2003年からは、ファイナンシャル・プランナー技能士として国家資格になっている。

■ファクタリング

　企業が保有する売掛債権を、金融機関などのファクタリング会社に売却することによって、資金調達すること。企業が保有する売掛債権は、長いときには数ヶ月先の支払期日が到来するまで、資金化することができないことがあるが、ファクタリングをすることにより、売掛金の早期資金化、キャッシュフローの改善、貸倒リスクの軽減等が図れる。

■ファサードエンジニア

　ファサードとは、建物の正面外観のこと。古い建物の機能をいかすことをファサードエンジニアリングという。

■ファブレス経営

　生産設備を持たず、自社で独自に企画・設計した製品を他社に委託して生産すること。このような経営は、経営資源を開発や企画に集中でき、急速な市場の変化にも対応しやすい。また、生産設備を持たないため資金が固定化せずリスクの低減が図れるため、ベンチャー型企業に適している。しかし、ファブレス経営は、生産設備を持たないため生産過程でのコストダウンのメリットを受けられない、製品ノウハウが他社に流れる、社内で生産現場の知識が蓄積できない、品質や納期の管理が困難、などのデメリットもある。

■ファーム・バンキング

　金融機関と取引先の企業をコンピュータ回線で結び、一般の金融業務などを処理できるようにしたシステム。金融機関のコンピュータと取引先企業のパソコン等の通信機器を通信回線で結ぶことで、金融機関に足を運ぶことなく直接振込・振替等の銀行取引を実行したり、取引情報の照会を可能とするサービスの総称。

■フィージビリティ・スタディ

　Feasibility Study。計画された事業やプロジェクトなどが実現可能か、実施することに意義や妥当性があるかを多角的に調査・検討すること。FSは政治・行政などが主体となって政策や公共事業の実現可能性や妥当性を評価することを指す場合もあれば、民間企業が事業やプロジェクトの市場性や採算性を検討することをいう場合もある。

■フィービジネス

　報酬・手数料業務。金融自由化の進展により預金・貸出などの収益性が低下していることから、金融関連サービスに対する対価として手数料を取り立てる業務として重視されるようになった。設計報酬を始め、アセット・マネジメントやプロパティ・マネジメント、太陽光発電等の立地可能性調査など、多様化しているほか、以前はサービスとして捉えられていた業務を明確に報酬業務として打ち出すケースが増えている。

■歩掛り（ぶがかり）

　ある作業を行う場合の単位数量。又は、ある一定の工事に要する作業手間並びに作業日数を数値化したもの。国土交通省が毎年度制定している「公共工事標準歩掛り」が、日本の土木建築工事の積算基準になっている。例えば、建築工事の直接工事費の積算にあたっては、材料価格、労務費、機械器具費及び仮設材費の複合された費用として「公共建築工事標準歩掛り」による「複合単価」あるいは「市場単価」に施工単位あたりの数量を乗じて算定する。

■吹付けタイル

　外壁仕上げ用の厚塗りの吹付け材。主に合

成樹脂などの結合材と、けい砂・寒水石・軽量骨材などが主原料の複層仕上げ塗材である。コンクリートやモルタルなどの下地に、下塗りをして、主材のベースを吹き付けてから、模様吹きの上塗りをして、3段階の工程を経て陶磁器質タイルの風合いとなる。仕上げは、ローラーやコテ、圧縮空気などを使って表面に月面のクレーター状に凹凸模様をつける。マンションや一戸建ての外壁によく使われている。

■歩切り（ぶぎり）

　発注者が予定価格の決定にあたって、その根拠となる設計図書に基づいて適正に積算された設計価格の一部を、合理的な理由なしにカットして予定価格とすること。2001年施行の「公共事業の入札及び契約の適正化の促進に関する法律」に伴う「指針」の中で「歩切り」に関して、「予定価格の設定にあたっては、適正な積算の徹底に努めるとともに、設計書金額の一部を正当な理由なく控除する、いわゆる歩切りについては、公共工事の品質や工事の安全の支障をきたすとともに、建設業の健全な発達を阻害するおそれがあることから、厳に慎むものとする。」と記している。また、政府の経済対策閣僚会議が2008年8月29日に発表した「安心実現のための緊急総合対策」が、建設業の資金調達の円滑化や適正価格での契約の推進を盛り込んだことを受け、国土交通省と総務省は9月12日、予定価格の事前公表の取りやめや「歩切り」の撤廃、最低制限価格の引き上げなどの緊急要請を都道府県、政令市に通知している。

■含み益・含み損

　資産の簿価と時価との差額を意味する俗語。有価証券や不動産などの市場価格が購入したときよりも値上がりした場合、実際に売却して差益を出さなくても、資産の価値は上がっていることになり、含み益が認識される。逆の場合は、含み損が認識される。含み益、含み損とも未実現であるが、企業の担保能力を考えるとき、無視できない要因であ

る。

■福利厚生費
　⇒損益計算書

■ふくれ

　材料を下地に接着したり塗布したりした後、下地の水分や溶剤が気化して逃げ場を失って仕上材を押し上げ、ドーム状の膨らみを呈する状態をいう。下地に水分が残存した状態のままでその表面に不透気性の材料を接着したり、ペイント塗装をしたりして下地に含有している水分が蒸発しにくくなっている状態で、日光などに照らされると材料を押し上げて膨れを生ずることがある。特にコンクリート、木材、モルタル等水分を含有している下地に対する仕上げでは、これら下地の水分コントロールは極めて重要である。

■負債回転期間

　経営事項審査の経営状況（Y）8指標の一つ。この指標は、負債の総額が月商（月平均売上高）に対してどのくらいの水準にあるかをみるもので、数値は低いほど好ましくなる。

負債回転期間＝（流動負債＋固定負債）／（売上高÷12）
（経営事項審査の経営状況（Y）では、上限値：18.0ヶ月　下限値：0.9ヶ月）

■附帯工事

　建設業法における「附帯工事」とは、主たる建設工事に附帯する従たる建設工事のことをいう。建設業の許可は28の建設工事の種類に応じているので、許可を受けた建設業以外の建設工事については、それを請け負って営業することを原則禁止しているが、建設業法第4条においては、許可を受けた建設業に係る建設工事に附帯する工事であれば、請け負って営業することができることを定めている。例えば、建物の模様替え工事で、大部分が"内装仕上工事"で、その一部に電気の配

線工事があるような場合、附帯工事として、電気工事の許可がなくても、配線工事を含めて請け負うことができる。ただし、附帯工事（軽微な建設工事を除く）の施工については、①当該専門工事の施工の技術上の管理をつかさどる専門技術者（主任技術者になることのできる資格を持った人）を置いて、自ら施工するか、②当該専門工事について建設業の許可を受けている専門工事業者に下請負させなければならない（同法第26条の2第2項）。

■普通建設事業費

地方公共団体の経費の中で、道路、橋梁、学校、庁舎等公共用施設の新増設などの建設事業に要する経費のことをいう。自治体が国から負担金や補助金を受けて実施する「補助事業費」、自治体が国からの補助金等を受けずに、独自の経費で任意に実施する「単独事業費」、「国直轄事業負担金」からなる。ちなみに、台風や地震などの影響で見込まれる「災害復旧事業費」は、普通建設事業費には含まれない。

■普通ボイラー溶接士（国家資格）
　⇒特別ボイラー溶接士

■物的担保

特定の財産による債権の担保。人的担保が保証人など第三者の信用を担保として利用するのに対して、物的担保は債務者の所有する物の価値を担保として利用するものである。物の価値は、人の信用よりは把握しやすいうえに、物を担保としてとるほうが確実であるので、幅広く利用されている。物的担保の種類には、民法で規定されている抵当権、質権、先取特権のほか、実務の世界で利用されていたものが法制化された根抵当権、代物弁済の予約、また、実務で利用されている譲渡担保がある。

※担保：債務者がその債務を履行しない場合に備えて債権者に提供され、債権の弁済を確保する手段となるもの。人的担保と物的担保の2種類

がある。

■物納（ぶつのう）

相続税を金銭で納付することが困難で、延納もできない場合に、動産・不動産などの財産を現物で納付すること。相続税納付の特例であり、物納申請が受理され一定の相続財産をもって物納することができる制度（相続税法41条）。国債、不動産、株式など、物納できる財産の範囲と物納するときの優先順位が決まっている。

第1順位	国債、地方債、不動産、船舶
第2順位	社債、株式、受益証券
第3順位	動産

質権や抵当権などが付いた財産、売却できる見込みのない財産、係争中の財産、共有財産の一部など、売却しにくい財産は物納できない。なお、物納申請は、相続税の納期限（発生後10ヵ月）までに納税地の所轄税務署に提出しなければならない。

■不適正意見
　⇒監査意見不表明

■不動産鑑定評価基準

不動産鑑定士等が不動産の鑑定評価を行うにあたっての拠り所となる統一的基準。1963年に制定された「不動産の鑑定評価に関する法律」を受けて策定された。基準の策定後数度の改正が行われ、2003年1月1日より改正施行された基準は、不動産の証券化等土地・建物一体の複合不動産の収益性を重視する取引が増大していることを背景として、収益性を重視した鑑定評価手法を確立する必要等から施行された。

■不動産の証券化

不動産から生じる収益・担保価値を裏付けとして証券を発行し、投資家から直接資金を調達する方法。不動産の証券化においては、大別して「資産対応証券」（一所有不動産の処分により資金調達する方法。特定資産と証

券を対応させる）と「ファンド型証券」（一ファンドへの出資・貸付による資金運用型。投資家から調達した資金を元に不動産を購入して運用する）に区分される。

■不当贈与要求行為
　⇨暴力的要求行為

■不同沈下（ふどうちんか）
　建物が不揃いに沈下を起こすこと。不等沈下ともいう。家全体が均等に沈下するのではなく、一方的に斜めに傾くような状態をいう。低地の軟弱地盤の地域、斜面の造成地の盛土と地山の境目などで起きることが多い。不同沈下が起こると建物には新しく余分な力が働き、窓が開けにくくなったり、基礎や壁に亀裂が入って非常に危険な害を受ける場合がある。

■不当な下請などの要求行為
　⇨暴力的要求行為

■不当な使用資材等の購入強制の禁止
　下請契約の締結後に、自己の取引上の地位を不当に利用して、使用資材等又はこれらの購入先を指定して、下請負人の利益を害してはならない（建設業法第19条の4）。下請契約の締結にあたって元請負人が自己の希望する資材等やその購入先を指定したとしても、下請負人はそれに従って適正な見積りを行い、適正な請負代金で契約を締結することが

できる。しかし、契約締結後に元請負人（注文者）より使用資材等の指定が行われると、既に使用資材、機械器具等を購入している下請負人に損害を与えたり、資材等の購入価格が高くなってしまったりと、下請負人の利益を不当に害するおそれがあり、下請負人の保護のため、このような行為を禁止している。

■不当な取引制限
　⇨独占禁止法、価格カルテル

■負ののれん
　⇨固定負債

■部分払
　建設工事の完成前の段階において、工事の既済部分に対し代価の一部を支払うもの。公共工事標準請負契約約款第37条においては、出来形部分と一定の工事材料について、請求回数を限定して、部分払の請求を行うことができることを定めている。会計法においては、第29条の11第2項の中で、「給付の完了前に代価の一部を支払う必要がある場合において行う工事の既済部分」とあり、部分払が可能なことが明記されている。また、予算決算及び会計令第101条の10においても、部分払を明確に規定しており、地方自治法第234条の2においても会計法（第29条の11）と同様の規定を設けている。
※参照「公共工事標準請負契約約款」

※部分払の計算事例

前提条件	・請負代金額　10,000,000円　・前払金額（40%）4,000,000円 ・部分払率　90% ・第1回部分払時請負代金相当額（30%）　3,000,000円 ・第2回部分払時請負代金相当額（70%）　7,000,000円
第1回部分払の額	・3,000,000×（9/10−4/10）=1,500,000円
第2回部分払の額	・（7,000,000−3,000,000）×（9/10−4/10）=2,000,000円

■不法行為
　故意又は過失によって他人の権利・利益を侵害すること（民法第709条）。不法行為をし

た者（不法行為者、加害者）は、これによって生じた損害を賠償する責任を負う。物を壊されたり、身体に傷害を受けた場合には、そ

の損害を支払ってもらわなければならない。そのような場合、加害行為をした加害者が必ず被害者に損害賠償をしてくれるわけではないので、被害者の側で、損害を被ったこと、その損害は加害者が故意に（意図的に）やったか、過失（不注意）があったために起こったかを証明しなければならない。この証明がされた時に、加害者が負う責任のことを不法行為責任という。
※設計者の場合：設計者が建築基準法を守らずに設計し（故意）、あるいは法規を熟知していなかったことによって（過失）、結果として違法な工事がなされたり、違法な建物となり、建築主に損害を与えた場合は不法行為となる。
※監理者の場合：建築確認に記載された監理者が、本来行うべき監理を行わず、1回も現場を見ずに（過失）結果として違法な工事がなされたり、違法な建物となり、建築主に損害を与えた場合は不法行為となる。
※工事の違法工事：建築基準法だけに限らず、建築一般に広く浸透している施工方法を守らず（故意あるいは過失）、不適切な工事によって建築主に損害を与えた場合も不法行為となる。

■踏み抜き
　釘やトゲなどを踏んで靴などに穴をあけ、怪我すること。労働基準法・労働安全衛生法・労働安全衛生規則によって、作業内容・環境に合わせた安全靴着用の義務が定められている。
※安全靴：足先への重量物の落下や釘などの踏み抜きから作業者の足を守るため、先芯や中底が鋼板や合成樹脂からできている靴。

■プライス・メカニズム
　価格メカニズム（価格機構）。需要が供給を上回ると商品価格が上昇し、逆に供給が需要を上回ると商品価格が下落する。こうした商品の価格が変化することで、需要と供給が等しくなるように調整される仕組み・機能。価格メカニズムのことを市場メカニズムともいう。

■フライ・ダンパー
　ゴミや汚物の処理を請け負い、無認可で不法に投棄するトラック運送業者。

■ブライン方式
　⇒凍結工法

■フラット35
　民間金融機関と住宅金融支援機構が提携して提供している長期固定金利住宅ローン商品の総称。フラット35は、資金の受け取り時に返済終了までの金利・返済額が確定する住宅ローンであるため、長期にわたるライフプランを立てやすくなる。主に短期の資金調達を行う民間金融機関は、長期固定金利の住宅ローンを取り扱うことが難しいとされていたが、住宅金融支援機構に住宅ローン債権を売却することで調達資金の金利リスクを回避できる。住宅金融支援機構は、住宅ローン債権を信託し、それを担保とした債券を投資家に発行することで資金調達を行い、民間金融機関が長期固定金利の住宅ローンを提供する仕組みを支えている。フラット35の特徴としては、「最長35年の長期固定金利」「保証人・保証料が不要」「繰上返済手数料が無料」等があげられる。また、住宅ローン債権の売却後も、借入者の返済に関する手続き等は、申込先の金融機関が窓口となっている。

■フラット50
　最長50年間固定金利の住宅ローン。住宅金融支援機構が2009年4月をめどに導入している。対象となるのは、200年住宅など長期間の居住が可能な住宅で、満80歳までに完済するか、子供にローンを引き継いで完済することが条件となる予定。最長50年となることで、200年住宅の普及が期待されている。

■フランス積み
　⇒イギリス積み

■ブリージング
　コンクリートの打設・つき固めを終わった

後、材料の比重の違いによりコンクリートが沈下すると、練り混ぜ水の一部が分離して表面に浮いてくる現象。過度になると沈下やひび割れが生じやすく、水の通り道が空洞となり漏水、強度低下となる。

■不良・不適格業者
　手抜き工事を平気でやる、技術力・施工能力を全く有しないペーパーカンパニー、経営を暴力団が支配している企業、必要とされる技術者の配置を行わない企業　等をいう。不良不適格業者の放置は、適正な競争を妨げ、公共工事の適正な施工の確保に支障をきたすとともに、技術力・経営力を向上させようとする優良な建設業者の意欲を削ぎ、建設業の健全な発展を阻害することとなるので、建設市場からの排除を徹底する必要があるといわれている。

■フルターンキー方式
　プラントや工場などの施設の設計から施工、設備機械の据え付け、試運転指導・保証責任までの全てを請け負う方式。施設が完成しキーを回せば運転が可能となる状態にするまでの責任を負う。

■プレイロット
　マンション敷地内に設置された遊び場（小公園）のこと。砂場・滑り台・ブランコなどを設けるのが一般的である。就学前の小さな子供がいる場合には、ありがたい設備であり、奥様同士のコミュニケーションの場としても利用される。プレイロットの土地所有権は区分所有者の共有となり、設備の維持管理は管理組合が行うことになっている。

■プレカット・ハウス
　家を建てる際に必要な土台や柱などの建築用材を、事前に工場で精密加工しておき、それを現場で組み立てて建てられた家。建築現場に搬入された時点ですぐに使用できるため、現場での作業を軽減することができ、建築期間の短縮・人件費の抑制につながる。ま

た、コンピュータやCADソフトなどを使用した工場で精密加工されるので、品質にばらつきがなく安定している。

■プレクーリング
　コンクリートの打ち込み温度を低くする目的で、コンクリート用材料を冷却すること。セメントの凝結硬化に際し水和熱を出し、大きなダム工事などではコンクリート打ち上げ後20°～30°C温度が上昇することがある。温度降下に際しコンクリート内部に引張応力を生じ、内部に亀裂を生ずることもあるので、これを防ぐためにあらかじめ砂利、砂、セメントを冷却しておく。

■プレストレスト・コンクリート
　⇒プレテンショニング工法

■㈳プレストレスト・コンクリート建設業協会（PC建協）
　1973年11月　建設大臣（当時）の許可を得て設立された社団法人。「我が国におけるプレストレスト・コンクリート建設業の健全な進歩発展を図り、もって国土の秩序ある開発と公共の福祉の増進に寄与する」ことを目的としている。PC建協では、①PC建設工事の進歩改善に関する調査研究及びその促進　②PC建設工事に関する資料の収集、編集及び刊行　③PC建設工事に関する啓発宣伝及び技術者の育成　等の事業を行っている。会員の内訳は、2008年8月1日現在、①正会員：この法人の目的に賛同して入会した法人（PC建設業を営む法人）33社　②賛助会員：この法人の目的事業に賛助する者（PC建設業に関連のある資機材メーカー、PC定着工法実施権者）42社　により構成されている。

◆所在地／電話番号
〒162-0821　東京都新宿区津久戸町4-6
　　第3都ビル
Tel　03-3260-2535

■フレックス工期

建設工事の請負者が、一定の期間内で工事開始日を選択することができ、主任（監理）技術者の専任期間を受注者の裁量で設定できる工期のこと。2008年10月 国土交通省は、電気通信施設の入札不調急増の要因として、技術者不足があげられていることから、技術者の効率的な配置を支援する手法として「フレックス工期」を適用することにした。建設業法上の問題はないが、発注する際は、余裕をもった工期を設定する必要がある。

■フレックスタイム制

1ヵ月以内の一定期間（清算期間）における総労働時間をあらかじめ定めておき、労働者はその枠内で各日の始業・終業の時刻を自主的に決定し働く制度。ただし、使用者は、労働者が必ず勤務すべき時間帯（コアタイム）と、その時間帯の中であればいつ出社又は退社しても良い時間帯（フレキシブルタイム）を設定することもできる。労働者個々の業務や私生活に則した就業時間が設定でき、自主性を尊重することにより労働意欲や業務効率の向上を図ることができるといわれている。また、時間差通勤により通勤ラッシュが緩和されるというメリットがある。我が国では1988年に施行された改正労働基準法にこの制度が導入された。

※参照「裁量労働制」

■プレテンショニング工法

プレストレスト・コンクリートにおいて、コンクリートを打ち込む前にPC鋼線に引張力を与えておいて、コンクリートが硬化した後、PC鋼線の緊張力をゆるめ、コンクリートと鋼線との間の付着力によって鋼線の引張力を圧縮力としてコンクリートに導入する工法。工場製品に利用する例が多い。

※プレストレスト・コンクリート：荷重により、引張応力の働くコンクリート部分に、あらかじめPC鋼材により圧縮応力を与えておくと、実際に荷重による引張応力がそこに働いても、あらかじめ与えられた圧縮応力により打ち消される。この原理に基づいてつくられるのが、プレストレスト・コンクリートである。PC工法は1982年、フランスのフレシネーによって開発されたもの。Pre（前もって）Stressed（応力を導入した）Concreteの意味。

■㈳プレハブ建築協会（プレ協）

1964年1月 建設大臣・通商産業大臣（当時）の許可を得て設立された社団法人。「プレハブ建築の健全な普及及び発展を図ることにより、我が国建築の近代化を推し進め、もって国民経済の繁栄と国民生活の向上に寄与する」ことを目的としている。プレ協では、①プレハブ建築の普及に関する調査、研究並びに広報 ②プレハブ建築に関する工法及び施工技術の調査、研究並びに試験 ③プレハブ建築の生産、施工、販売等に関する業務の研修指導 等の事業を行っている。会員の内訳は、2008年8月1日現在、①正会員：プレハブ建築に直接要する部品の生産、販売事業を営む法人、プレハブ建築の建設事業又は販売事業を営む法人、プレハブ建築用建設機械の生産販売事業を営む法人で、会員資格基準に適合する者（会員数45社）②準会員：同上の法人で営業実績が正会員の資格を有しない者（会員数42社）③賛助会員：本会の趣旨に賛同する法人又は団体（会員数103社）により構成されている。

◆所在地／電話番号
〒100-0013 東京都千代田区霞が関3-3-2 新霞ヶ関ビル
Tel 03-3502-9451

■不陸（ふろく）

水平でないこと。壁の凹凸、平らでないことなどに使われる。「ふりく」ともいう。面に凹凸ができると、凹部には水が溜り汚れが沈殿するし、凸部は傷みやすく汚れやすい。床面の水平は十分確保されていなければならないが、水を使う場合、水を流す必要のある場合などの床面は、水はけが確保されなければならないので適切な水勾配をとりながら、

しかも凹凸のない床面の仕上げでなければならない。

■プロジェクト・ファイナンス
　銀行が開発計画の調査、立案段階から参画して必要な資金を融資すること。大きなプロジェクトなどで使われてきた資金調達手段で、事業自体のキャッシュフローを主な返済原資とする事業融資方式。プロジェクト事業体が契約に基づく確実な支払いを受けていることにより、プロジェクトが安定する結果、長期にわたってサービス提供の安定的な確保が期待できる。

■フロート制
　⇒変動相場制

■プロパティ・マネジメント
　個々の不動産を一つの財産（Property）として捉え、価値を高めて投資効率を上げる業務のこと。清掃、警備、水道、電気設備の管理といった現業からテナント対応や改修計画の策定まで、ビルの効率的な管理を通じて資産価値を維持・向上させるのが目的。ソフト（メンテナンス）とハード（建物管理業務）のノウハウを提供して、その対価としてフィーを受け取る。従来別々だった、テナント誘致・テナント管理と建物管理業務（メンテナンス）をソフト（テナント業務）とハード（建物管理業務）双方の専門知識から、レンダー（融資者）や出資者の視点に立って、不動産投資を総合的にマネジメントする。

■プロポーザル方式
　設計者選定の一つ。プロポーザル（提案書）を提出してもらい、設計者の創造力や技術力、経験などを総合的に判断して設計者を選定する方法。

■プロラタ返済
　複数の金融機関から借入をしている際に返済額を比例配分とすること。プロラタ（Proratable）とは「比例配分できる」と

いう意味。

■分離課税
　所得税は総合課税が原則であるが、一定の所得については他の所得金額と合計せず、一つ一つの所得に対し分離して税額を計算すること。分離課税には、「申告分離課税」（1年間の所得を合計して、本人が税務署に確定申告する）と「源泉分離課税」（所得を得る時に源泉徴収される）がある。「申告分離課税」は、山林所得、土地建物等の譲渡による譲渡所得、株式等の譲渡所得等が対象。「源泉分離課税」は、預金や債券の利子、投資信託の収益分配金などの所得が対象となっている。源泉分離課税では、所得を受け取るごとに、一定の税率で所得税が差し引かれており（源泉徴収）、所得税を源泉した銀行や証券会社が税務署に納税するため、申告分離課税のように後で申告する必要はない。

■分離発注・一括発注
　建物をつくる場合に、建築本体工事と各設備工事（電気設備や空調設備など）を分割して発注する方式。また、一括発注は建築本体に設備工事などを含んで発注する方式。

■平均利益額
　経営事項審査において、「経営規模」の審査項目の一つ。平均利益額は、利払前税引前償却前利益（営業利益＋減価償却実施額）の直近の2年の平均額を点数表にあてはめて計算する。利払前税引前償却前利益は、会計基準による差異が小さく、年度の変動も小さい指標として、国際的な企業比較や企業価値の算定にしばしば用いられる。
※点数表：平成20年1月31日　国土交通省告示第85号　別表第三（第二の一の3関係）

■べたコン
　⇒土間コン

■ペーパードレーン工法
　軟弱地盤改良工法の一つ。軟弱地盤中に厚紙（カードボード）を打設し、載荷重による層中の間隙水をペーパーに浸透させ地表面に急速に脱水させて地盤強度を増加させる工法のこと。紙の代わりに高分子化学材料のもの（ケミカルボード）も使われている。

■ベンチャー企業投資促進税制
　⇨エンジェル

■変動相場制
　各国通貨を、固定相場制のように一定比率に固定せずに、為替レートの決定をマーケットの需要と供給にゆだねる制度。フロート制ともいう。1978年4月にキングストン合意が発効され、各国は固定相場制でも変動相場制でも自由に採用できることとなった。先進諸国のほとんどは、市場メカニズムを通じて為替レートを自由に決定させる変動相場制を採用しているが、新興（エマージング）諸国では固定相場制（為替相場の変動を、固定若しくはごく小幅に限定する制度）を採用している国もある。

ほ

■ボイラー技士（国家資格）
　病院、学校、工場、ビルなどの建造物のボイラー水位・蒸気圧力・燃焼状態の監視などを行い、安全な運転をするための労働安全衛生法に基づく国家資格。
●実施機関：㈶安全衛生技術試験協会
　Tel　03-5275-1088
　http://www.exam.or.jp/

■ボイラー整備士（国家資格）
　オフィスビルや工場などで、空調設備、給湯に使用されているボイラーを、整備・清掃するために必要な国家資格。
●実施機関：㈶安全衛生技術試験協会
　Tel　03-5275-1088
　http://www.exam.or.jp/

■ボイラー・タービン主任技術者（国家資格）
　電気事業法に基づく発電用ボイラー、蒸気タービン、ガスタービン及び燃料電池発電所等の工事、維持、運用に係る保安の監督などを行う者として認められる国家資格。取り扱うボイラーやタービンの種類により一種と二種の区分がある。
●実施機関：資格・試験【ボイラー・タービン主任技術者】（経済産業省）

■防音床
　床衝撃音は、軽量床衝撃音（LL）と重量床衝撃音（LH）の2種類がある。「軽量床衝撃音」はスリッパでの歩行音、スプーンなどの落下音、椅子をひく音などから発する高音域の"パタパタ""カチャン""カタン"という感じの比較的軽くて硬い衝撃音であり、「重量床衝撃音」は子供が飛び跳ねたり、走り回ったりした時に発生する"ドスン""バタバタ"といった重くて鈍い音である。軽量床衝撃音に対しては、床仕上げ材に衝撃を与えても発生しにくく、振動を吸収するような柔らかいカーペットや畳が効果的である。他方、重量床衝撃音を低減するには、床仕上げ材よりも建物躯体の剛性など構造そのものが大きく影響し、コンクリートスラブの厚さが大きいほど低減できる。

■妨害排除請求権
　物の占有を妨害されている時に、その排除を請求する権利。「返還請求権（物が奪われた時に、物の引渡しを請求できる権利）」及び「妨害予防請求権（将来、物権侵害の生じる可能性が高い場合に、妨害の予防を請求できる権利）」と並ぶ物権的請求権の一つ。妨害排除請求権は、抵当権者から目的地上の樹木の伐採禁止請求をする場合とか、廃棄物を不法投棄された土地の所有者が、原状回復を請求する場合等にも認められる。

■防火構造
　近隣でおきた通常の火災が燃え移ってく

のを一定時間防ぐことを目的とした構造のこと。防火構造は外壁と軒裏の性能であり、防火建築物ではない。建築基準法では「建築物の外壁又は軒裏の構造のうち、防火性能（建築物の周囲において発生する通常の火災による延焼を抑制するために当該外壁又は軒裏に必要とされる性能をいう）に関して政令で定める技術的基準に適合する鉄網モルタル塗り、しっくい塗りその他の構造で、国土交通大臣が定めた構造方法を用いるもの又は国土交通大臣の認定を受けたものをいう」と定義している（建築基準法第2条第8号）。

■包括外部監査
⇨外部監査制度

■法人（種類）
自然人（法律で、権利・義務の主体である個人）以外で、法律上の権利義務の主体とされるもの。法人は、特別法に定めのある場合はこれにより、その他の場合は、定款又は寄付行為に、その目的とか役員等法定の事項を定めて設立され、すべて登記される。また、法人は、その目的の範囲内で権利を取得し、法律行為をすることができる。意思決定機関があり、外部的には代表者によって活動する。法人の種類には、①特定の行政目的のため設立される公益法人（国、地方公共団体を含む意味のこともある）とそれ以外の私法人、②人の集団の社団法人と財産の集団の財団法人、③公益目的の公益法人・NPO法人と利益追求の営利法人、その中間の法人（中間法人）、④設立の準拠法による区別の内国法人と外国法人とがある。

■法人事業税
法人の行う事業に対して課される税。企業の事業活動に対してかけられる税金の一つで、所得や収入に対して課税されている地方税（都道府県の税）のこと。2004年度から、資本金1億円以上の法人を対象に外形標準課税が導入されている。法人事業税は地方税であるため、事業所を設けて、事業を営む法人がその所在する各都道府県へ納めるが、その納める額や納付場所などは各地で異なっている。

※外形標準課税とは、企業の売上高や従業員数、人件費、事業所の面積、資本金など、企業の外観から客観的に把握できる数量や金額を基準に、課税を行う方法。多くの法人が赤字を理由に法人事業税を納めていないことを踏まえ、景気の動向に左右されず、都道府県の税収の安定につながるなどの理由から、導入されている。赤字法人が全法人に占める割合は、約70％といわれている。

■法人税
法人の所得を基準として法人に課される国税。納税義務者は、おおむね①普通法人（株式会社、合名会社、合資会社、合同会社など）②協同組合等（農業共同組合、漁業協同組合、信用金庫など）③公益法人等（社団法人、財団法人、学校法人、宗教法人など）④人格のない社団等（親善等を目的とする団体、PTA、学会など）である。ただし、③④については、法人税法施行令第5条に列挙している収益事業を営む場合に限り、納税義務がある。また、公共法人（地方公共団体、NHKなど）には納税義務がない。なお、日本国内に本店を有しない外国法人については、日本国内で生じた所得についてのみ、納税義務がある。

※法人税率の推移

1988年	42.0%
1989年	40.0%
1990年	37.5%
1998年	34.5%
1999年以降	30.0%

■防水工事
建設業法第2条に規定する建設工事の一つ。アスファルト、モルタル、シーリング材等によって防水を行う工事をいう。具体的工事例として、アスファルト防水工事、モルタル防水工事、シーリング工事、塗膜防水工事、シート防水工事、注入防水工事などがあ

※「防水工事」に含まれるものは、建築系の防水工事のみであり、トンネル防水工事等の土木系の防水工事は「とび・土工・コンクリート工事」に該当する。

■法定監査
　⇨公認会計士

■法定福利費
　⇨損益計算書

■法的整理
　企業が倒産状態に陥った時にとられる方法の一つで、債権者又は債務者（取引先）が裁判所に対し、一定の法的手続きを申請し、裁判所が選任した管財人によって債務者の再建又は清算手続きが進められること。法的整理には、「民事再生」（民事再生法／再建型）、「会社更生」（会社更生法／再建型）、「破産」（破産法／清算型）、「特別清算」（商法／清算型）がある。法的整理は、申請すると財産保全措置がとられ、原則として債務の弁済が禁止される。一部債権者の抜け駆けを防ぐことができ、手続きの公平性が担保される反面、その分時間がかかる。

■暴力団対策法
　正式名称は「暴力団員による不当な行為の防止等に関する法律」。1992年（平成4年）3月施行。従来刑法犯としては的確に対応できなかった暴力団員による不当な要求行為（グレーゾーンの行為）に対して、法律上の措置を行えることとした画期的な法律。これにより警察は、刑法犯にはあたらないけれども、不当な暴力的要求行為が行われた場合には、その暴力団に対して「中止命令」を出すことができる。さらに反復して暴力的要求行為を行うおそれがあるときは、「再発防止命令」をすることができる。その暴力団員が中止命令や再発防止命令に従わない場合、1年以下の懲役又は100万円以下の罰金刑に処せられる。

■暴力追放運動推進センター
　暴力団対策法の施行（1992年）に伴い、都道府県ごとに設立された機関。弁護士、警察OBなどの専門家が暴力追放相談委員として、暴力団による不当な要求などについての相談を受け付けている。また、民事訴訟費用の無利子貸付け、見舞金の支給、弁護士の紹介など、暴力団からの被害を回復するための援助も行っている。

◆全国暴力追放運動推進センター
〒102-0094　東京都千代田区紀尾井町3-29　紀尾井町福田ビル内
Tel　03-3288-2424

■暴力的要求行為
　暴力団対策法には、従来、暴力的要求行為として15項目を掲げていたが、2008年の法改正により、行政機関に対する暴力的要求行為が6項目追加され、合計21項目の暴力的要求行為を禁止している（法第9条）。その内、建設業に関連のありそうな行為として、①人の弱みにつけこむ金品などの要求行為　②不当贈与要求行為　③不当下請などの要求行為　④みかじめ料要求行為　⑤用心棒料などの要求行為　⑥因縁をつけての金品などの要求行為　⑦その他の暴力的要求行為　⑧行政に対する暴力的要求行為　等があげられる。
※不当贈与要求行為：寄付金、賛助金、その他の名目は何であれ、みだりに金品などの贈与を要求すること。ほとんど内容のない機関誌の購買を要求したり、ほとんど宣伝価値のない媒体に広告掲載を要求すること等が該当する。
※不当下請などの要求行為：建設工事などについて、発注者や元請業者が拒絶しているにもかかわらず、業務の全部又は一部の受注や下請、砂利、砂、防音シート、土のうなどの物品の納入、作業員、警備員などの雇い入れ、自動販売機の設置、工事騒音などに対する近隣対策などの請負などを要求する行為。
※みかじめ料要求行為：暴力団の縄張りの中で営業したり、工事現場を開設したときに、「挨拶料」「みかじめ料」を要求する行為。暴力団対策法では、営業を認める対価としての「みかじ

め料」（法第9条第1項第4号）と、守料（もりりょう）・用心棒代としての「みかじめ料」（法第9条第1項第5号）の2つに分けて規制している。
※用心棒料などの要求行為：暴力団の縄張りの中で営業したり、工事現場を開設している場合に、用心棒料、お守り・書籍・弁当などの物品、パーティ券などの購入を要求する行為。
※その他の暴力的要求行為：建設業とその関連業界が被害に遭うおそれのあるものとしては、①高金利の債権を取り立てる行為、②不当な態様で債権を取り立てる行為、③借金の免除や借金返済の猶予を要求する行為、④不当な貸付や手形の割引を要求する行為、⑤不当に株式の買取を要求する行為、⑥不当な地上げをする行為、⑦競売の対象となるような土地、建物を占拠するなどして、不当に明渡し料を要求する行為、⑧交通事故などの示談に介入し、金品などを要求する行為、などが暴力的要求行為にあたる。
※行政に対する暴力的要求行為：行政機関（国、地方公共団体、特殊法人等）に対する暴力的要求行為として次の行為が追加され、規制されることとなった。
(1) 行政庁に対し、以下の行為を要求すること
・自己又は自己の関係者に対し、許認可等をすること又は不利益処分をしないこと
・特定の者に許認可等をしないこと又は不利益処分をすること
(2) 国等（国・地方公共団体・特殊法人等）に対し、以下の行為を要求すること
・自己又は自己の関係者を当該国等が行う公共工事の入札に参加させること
・特定の者を当該国等が行う公共工事の入札に参加させないこと
・特定の者を当該国等が行う公共工事の契約の相手方としないこと
・当該国等が行う公共工事の契約の相手方に対し、当該契約に係る業務の全部又は一部を自己又は自己の関係者に発注するよう指導すること

■法令遵守
⇒コンプライアンス

■保険料
⇒損益計算書

■補償コンサルタント登録制度
公共事業に必要な土地等取得若しくは使用に関する補償業務のうち、7つの登録部門の全部又は一部について補償コンサルタントを営む者が、一定の要件を満たした場合に、国土交通大臣の登録が受けられる制度（国土交通省告示に基づく登録制度）。この登録は任意のもので、登録の有無に関わらず、補償コンサルタント業の営業は自由に行うことができる。なお、登録の有効期間は5年間で、有効期間の満了後引き続き補償コンサルタント業を営もうとする者は、有効期間満了の日の90日前から30日前までに登録の更新申請をしなければならない。
※7つの登録部門：土地調査部門、土地評価部門、物件部門、機械工作物部門、営業補償・特殊補償部門、事業損失部門、補償関連業務

■ポストテンション工法
プレストレスト・コンクリートの一種。コンクリートの硬化後にPC鋼線に引張力を与え、部材端面にナットやくさびなど特別に定着用具を用いてそのPC鋼線をコンクリートに定着させる工法。現場で製作する部材に利用する例が多い。

■ほ装工事
建設業法第2条に規定する建設工事の一つ。道路等の地盤面をアスファルト、コンクリート、砂、砂利、砕石等により舗装する工事をいう。具体的工事例として、アスファルト舗装工事、コンクリート舗装工事、ブロック舗装工事、路盤築造工事などがある。
※舗装工事と併せて施工されることが多いガードレール設置工事については、「とび・土工・コンクリート工事」に該当する。また、人工芝張付け工事については、地盤面をコンクリート等で舗装した上に貼り付けるものは「ほ装工事」に該当する。

■ホットコンクリート

人為的に加熱して、常温より高い温度に練り上げたコンクリート。寒冷時のコンクリートやプレキャストコンクリートの脱型時間の短縮を目的に使用される。材料加熱方式とホットミキサー（練り混ぜ中のコンクリートの中に蒸気を噴射して、一定温度に加熱できるようになっているミキサー）方式がある。

■ポートフォリオ（Portfolio）

　株式、債権、商品、不動産等、複数の資産を組合わせた運用資産のこと。個人投資家や機関投資家などが活用する投資手法。欧米では、紙ばさみに資産の明細書をはさんでいたことから、資産の配分を「ポートフォリオ」と呼ぶようになった。性格の異なる資産に幅広く分散投資することで、運用資産全体としての価格変動リスクを抑える効果がある。

■ホーム・セキュリティ・システム

　住宅の安全と防犯のために異常が発生すると室内に取り付けた特殊センサー（検知装置）により、居住者に知らせると同時に、警備会社や管理センターなどの緊急連絡先に自動的に通報するシステム。ガス漏れ、電気の消し忘れ、火災、煙発生などの感知・警報ばかりでなく、住宅やマンションの自室などの玄関先にモニターテレビを設置して訪問者を確認したりする。最近のマンションは建物全体の出入り口にオート・ロック・システムを採用して簡単に入れないようにしているが、その鍵を室内で自動解除することもできる。マンションでの普及率が高いが、一般住宅でも利用されるようになった。

■ボーリング

　地質調査における地中の地盤情報を直接的に調べるため、地層を掘削して地層を採取する調査手法。ボーリングは、地下の地質を直接調べることができるので、地盤の強度を調べるために、ほとんどの大きな建設工事では事前調査として実施されている。また、ボーリングは土質試験や岩石試験のための試料採取ができ、ボーリング孔を用いることにより各種孔内計測が可能である。さらには、ボーリング終了後も観測機器を設置して長期間のモニタリングを行えるなど、その重要性は極めて大きい。ボーリングの成果品は、ボーリングや標準貫入試験などから得られた地中の土質・地質情報を深度方向に整理した「土質・地質柱状図」、複数地点の柱状図を評価・考察して作成される「土質・地質断面図」が主なものである。

■本人限定受取郵便

　郵便物等に記載された名宛て人又は差出人が指定した代人1人に限り、郵便物等を渡すサービス。本人限定受取郵便は、本人確認のレベル、配達サービスの有無、本人確認情報の差出人への伝達の有無等により、「基本型」、「特例型」、「特定事項伝達型」の3種類がある。特定事項伝達型については、代人指定ができない。本人限定受取郵便を受け取るには、本人確認書類（運転免許証、パスポート、健康保険証等いずれか1点の公的証明書）と印鑑（サインでも可）が必要となる。なお、郵便局（郵便事業㈱の配達支店）で受け取る場合は、到着通知書も必要となる。

ま

■埋蔵文化財

地下（土地）に埋もれたままになっている文化財。埋蔵文化財には、「遺構」（土地と切り離すことのできない住居跡や古墳、貝塚など）と、「遺物」（土器や石器など）があり、これらが分布している地域を「遺跡」という。「文化財保護法」により、その所有権は国に帰属し、発見者及び土地の所有者には価格に相当する報奨金が支給される。例えば、土木工事等の目的で、貝塚、古墳その他埋蔵文化財を包蔵する土地として周知されている土地（周知の埋蔵文化財包蔵地）を発掘しようとする者は、文化庁長官に届け出なければならず（文化財保護法第92条以下）、埋蔵文化財の保護上、特に必要があると認めるときは、文化庁長官は発掘に関し必要な事項を指示することができる（同法第93条）。また、土地所有者や占有者が遺跡と認められるものを発見したときは、文化庁長官に届け出なければならず、文化庁長官がこれを重要であり、かつその保護のため調査の必要があると認めたときは、その期間及び区域を定めて現状の変更の行為の禁止又は停止を命ずることができる（同法第96条）。

■前受収益
⇒流動負債

■前払金保証事業

公共工事の着工に必要な運転資金として、発注者が請負者に請負代金の一部を前払いする場合、それを前払金保証事業会社が保証する制度。建設工事にあっては、その着工に多額の資金を必要とするが、一般に建設企業は経営基盤が脆弱であり、自己資金だけでは工事に着工することが困難なことが多い。そこで公共工事においては、建設企業の資金調達をより円滑化し、工事の適正な施工を図るため、着工時に工事代金の一部を前払いする制度が創設されている。公共工事の資金は税金など貴重な公共資金であり、その支出にあたっては確実な保証（担保）が必要であることから、「公共工事の前払金保証事業に関する法律」（昭和27年6月12日法律第184号）が制定されている。現在、この法律に基づいて登録を受け保証事業を営んでいる会社は、北海道建設業信用保証㈱（本社：札幌市、資本金4億円）、東日本建設業保証㈱（本社：東京都、資本金20億円）、西日本建設業保証㈱（本社：大阪府、資本金10億円）、中日本建設保証㈱（本社：名古屋市、資本金1億5,200万円）と全国に4社ある。

■前払費用
⇒流動資産

■まちづくり三法

大規模小売店舗立地法（大店立地法）、中心市街地活性化法（中活法）、改正都市計画法の3つの法律の総称。1998年から2000年にかけて「まちづくり三法」が整備されたが、三法の成立から7年以上経ち、この間、活性化法策が投入されながらも、依然として「シャッター通り」といわれるように空洞化する中心市街地の商業衰退が全国的な問題となっている中で、消費者の流れを市街地に取り戻すため、中活法と都市計画法を2006年の通常国会で改正し、ショッピングセンターなどの郊外出店を大幅に規制した。改正都市計画法では、床面積が1万㎡を超える大型店の郊外出店を原則禁止した。さらに改正中活法では、国による「選択と集中」の仕組みを導入し、首相を本部長とする中心市街地活性化本部を設置。市町村がつくる「中心市街地活性化基本計画」を国が認定する仕組みが新設された。それまでの補助金のばらまき型から、綿密な再生計画を立てる商店街に支援を重点配分する方式に改めた。

■豆板（まめいた）

コンクリートの欠陥の一種で、①コンクリートの仕上がり表面に砂利が集積露出している状態や、②脱型後のコンクリート表面にみられる粗骨材の凝集及び空洞などの欠陥部分

をいう。「あばた」「ジャンカ」ともいう。コンクリートの単位水量過不足、単位粗骨材粒・粗骨材（原則として、砕石等で直径が5mm以上のものをいう）の最大寸法が大きすぎたり、コンクリートの打ち込みの際に十分突き固めを行わなかったり、型枠工事の不良などにより、モルタルと粗骨材が分離し、粗骨材の周りにモルタルが行きわたらないこと等が原因で発生する。豆板部分はモルタルが十分に行きわたっていないので、十分な強度が出ず、密実でないので、空気や水分の浸入もあって、鉄筋の防錆力が低下する。

■豆板工（まめいたこう）
　コンクリート張り護岸を行った場合、表面が平滑すぎて水流がこれに沿って流れるので、これを防ぐため径12～15cmの玉石をコンクリート中に約半分くらい埋め込み、粗度をつける工法を豆板工という。外見がちょうどお菓子の豆板を思わせるのでこの名前がある。また、玉石の代わりに雑割石を使用したものを植石工という。

■丸太組工法（まるたぐみこうほう）
　樹皮を剝いだだけの丸太材や角材を水平に積み重ねた壁を構造体とする住宅建築工法。一般的に「ログハウス」と呼ばれている。北欧や北米などで普及している工法の一つであるが、我が国でも奈良の東大寺正倉院などにみられる「校倉（あぜくら）造り」として、古くから用いられてきた建築工法の一つである。壁材の交差部では、相互の材を交互にかみ合わせていくが、地震の多い我が国では、壁材の交差部に通しボルトを入れて耐震性を高めることが多い。クラブハウス、ペンション、セカンドハウス等郊外、山間部に立地する趣味的な建築物として建築される場合が多い。

■マンション管理業
　分譲マンションの管理組合から委託を受けて、基幹事務を含む管理事務を業として行うものをいう。マンション管理業を営むために は、国土交通省に備える「マンション管理業者登録簿」に登録を受けなければならない（「マンションの管理の適正化の推進に関する法律」第44条）。登録を受け、マンション管理業を営む者をマンション管理業者という。管理事務とは、マンションの管理に関する事務で、基幹事務（①管理組合の会計の収入及び支出の調定、②管理組合の出納、③マンション（専有部分を除く）の維持又は修繕に関する企画又は実施の調整に関する事務）を含むものをいう（同法第2条第6号）。登録の有効期限は5年間で、有効期間満了後引き続きマンション管理業を営むためには、更新の登録が必要となる。

■マンション管理士
　専門的知識をもって、管理組合の運営、建物構造上の技術的問題等マンションの管理に関して、管理組合の管理者等又はマンションの区分所有者等の相談に応じ、助言、指導その他の援助を行うことを業務とする者。マンション管理士になるには、マンション管理士試験に合格し、マンション管理士として登録することが必要（マンション管理適正化法第30条第1項）。マンション管理士の試験は、国土交通大臣が指定する者に試験事務を行わせることができることとされており、当該試験機関として㈶マンション管理センターが指定されている。
※参照「マンション管理センター」

■㈶マンション管理センター
　マンションの管理組合、管理関係者に対する適正な管理への指導・相談を行うことを目的とし、1985年（昭和60年）8月、設立された財団法人。管理に関する指導・相談のほか、主な事業として大規模修繕の実施に係る指導・相談、修繕積立金の効率的な運用に係る情報提供、共用部分のリフォーム融資に係る債務保証、建替えに関する調査・研究、マンション管理士に関わる試験・登録及び講習や各種出版・セミナー等を行っている。また、2006年度にはマンション管理のより一層

の適正化を目指して、個々の管理組合の運営状況等をマンション管理センターのコンピュータに登録し、インターネットを通じて閲覧できるシステム「マンションみらいネット」が稼動している。登録組合員数は、2008年3月末現在で7,498組合である。

◆所在地／電話番号
〒101-0003　東京都千代田区一ツ橋2-5-5　岩波書店一ツ橋ビル7階
Tel　03-3222-1516

■マンションの管理の適正化の推進に関する法律
　マンション管理の適正化を推進する措置を講ずることにより、分譲マンションにおける良好な居住環境の確保を図ることを目的とする法律。2001年8月1日施行。略して「マンション管理適正化法」ということが多い。本法では、国家資格としてのマンション管理士の資格制度、マンション管理業者の登録制度、マンション管理業者への管理業務主任者の設置義務、マンション管理適正化推進センターの指定等を定めている。

■マンションの建替えの円滑化等に関する法律
　区分所有者（分譲マンションの各住戸の所有者）による良好な居住環境を備えたマンションへの建替えが円滑に実施できるよう、2002年12月18日に施行された法律。略して「マンション建替え円滑化法」ということも多い。マンション建替え事業の主体としての法人格を持ったマンション建替え組合の設立、権利変換手続きによる区分所有権・抵当権等の関係権利の変換、危険又は有害な状況にあるマンションの建替えの促進のための特別な措置等について定めている。

■マンション保全診断センター
　国土交通省の指定公益法人「㈳高層住宅管理業協会」内の一部組織。1985年4月（昭和60年）設立。マンション管理組合が大規模修繕に取り組むときの問題である、適正な工事価格の判定と施工業者の選定のために、信頼できる診断（仕様、設計予算等）を第三者機関として提供することが目的。診断の依頼がされた場合には、「診断報告書」「修繕標準仕様書」「工事概算金額書」「長期修繕報告書」等からなる修繕計画が作成され、管理組合等に提供される。

み

■みかじめ料要求行為
　⇒暴力的要求行為

■未成工事受入金
　⇒流動負債

■未成工事支出金
　⇒流動資産

■密集市街地における防災街区の整備の促進に関する法律
　阪神・淡路大震災の経験を踏まえ、大規模地震時に市街地大火を引き起こす等、防災上危険な状況にある密集市街地について、防災機能の確保と土地の合理的かつ健全な利用を図るため、密集市街地の整備を総合的に推進することを目的として、1997年に制定された法律。その後、老朽木造住宅が密集していること等により、大火の危険性が高い密集市街地について防災街区の整備の一層の促進を図るため、2003年12月1日改正密集法が施行された。

■見積合わせ
　指名入札の形態に頭金だけでなく、内訳明細書も添付させ、面前開札を行わないで、入札書に添付された見積明細書の内容を調査し、比較検討して、妥当と思われる者のうち最低入札者を決定する方式のこと。

■見積期間
　建設業法では、下請契約内容（工事内容、

工期等の見積条件）の提示から下請契約の締結までに、下請業者が当該建設工事の見積をするために必要な一定の期間を設けなければならないことを定めている（同法第20条第3項、同施行令第6条）。具体的な見積期間については、次のとおり定められている。
① 下請工事の予定価格が500万円未満の工事については、中1日以上。
② 下請工事の予定価格が500万円以上5,000万円未満の工事については、中10日以上。
③ 下請工事の予定価格が5,000万円以上の工事については、中15日以上。

見積条件として提示しなければならない内容として、建設業法では、工事内容、工事着手及び工事完成の時期、前払金又は出来形部分に対する支払の時期及び方法等の13項目が定められている（同法第20条第3項）。施工責任範囲や施工条件などが不明確だと、元請下請間の紛争が起こる要因ともなり、下請業者が工事を適正に見積もるためには、工事見積条件が元請負人から明確に示されていることが必要。見積条件の明確化のためには、元請負人が見積条件を記載した書面を作成し、元請下請双方で書面を保有する等の対応が有効。

■見積条件の明確化

※見積条件として提示しなければならない内容（13項目）

①工事内容
②工事着手の時期及び工事完成の時期
③請負代金の全部・一部の前金払又は出来形部分に対する支払の定めをするときは、その支払の時期及び方法
④当事者の申し出があった場合における工期の変更、請負代金の額の変更又は損害の負担及びそれらの額の算定方法に関する定め
⑤天災その他の不可抗力による工期の変更又は損害の負担及びその額の算定方法に関する定め
⑥価格等の変動若しくは変更に基づく請負代金の額又は工事内容の変更
⑦工事の施行により第三者が損害を受けた場合における賠償金の負担に関する定め
⑧注文者が工事に使用する資材を提供し、又は建設機械その他の機械を貸与する時は、その内容及び方法に関する定め
⑨注文者が工事の全部又は一部の完成を確認するための検査の時期及び方法並びに引渡しの時期
⑩工事完成後における請負代金の支払の時期及び方法
⑪工事の目的物の瑕疵を担保すべき責任又は当該責任の履行に関して講ずべき保証保険契約の締結その他の措置に関する定めをするときは、その内容
⑫各当事者の履行の遅滞その他債務の不履行の場合における遅延利息、違約金その他の損害金
⑬契約に関する紛争の解決方法
※「工事内容」については、最低限次の8つの事項が明示されている必要がある。 ①工事名称　②施工場所　③設計図書　④下請工事の責任施工範囲　⑤下請工事の工程及び下請工事を含む工事の全体工程　⑥見積条件及び他工種との関係部位、特殊部分に関する事項　⑦施工環境、施工制約に関する事項　⑧材料費、産業廃棄物処理等に係る元請下請間の費用負担区分に関する事項

■未払金
　⇨流動負債

■未払費用
　⇨流動負債

■未払法人税等
　⇨流動負債

■民間建設工事標準請負契約約款
　国土交通大臣の諮問機関である中央建設業審議会や建設業界団体が制定している、民間

建設工事の請負契約のモデル契約書のこと。中央建設業審議会が制定したものには、「民間建設工事標準請負契約約款（甲）」、「民間建設工事標準請負契約約款（乙）」、「建設工事標準下請契約約款」の3種類があり、甲は主に、民間の比較的大規模な工事、乙は個人住宅建築等の民間小規模工事を対象とした約款であり、建設工事標準下請契約約款は、第一次下請け段階における標準的約款として作成されている。また、民間の建築工事では、日本建築学会などが策定した民間（旧四会）連合協定工事標準請負契約約款が主に使用されているという。

■㈶民間都市開発推進機構

「民間都市開発の推進に関する特別措置法」に基づく建設大臣指定を受け、1987年に設立された財団法人。民間事業者が実施するオフィス、ホテル、ショッピングセンターなどの建設について、一定の要件を満たす場合、機構が事業費の一部を負担して共同事業者となる再生出資業務や都市再生支援業務、融通業務、住民参加型まちづくりファンド支援業務などを行う。

◆所在地／電話番号
〒135-6008　東京都江東区豊洲3-3-3
豊洲センタービル8F
Tel　03-5546-0781

■民事債権・商事債権

一般に個人の間で行われる売買、貸借、請負といったような法律行為により発生する債権のこと。これに対して、商行為（会社など商人の行う取引は商行為とみなされる）により発生する債権を商事債権という。民事債権と商事債権とでは、貸金債権の場合には、前者が10年で消滅時効（民法第167条第1項）にかかるのに対し、後者は5年（商法第522条）、また、金利の約束のない場合には、法定利率が前者は年五分（民法第404条）なのに対し、後者は年六分（商法第514条）というような違いがある。

■民事再生手続き

債務者が資金繰りに行き詰まったり、債務超過のおそれがあるなど、経済的に苦しい状況にある場合に、裁判所の関与の下、債権者等の協力を受け、自主性を尊重しながら、債務者の事業又は経済生活の再生を図る法的手続き（民事再生法第1条）。民事再生手続きの主な流れは、次のとおり。

●申立て・予納金納付	・破産手続き開始の原因となる事実の生ずるおそれがあるとき等。
●保全命令発令・監督委員選任　債権者説明会	・裁判所は、資産の散逸を防ぐため、命令が下される以前の債務の支払を禁止する弁済禁止の保全処分命令を出す。
●再生手続開始決定	・裁判所は、監査委員の意見を参考に、再生見込みの判断をする。・債権届出期間・債権調査期間の決定と通知。
●再生計画案の提出	・再生債務者は、届出のあった再生債権を調査し、事業計画や債務の弁済計画等を盛り込んだ再生計画案を作成し、裁判所に提出。
●債権者集会	・再生計画案の可決は、出席者の過半数かつ議決権行使可能な再生債権者の総議決権の2分の1以上の同意。
●認可・確定	・債権者集会で可決され、裁判所が認可を決定すると、再生債務者は再生計画の実行に入る。
●手続き終結決定	・再生計画が遂行された時又は認可の確定から3年が経過した時に、裁判所は再生手続終結決定をする。

■民事再生法

経営の行きづまった企業が倒産する前に、会社を再建するための法的処理について定めた法律。従来の再建型倒産手続きである「和

議法」に代わって、倒産手続きを迅速にし、資産の劣化や取引先、従業員の離散を抑制、早期の再建を促すために、2000年4月から施行された。特徴として、①不渡りや債務超過などの明らかな破産の原因がなくても、破産が避けられないと判断した時点で申請が可能　②再生計画に対して、債権者の過半数かつ債権額の過半の同意必要　③会社更生法とは異なり、既存の経営者が引き続き再建にあたることも認めている。

■民事調停

民事の紛争一般について（お金の貸し借り、売買代金の支払い、交通事故の損害、近隣関係、建物の明け渡しなど）（家事事件を除く）、簡易裁判所が民事調停法に基づいて行う調停。民事調停は、当事者双方（申立人と相手方）の話し合いによる合意によって紛争の解決を図ることを目的にする裁判外紛争解決手続き（ADR）の一つで、お互いの譲り合いにより、条理にかない、実情に即した解決を図ることを基本としている。話し合いは、調停委員会が当事者双方の話を個別に聴いて、調整を図りながら調停を進めるので、当事者同士が直接交渉することはない。主として、借地・借家や相隣関係のような継続的生活関係に基づく紛争や、親族間の賃借等の解決に利用されているが、最近ではいわゆるサラ金の問題解決のための調停申立てが急増している。なお、家事事件（家庭内のトラブル：離婚や相続など）については家庭裁判所において家事調停が行われている。

む

■無形固定資産

固定資産のうち、物的な存在形態をもたないが、会社経営に役立つ資産。無形固定資産には、特許権、地上権、商標権、実用新案権、意匠権、営業権（のれん代）などが含まれる。また、2000年4月の税制改正により、ソフトウェアを購入あるいは製作した場合には、無形固定資産の「ソフトウェア」という

項目で処理をすることになった。
※参照「固定資産」

■無権代理（むけんだいり）

代理権を持っていない者が、本人に代わって（代理人と称して）法律行為を行うこと。その行為の効果は、原則として本人に帰属せず、無効となる。ただし、本人が追認を行った場合（民法第113条）や表見代理が成立した場合は、有効である。無権代理人は、その行為について無効と確定した時には、相手方に対し契約の履行又は損害賠償の責任を負わなければならない（同法第117条）。

■無限定適正意見
⇒監査意見不表明

■無効

意思表示ないしは法律行為がなされたときに、当事者が表示した意思のようには法律効果が生じないこと。意思はあっても、法律行為は追認や時の経過によっても有効とならない。また、原則として誰でも誰に対しても無効を主張できる。無効となる法律行為としては、①公の秩序又は善良の風俗に反する事項を目的とする行為（公序良俗違反：民法第90条）②虚偽の意思表示（同法第94条）③錯誤による行為（同法第95条）などがある。

め

■明許繰越
⇒予算の繰越

■メガストラクチャー

高層ビルなどの巨大構造物。ビル建設の場合、通常は何本もの支柱を建てるが、巨大な4本の柱や吊り橋のような支持体で支えている高層建築物や集合建築物のこと。各階が自由に構成できる利点がある。例えば、都庁舎や香港の中国銀行タワーなど。

■メゾネットタイプ

マンションなどの集合住宅で、1つの住戸が2階層で中が内階段でつながっている（室内に上下階へ行く階段がある）タイプのこと。フランス語で「小さな家」という意味。比較的高級なマンションに多く取り入れられており、立体的に居住空間を使え、一戸建て感覚が味わえるのがメリット。その反面、階段を設けるため、有効面積が狭くなり、お年寄りには不便である。

■目潰し（めつぶし）

すきまを埋めること。例えば、建築物の基礎工事においては、根切りした底に割栗石（わりぐりいし）と呼ばれる砕石を敷くが、そのすきまを目つぶし砂利と呼ばれる砂利で埋めて、コンクリートを打設する。また、塗装工事においては、木の目をふさぐための目止めをすることを、目潰しという。

■免震工法

建物に加わる地震の揺れを小さく抑える建築技術。建築物と地盤とを免震ゴム（積層ゴム）や硬い鉄球（ローラーベアリング）などの免震装置で絶縁することにより、地盤の振動を建物に直接伝えないようにする工法。地震時には、建物全体がゆっくり揺れ、建物にほとんど被害を受けない効果がある。阪神・淡路大震災で無傷であった郵政省WESTビルは、地上6階地下1階のSRC（鉄骨鉄筋コンクリート）造りの建物で、基礎部分に鉛プラグ入り積層ゴムが採用されていた。観測結果によると、各階の地震応答値（地震時の揺れ）は3分の1～4分の1に低減しており、免震効果が実証されている。

も

■目論見書（もくろみしょ）

金融商品取引法に基づき、株式や社債など有価証券の募集あるいは売出しにあたり、その取得の申込みを勧誘する際等に投資家に交付する文書。当該有価証券の発行者や発行する有価証券の内容など、投資家が投資を判断するのに必要な情報が記載されている。有価証券等の募集又は売出し時には、内閣総理大臣への有価証券届出書の提出（金融商品取引法第5条）と、目論見書の作成が義務付けられている（同法第13条）。

■モジュール工法

その場で一から建てていくのではなく、工場であらかじめ部品をモジュール（基準単位）として組み立てておき、現場ではそれらをはめ込むだけの作業などにとどめる建築方法。現場工期は在来の工法と比較し、大幅な短縮が可能となり、また、昨今の熟練労働者不足の問題解決にもなっている。ツー・バイ・フォー工法（2×4インチの木材で枠組みをつくり、そこに合板を打ち付けて組み立てる工法）やプレハブ建設などがこれに相当する。

■持ち株会社

株式の所有を通じて傘下企業の経営を支配し、グループ全体の経営計画立案などに携わる会社。「事業持ち株会社」と「純粋持ち株会社」の2つの形態があるが、単に持ち株会社といったときは、「純粋持ち株会社」を指す（"○○ホールディングス" "△△グループ本社"などといったときはこのケース）。「純粋持ち株会社」は、自ら製造や販売といった事業は行わないで、他の企業を支配することを主業務とする。1997年12月に独占禁止法が改正されて、それまで、戦後の財閥復活を阻止するため禁止されていた「純粋持ち株会社」が解禁された。銀行や証券会社が設立する場合は、金融持ち株会社と呼ぶ。「事業持ち株会社」は、自らも事業活動を行いつつ、他企業の株式を持っている。従来の"株式持ち合い"のこと。この形態の株式の保有は、以前から認められており、日本経済における通常の株式の保有である。

■元請負人

建設業法において「元請負人」とは、下請契約における注文者で、建設業者である者

（建設業法第2条第5項）をいう。下請工事として受注した場合でも、建設工事の一部を他の業者に下請負した場合には、自社が「元請負人」となり、その下請取引を行った業者が下請負人となる。
※参照「発注者」
※建設業者である者とは、建設業許可のある者。

■盛土・切土（もりど・きりど）

　土を盛って土地を平らにすること、あるいは盛った土のこと。例えば、山腹や丘の斜面などの傾斜地を造成する時などに、他の場所から採取した土砂を古い地盤の上に盛り上げて平らにした所を「盛土」、反対に土砂を削り取って残った部分を「切土」という。傾斜地を造成した場合、1つの宅地で「盛土」と「切土」部分が混在する場合も多い。十分な締め固めをしていない盛土は軟弱で、地震などによる地割れ、建物の荷重による不同沈下などの要因になる。

や

■役員賞与引当金
　⇨流動負債

■役員のうち常勤である者
　⇨経営業務の管理責任者

■役員報酬
　⇨損益計算書

■薬液注入工法
　薬液を地盤に注入し地盤の強度を増加させ、また、地盤の透水係数を減少させる地盤改良工法の一種。薬液としては、水ガラス系及び高分子系（尿素系、アクリルアミド系など）のものが使われていたが、昭和49年（1974年）に高分子系薬液による人の健康被害が発生したことにかんがみ、国土交通省では薬液注入工法による建設工事の施工に関する暫定指針（昭和49年7月10日建設事務次官通達）により地下水等の汚染等を防止するため使用できる薬液を劇物及びフッ素化合物を含まない水ガラス系のもののみに限り、施工にあたっては厳重な水質監視を行いながら施工することなどを定めている。

■野帳（やちょう）
　測量のとき、測量結果を現場で記入する手帳のこと。手簿（てぼ）ともいう。文具メーカーから「野帳」「測量野帳」「地質野帳」などの商品名で販売されている。最近では携帯機器を使った「電子野帳」と呼ばれるものもある。

■屋根
　建築物の上方にあって、建物を覆う部分のこと。雨、雪、風、日光などから室内や室内の人間を守る重要な構造部分である。屋根の形状は、傾きを持つ屋根と水平に近い陸屋根（ろくやね）に大別される。前者には種々の形態のものがあるが、切妻（きりづま）、寄棟（よせむね）、方形（ほうぎょう）、入母屋（いりもや）、片流れ屋根等が代表的である。

■屋根工事
　建設業法第2条に規定する建設工事の一つ。瓦、スレート、金属薄板等により、屋根をふく工事をいう。具体的工事例として、屋根ふき工事（板金屋根工事を含む）、屋根断熱工事（断熱処理を施した材料により屋根をふく工事）などがある。

■屋根窓
　⇨ドーマー窓

■山津波
　⇨土石流

ゆ

■誘引ユニット方式
　⇨インダクションユニット方式

■有価証券
　証券そのものに財産的価値がある券面のこと。代表的なのは企業が発行する株式・債券・手形・小切手などがある。土地を裏付けに発行される抵当証券や、商品券やテレホンカードも有価証券にあたる。有価証券は譲渡することにより、その有価証券の持っている財産的権利を簡単に移転させることができるのが特徴である。金融商品取引法（第2条第1項、第2項）において有価証券は、①貨幣証券（手形、小切手など）②物財証券（運送証券、倉庫証券など）③資本証券（株券、社債券など）の3つに分類されている。

　※株券について
　　株券の発行を廃止し、株式の発行や流通を電子的な管理に置き換える「株券不発行制度（株券電子化）」がスタートした。紙の形をとっていない株券となるが、「みなし有価証券」としてその価値を維持させる。株券不発行制度は、上場会社でなければ導入は任意であるが、上場会社であれば2009年6月までに移行されることが決まっている（実務界では、2009年1月5日よ

※参照「流動資産」

■有価証券報告書

　有価証券（株券や債券）を使って1億円以上の資金調達をする会社や、株式を証券取引所などに上場や公開している会社が、金融庁に提出を義務付けられている書類。金融商品取引法第24条により、毎事業年度終了後3ヵ月以内に内閣総理大臣に提出することが義務付けられており、金融庁や証券取引所で誰でも閲覧できるようになっている。有価証券報告書には、投資家の判断に資する情報として、会社の概況（沿革、事業内容など）、事業状況（業績、課題、経営上の重要な契約など）、設備状況（設備投資など）、財務諸表（連結財務諸表と財務諸表）などが記載されている。また、虚偽の記載をしていた場合、金融庁は訂正報告書を提出させるほか、金融商品取引法違反で告発することがある。

■有形固定資産
　⇒固定資産

■遊水地

　洪水のときに、洪水を一時的に貯めて洪水の最大流量（ピーク流量）を減少させるために設けた区域。調節池とも呼ぶ。普段は水田等に利用していて、洪水のときだけ水が貯まる仕組みになっている。遊水地には、河道と遊水地の間に特別な施設を設けない自然遊水の場合と、河道に沿って調節池を設け、河道と調節池の間に設けた越流堤から一定規模以上の洪水を調節池に流し込む場合がある。

■優先株

　「優先株」とは特殊株の一種で、普通株に比べて配当金を優先的に受ける、あるいは会社が解散した時に残った財産を優先的に受けるなど、投資家にとって権利内容が優先的になっている株式のこと。ただし、会社の経営に参加する権利（議決権）については、制限されるのが一般的である。発行企業にとっては配当コストがかかるというデメリットがあるが、投資家に有利な条件を提示することで、資金調達がしやすい。また、銀行のように規制により自己資本比率が定められている企業にとっては、優先株を発行することでその比率を向上できるというメリットもある。政府が銀行をたびたび金融支援してきた際には、優先株の発行という形で行われてきた。

■有利子負債

　長短借入金、社債、転換社債、受取手形割引高など、金利（利子）を支払わなければならない負債。有利子負債の残高は、財務体質の健全性を測るうえでの重要な指標の一つとされている（有利子負債の利子は定期的に決められた金額を返済しなければならない等の理由から、残高が少なければ少ないほど、健全性が高いといわれる）。建設業における有利子負債（主要建設企業41社を対象）の状況は、平成5年度（1993年度）がピークで8兆3,052億円。その後、不良債権処理、淘汰・再編の動きの中での経営改善、負債放棄などの金融支援により、平成18年度（2006年度）においては、2兆8,493億円まで減少しており、ピーク時と比較すると65.7%の減少となっている。

■ユニオンメルト溶接法

　自動アーク溶接法。サブマージアーク溶接ともいう。接手上（母材上）にあらかじめ散布した粒状の溶剤中に電極ワイヤを送り込み、この先端と母材との間にアークを発生させて、アーク放電により生じる高熱を利用して溶接を連続的に行う。造船・建築・橋梁など比較的大型の構造物に適用される。

■ユニットプライス型積算方式

　受注者（元請企業）と発注者が総合価格で契約した後、ユニットごとに合意した価格を、発注者がデータベース化していき、ユニットごとに実績のデータベースの単価（ユニットプライス）を用いて積算する方法。ユニットプライス型積算方式の導入により期待さ

れる主な効果として、①価格の透明性、説明性の向上　②民間活力の導入促進　③契約上の協議が円滑化　④工事目的物と価格の明確化　⑤積算業務の省力化　等が期待されている。

■ユニバーサルデザイン

　あらゆる人（男性、女性、高齢者、障害者、妊婦、子供など）にとって使いやすいように製品、建物などをデザインすること。バリアフリーよりも広義で、特定の人のための特定のデザインではなく、多くの人が使いやすいことを考慮し、デザインされるべきであるという考え方。

■指さし喚呼運動（ゆびさしかんこうどう）

　作業場で安全を確認するために行う動作で、決められた手順に従って、作業服装や危険箇所などを指を指しながら、大きな声で確認する運動。朝礼など大勢が集まったときに、一斉に行うことが多い。

よ

■用心棒料などの要求行為
　⇒暴力的要求行為

■容積率

　敷地面積に対する建物の延べ床面積の割合のこと。その敷地に対して、どれくらいの規模（床面積）の建物が建てられるか、という割合のことで、容積率（％）＝延べ床面積／敷地面積×100　で求められる。建ぺい率と同様に用途地域ごとに制限されている。
　※参照「建ぺい率」

■用途地域

　住宅地に望ましい環境づくりや、商工業に適した地域づくりなど、それぞれの地域にふさわしい発展を促すため、「都市計画法」に基づいて定められている。用途地域は、地域地区のうち最も基礎的なものであり、都市全体の土地利用の基本的枠組みを設定するもの。用途地域には、「住居系」「商業系」「工業系」合わせて12種類がある。

住居系	第1種低層住居専用地域
	第2種低層住居専用地域
	第1種中高層住居専用地域
	第2種中高層住居専用地域
	第1種住居地域
	第2種住居地域
	準住居地域
商業系	近隣商業地域
	商業地域
工業系	準工業地域
	工業地域
	工業専用地域

【第1種低層住居専用地域】：低層住宅のための地域で、住宅や小規模店や事務所を兼ねた住宅、小中学校、診療所などが建てられる。

【第2種低層住居専用地域】：第1種低層住居専用地域に建てられるもののほか、床面積が150㎡以下の店などが建てられる。

【第1種中高層住居専用地域】：第2種低層住居専用地域に建てられるもののほか、病院や大学、床面積が500㎡以下の店などが建てられる。

【第2種中高層住居専用地域】：第1種中高層住居専用地域に建てられるもののほか、床面積1,500㎡以下の店や事務所などの利便施設が建てられる。

【第1種住居地域】：住居の環境を守るための地域で、第2種中高層住居専用地域に建てられるもののほか、床面積3,000㎡以下の店、事務所、ホテルなどが建てられる。

【第2種住居地域】：第1種住居地域に建てられるもののほか、床面積10,000㎡以下の店、カラオケボックスなどが建てられる。

【準住居地域】：道路の沿道地域にふさわしい施設と、住宅の調和を図るための地域で、第2種住居地域に建てられるもののほか、客席の床面積が200㎡未満の劇場などが建てられる。

【近隣商業地域】：住宅地周辺で日用品の買い物などをするための地域で、住宅のほか、床面積10,000㎡を超える店、カラオケボックスなどが建てられる。

【商業地域】：銀行、映画館、飲食店、百貨店などが集まる地域で、住宅や小規模な工場も建てられる。

【準工業地域】：主に軽工業の工場やサービス施設等が立地する地域で、危険性、環境悪化が大きくない工場や、住宅、店などが建てられる。

【工業地域】：どんな工場でも建てられる地域で、住宅や床面積が10,000㎡以下の店は建てられる。学校、病院、ホテルなどは建てられない。

【工業専用地域】：工場のための地域。住宅、店、学校、病院、ホテルなどは建てられない。

■溶融スラグ

一般廃棄物の焼却灰や下水汚泥の焼却灰などを高温（約1,400℃）で溶融した結果、生成されるガラス質の固化物のこと。溶融スラグは、高温で溶融されるため、重金属類はほとんど溶出しなくなり、また、ダイオキシン類は熱分解されほとんど残存しない。溶融スラグを破砕加工すれば、土木資材に利用することが可能であり、具体的には、インターロッキングブロック、舗装用レンガ等がつくられ、利用されている。

■預金小切手
　⇒預手

■預金保険機構

我が国の預金保険制度の運用主体として、1971年7月預金保険法により、政府、日本銀行、加入金融機関の出資により設立された認可法人。定額保護を行う保険事故から、危機対応のため、預金の全額保護を行う保険事故まで、状況に応じた保険機能が制度として整備されている。

※定額保護：決済用預金（当座預金・利息のつかない普通預金等）は全額、それ以外（利息のつく普通預金・定期預金・定期積金など）については、1金融機関ごとに預金者1人あたり、元本1,000万円までとその利息等が保護される制度。

■横請け

大手の建設会社同士や中堅の建設会社同士など、同じ規模の建設会社に施工させること。施工能力のない中小業者が大手に工事を丸投げして利潤を得る「上請け」と同様、不適切な行為とされる。「横請け」「上請け」とも、元請負人として実質的に関与していなければ、一括下請負に該当する。

※参照「上請け」「一括下請負の禁止」「実質的に関与」

■予算の繰越

国の会計において、歳出予算を当該年度内に使用することができなかった場合に、その予算を不用額としないで、翌年度に繰り越して翌年度の予算として使用する制度。本来歳出予算は、その性質及び会計年度独立の原則から、一会計年度内に使用すべきもので、当該年度に使用することができなかった予算は不用額とすべきものである。しかし、すべての場合にこの原則を貫くことは、予算の編成又はその執行上、また、国の諸政策の遂行上かえって不合理な結果ともなりかねないことから特例を設け、一定の場合に限って予算を翌年度に繰り越して使用できることとなっている。主な予算の繰越には、①明許繰越（財政法第14条の3）②事故繰越（同法第42条）がある。なお、政府関係機関及び地方公共団体の財政においても、国の場合に準じて予算の繰越制度が認められている。

※明許繰越：歳出予算の経費のうち、その性質上又は予算成立後の事由により、年度内にその支出を終わらない見込みのあるものについては、あらかじめ国会の議決（地方公共団体においては議会の議決）を経て、翌年度に繰り越して使用することができる。例えば、思うように用地が買えず、道路工事の着工が遅れた時など、年

度内に支出が終わらない見込みのある歳出予算。1回だけ繰り越すことができる。

※事故繰越：歳出予算の経費の金額うち、年度内に支出負担行為をなし、避けがたい事故のため年度内に支出を終わらなかったものは、これを予算に定めないで、翌年度に繰り越して使用することができる。例えば、台風により、道路工事箇所のガケが崩れて、途中で工事がストップした場合など、天災異常気象現象や万止むを得ない重大な事由がある場合。

■予想配当利回り
　⇒配当利回り

■預手（よて）
　金融機関が、自分自身（自行）を支払人として振り出す「預金小切手」。銀行振出小切手又は自己宛小切手ともいう。法律的性質は一般の小切手と同じである。金融機関が預金小切手の振出しを依頼された場合は、依頼人からの現金の入金、あるいは依頼人の預金口座からの振替によって、支払資金を確保してから振出しするので、不渡りになる危険性は全くない。

■予定価格
　公共工事では契約工事物件ごとに、あらかじめ契約の上限価格（予定価格）を決めている。契約担当官は、設計図書などに基づいてつくられた設計価格をもとに、予定価格を決める。このとき、設計価格を2〜5％ほどカットする場合があるといわれている。これを歩切りというが、非公式なので推測にすぎない。

■予納金
　債務者に経済的な破綻のきざしがある場合（支払不能、債務超過など）には、破産、民事再生法、会社更生法などの申立てをすることができるが、その際に、裁判所に納めなければならない金額のこと。予納金を納付しなければ、破産などの申立ては棄却されることになる。ちなみに、再建型倒産手続きのスタンダードである民事再生手続きの場合、予納金の目安としては、以下の通りである。

負債総額	予納額
5,000万円未満	200万円
5,000万円から1億円未満	300万円
1億円から10億円未満	500万円
10億円から50億円未満	600万円
50億円から100億円未満	700万円から800万円
100億円から250億円未満	900万円から1,000万円
250億円から500億円未満	1,000万円から1,100万円
500億円から1,000億円未満	1,200万円から1,300万円
1,000億円以上	1,300万円以上

■4S運動
　頭文字に「S」がつく安全運動。①整理：必要なものと不要なものを分けて、不要なものは処分する　②整頓：必要なものを所定の場所にきちんと揃えて置く　③清潔：みんなが使用するトイレ、洗面所、休憩所などをきれいに保つ　④清掃：作業場や身の回りをきれいに清掃する。4Sを実行することで、安全を確保しようという運動である。

ら

■落札
　競争入札において、最低入札価格が、公共工事では予定価格の範囲内である場合、民間工事では予算額以内である場合に請負業者を決定すること。

■ラス張り工事
　金網を壁や法面にホチキスやピンで固定する工事。「ラス」とは、建築や土木工事に使う金網の一種のこと。建築では壁下地の補強材として、モルタル仕上の壁の下地として金網を張る。また、工事現場の足場板や法面の防護ネットなど幅広く使用されている。

■ラーメン構造
　建物の構造躯体（骨組）の種類の一つ。柱と梁の接点が変形しにくい「剛」接合されている骨組みのことであり、「剛接骨組構造」「剛接架構」ともいう。ラーメンはドイツ語で「額縁」。耐力壁や筋交いを入れなくても、地震などの横揺れに耐えられる構造なので、低層から高層まで幅広く対応できる。

■ランドスケープ
　景観のこと。河川景観においては山、水面、植生などの自然物と、それに人為的な作用を受けた土地及び建物や土木構造物から構成される。

■ランマー
　上下動の衝撃によって、地盤を締め固める機械。建物や構造物の基礎など狭い面積の締め固めができるのが特徴である。

り

■利益準備金
　⇒貸借対照表

■利益剰余金
　⇒貸借対照表

■利益剰余金（経審）
　経営事項審査の経営状況（Y）8指標の一つ。この指標は、企業自らが経営活動によって稼ぎ出した過去の利益の貯蓄度合いを表している。比率ではなく絶対額の指標であり、数値は高いほど好ましい。

利益剰余金＝利益剰余金／1億円
（経営事項審査の経営状況（Y）では、上限値：100.0億円　下限値：－3.0億円%）

（注）個人の場合は、利益剰余金を純資産合計と読み替える。
※参照「貸借対照表」

■リエンジニアリング
　ビジネスプロセス・リエンジニアリング（BPR）の略称。業務の流れ（ビジネスプロセス）を抜本的に見直して、時代の流れにあった形に再構築（リエンジニアリング）し、企業業績を劇的に向上することを目的とした経営改革手法。BPRで重要なことは、①顧客の観点に立って業務を改善していること、②情報技術（EDI、CALSなど）を最大限に活用していること、③強力なトップダウンによって推進していること等があげられる。

■履行の強制
　債務の内容を公の機関（裁判所）によって強制的に実現すること。契約の履行がなされない場合、自ら持っている権利を実力で行使することを許したのでは社会の秩序が保てなくなるので、法治国家においては<u>自力救済が禁止</u>されている。履行の強制は公の機関のみが行うことができる。例えば、ある契約を期限内に履行すると約束した場合、その期限までにその契約の履行が全く行われていない時に、公の機関の力をかりて、その契約の履行を強制的に実現させることである。具体的には、債権者が裁判所に提訴し、勝訴のうえ、強制執行の申し立てをすることにより行われる。

※民法の中で、自力救済を規定した条文はない

が、通説・判例は原則禁止の姿勢をとっている。

■履行保証制度
　建設企業（請負者）の契約不履行により、発注者が被る損害に備える措置。1994年、当時の建設省でまとめられた。談合を助長する等の批判のあった、従来の同業者が工事の完成を保証する「工事完成保証人制度」を廃止した。なお、履行保証制度には、請負者の契約不履行による損害を金銭的に補填する「金銭的な保証」と、工事の完成そのものを保証する「役務的な保証」に大別される。

■履行補助者
　債務者が債務の履行をするにあたり、履行者の手となり足となって履行の補助を行う者。具体的には、債務者が会社の場合の従業員や、工事請負人が請負工事のために使用する下請業者などが該当する。履行補助者の故意又は過失によって債権者に損害を与えたとき、債務者は債務不履行の責任として、その賠償をしなければならない。商法上は明文の規定があり（第560条、第577条、第590条、第592条等）、民法には規定がないが、広く認められている。

■履行ボンド
　履行保証（Performance Bond）のことで、公共約款では「履行保証証券」と呼んでいる。建設業者が保証証券を提出することで、建設業者の請負契約の履行が不能となった場合に違約金の支払又は工事を完成させる責任を負担すること。

■リスクマネジメント
　営業活動に伴う様々な危険を最小の費用で食い止める経営管理活動。もともと欧米で発達してきた経営管理手法であるが、企業を取り巻く様々なリスクを分析し、対策を講じることで企業の存続・経営目標の達成を図ろうとするもの。

■リストラクチャリング
　革新（環境変化）の流れに適応して、事業の内容や範囲を大幅に改革し再構築すること。具体策としては、合併、不採算部門・事業分野の縮小・整理・撤退・売却、有望部門・事業分野への経営資源（ヒト、モノ、カネ、情報）の集中的活用、多角化の推進又は縮小、企業集団ないし企業系列の形成や再構成などである。

■リースバック方式
　事業用資産をリース会社などに売却し、それをそのまま使用しながら買主に使用料を支払う方式。

■リテール事業
　リテールは金融用語で「個人などを相手とした小口金融業務」や「融資」を指す。建設産業の場合は、エンドユーザーへのきめ細かなサービスをいう。例えば、メンテナンスやリニューアルを事業化するゼネコン、メーカーが出始めている。

■リーニエンシー
　⇒課徴金減免制度

■リノリウム
　天然のシート床材の一つ。コルク粉・おがくず・樹脂などと亜麻仁油（あまにゆ：アマの種子から絞った乾性油）などの乾性油を酸化重合したものを混ぜて練り合わせ、これを麻布に塗りつけた建築材料。抗菌性能に優れ、耐熱性・吸音性・耐火性・弾性があり、病院や学校などの公共建築物の床材・壁の仕上げ材として使われる。床面や壁面などに用いられる。

■リバースモーゲージ
　自らが居住する住宅を担保にして、自治体などから毎月融資を受けて生活費に充て、契約終了時、死亡時に不動産を処分して借入金を一括返済する方法。住宅担保年金ともいい、自宅を手放さずに、融資を受けることが

できる。このため、金利の低迷は長期化し、株価下落や年金問題など、老後の生活資金についての不安が高まる中で、老後の生活防衛手段として、活用が広がっている。高齢者などが対象となるが、福祉対策と住宅流動化対策になるとして、1981年4月、日本で初めて東京都武蔵野市において導入された。リバースモーゲージには、公的なもの（比較的低所得者を対象とするものが多い）と民間のもの（富裕者層を対象とするものが多い）がある。民間のものは、銀行が提供しているほか、大手ハウスメーカーが自社販売住宅を対象としているものもある。

■リバービオコリドー

連続した樹木群や草地をグラウンドとグラウンドの間等に配置した空間をいう。樹木群内部の気温上昇の緩和などの効果があり、生物の生息環境や移動経路を形成し、ランドマークとしての効果も期待される。

■リファイン建築

老朽化した建物をまったく新しい建物として蘇らせる増改築手法。従来のリニューアルとは異なり、構造体である柱や梁、床スラブを残して解体し、耐震性の向上、建物の寿命の延命化をさせる新しい建築工法。建物の用途・機能を大幅に変更できるほか、新築を上回るデザインに一新することができる。

■留置権

時計の修理屋さんには、修理代金の支払いを受けるまでは、その時計の引渡しを拒むことが認められている。このように、他人の物を占有している者が、その物に関して生じた債権を持っている場合（前例の場合には、時計の修理代金請求権）、その債権の弁済を受けるまでは、その物を留置しておくことができる権利を、留置権という（民法第295条）。留置権の狙いは、物を債権者の手元に留置することによって、債務の支払いを促す点にある。留置した物を債権者が使用したり、その物による収益を自分のものにする権利はない。

■流動資産

企業が所有する資産のうち、現金、預金のほぼ現金に等しい資産、並びに営業過程において1年以内に現金化又は費用化される資産である。具体的には、営業取引によって生じた受取手形・売掛金等の債権、一時所有の有価証券、貸借対照表日の翌日から起算して1年以内に回収されて現金となる未収金・立替金、1年以内に費用計上することになる前払費用、商品・製品・原材料といった棚卸資産などがある。

※流動資産

現金預金	現金	・現金、小切手、送金小切手、送金為替手形、郵便為替証書、振替貯金払出証書　等
	預金	・金融機関に対する預金、郵便貯金、郵便振替貯金、金銭信託等で、決算期後1年以内に現金化できると認められるもの。ただし、当初の履行期が1年を超え、又は超えると認められたものは、投資その他の資産に記載することができる。
受取手形		・営業取引に基づいて発生した手形債権（割引に付した受取手形及び裏書譲渡した受取手形の金額は、控除して別に注記する）。ただし、このうち破産債権、再生債権、更生債権その他これらに準ずる債権で、決算期後1年以内に弁済を受けられないことが明らかなものは、投資その他の資産に記載する。
完成工事未収入金		・完成工事高に計上した工事に係る請負代金（税抜方式を採用する場合も、取引に係る消費税額及び地方消費税額を含む。以下同じ）の未収額。ただし、このうち破産債権、再生債権、更生債権その他これらに準ずる債権で、決算期後1年以内に弁済を受けられないことが明らかなものは、投資その他の資産に記載する。
有価証券		・時価の変動により利益を得ることを目的として保有する有価証券及び決算期後1年

	以内に満期の到来する有価証券
未成工事支出金	・引渡しを完了していない工事に要した工事費並びに材料購入、外注のための前渡金、手付金等。ただし、長期の未成工事に要した工事費で工事進行基準によって完成工事原価に含めたものを除く。
材料貯蔵品	・手持ちの工事用材料及び消耗工具器具等並びに事務用消耗品等のうち未成工事支出金、完成工事原価又は販売費及び一般管理費として処理されなかったもの。
短期貸付金	・決算期後1年以内に返済されると認められるもの。ただし、当初の返済期が1年を超え、又は超えると認められたものは、投資その他の資産（長期貸付金）に記載することができる。
前払費用	・未経過保険料、未経過割引料、未経過支払利息、前払賃借料等の費用の前払いで、決算期後1年以内に費用となるもの。ただし、当初1年を超えた後に費用となるものとして支出されたものは、投資その他の資産（長期前払費用）に記載することができる。
繰延税金資産	・税効果会計の適用により、資産として計上される金額のうち、次の各号に掲げるものをいう。 1．流動資産に属する資産又は流動負債に属する負債に関連するもの 2．特定の資産又は負債に関連しないもので決算期後1年以内に取り崩されると認められるもの
その他	・完成工事未収入金以外の未収入金及び営業取引以外の取引によって生じた未収入金、営業外受取手形その他決算期後1年以内に現金化できると認められるもので、他の流動資産科目に属さないもの。ただし、営業取引以外の取引によって生じたものについては、当初の履行期が1年を超え、又は超えると認められたものは、投資その他の資産に記載することができる。
貸倒引当金	・受取手形、完成工事未収入金等、流動資産に属する債権に対する貸倒見込額を一括して記載する。

■流動資産その他
⇒流動資産

■流動比率

　企業の当座の資金繰りを表す指標。流動資産（資産のうち、1年以内に現金に換えられるもの）と流動負債（負債のうち、1年以内に返済期限が来るもの）の関係を示す比率。流動負債の返済には、1年以内に現金化が見込まれる流動資産をもって充てるという考え方から支払能力を判定しようとするもので、企業の安全性についての手掛かりが得られる。この比率が高いほど、短期的な資金繰りに余裕があることを示す。流動比率は200％以上あることが安心の目安といわれている。

流動比率（％）＝流動資産÷流動負債

■流動負債

　貸借対照表の作成日翌日から1年以内に支払・返済期限の到来する債務、並びに営業上の支払債務のこと。貸借対照表の貸方の負債の部の一つ。支払手形、短期借入金などのほかに、1年以内に使用される見込みの負債性引当金、未払費用・前受収益といった経過負債から構成されている。

※流動負債

支払手形	・営業取引に基づいて発生した手形債務。
工事未払金	・工事費の未払額（工事原価に算入されるべき材料貯蔵品購入代金等を含む）。ただし、税抜方式を採用する場合も、取引に係る消費税額及び地方消費税額を含む。
短期借入金	・決算期後1年以内に返済されると認められる借入金（金融手形を含む）。
未払金	・固定資産購入代金未払金、未払配当金及びその他の未払金で決算期後1年以内に

	支払われると認められるもの。
未払費用	・未払給料手当、未払利息など継続的な役務の給付を内容とする契約に基づいて決算期までに提供された役務に対する未払額。
未払法人税等	・法人税、住民税及び事業税の未払額。
繰延税金負債	・税効果会計の適用により、負債として計上される金額のうち、次の各号に掲げるものをいう。 1. 流動資産に属する資産又は流動負債に属する負債に関連するもの 2. 特定の資産又は負債に関連しないもので決算期後1年以内に取り崩されると認められるもの
未成工事受入金	・引渡しを完了していない工事についての請負代金の受入高。ただし、長期の未成工事の受入金で工事進行基準によって完成工事高に含めたものを除く。
預り金	・営業取引に基づいて発生した預り金及び営業外取引に基づいて発生した預り金で、決算期後1年以内に返済されるもの又は返済されると認められるもの。
前受収益	・前受利息、前受賃貸料　等
修繕引当金	・完成工事高として計上した工事に係る機械等の修繕に対する引当金
完成工事補償引当金	・引渡しを完了した工事に係るかし担保に対する引当金
役員賞与引当金	・決算日後の株主総会において支給が決定される役員賞与に対する引当金（実質的に確定債務である場合を除く）
その他	・営業外支払手形等決算期後1年以内に支払又は返済されると認められるもので他の流動負債科目に属さないもの。

■流動負債その他
　⇒流動負債

■療養補償給付
　⇒労働者災害補償保険

る

■ルーバー窓
　ブラインドのように細長いガラス板を、数枚の羽根板状に並べたガラス窓。「ジャロジー」ともいわれており、一般的にはトイレ・浴室・洗面所などの小窓に使用される。ハンドルを回せばガラス板の開閉角度が変えられるため、通風を調整するのに便利。窓の全面積を開放することもできるので、小さな窓であっても効率よく換気できる。

■ルーフバルコニー
　下階の住戸の屋根にあたる部分をバルコニーとして活用するもの。普通のバルコニーと比較すると価格は高くなるが、日当たりが良く、バーベキューパーティーに利用できたりするなど、一戸建て気分が味わえる。土地の斜面を利用して建設されるマンションは、構造上、階段状になる場合が多いため、ルーフバルコニー付きの住戸が多くなる。

れ

■レインズ（Real Estate Information Network System）
　REINS（レインズ）は、国土交通省が推進している全国不動産流通システム。各企業が持っている不動産情報を統合させ、コンピュータ通信を活用して業界全体で活用しようとする構想。レインズは、宅地建物取引業法に基づき、国土交通大臣の指定を受けた「指定流通機関」である全国4つの公益法人（財団法人東日本不動産流通機構、社団法人中部圏不動産流通機構、社団法人西日本不動産流通機構、社団法人近畿圏不動産流通機構）によって運営されている。レインズの会員会社は、売却依頼を受けた物件情報を各地域の指定流通機構に登録するなどの義務がある。

■劣後債
　劣後債とは、一般の債権者よりも債務弁済

の順位が劣る社債のこと。その見返りとして利息が高く設定される。会社が解散や破産などした場合、他の債権者への支払いを全て終えた後、一番最後に債務を返済される立場になる。このため、社債の一種ではあるが、限りなく株式に近い性格を持っている。劣後債も優先株と同様、銀行の自己資本比率を高めるために発行されることがある。

■劣後ローン

貸出先が倒産した時などに、貸し手への返済順位が低い（他の通常の融資の回収が終わってからでないと返済が受けられない）無担保の貸出債権。劣後ローンは、弁済の順位が劣後している代わりに、金利等の条件も一般の債権より高く設定されており、リスクも高ければ、リターンも高い。1990年6月に大蔵省（当時）が解禁し、都市銀行、地方銀行などが生命保険、損害保険会社から借り入れている。貸出期間は5年超。金利は長期プライムレート（最優遇貸出金利）を基準にした変動金利のケースが多い。株式の含み益などと異なり、相場に左右されないため、都銀などは安定的な自己資本の充実策として借り入れを急増させてきた。

■レトロフィット

復旧（損傷した建物及び部位に補修・補強を施して再使用に耐えるようにする）、補強（弱いところ、足りないところを補って構造性能を向上させる）、補修（建物の損傷部分を補いつくろうことにより構造性能を損傷前の状態に復帰させる）の総称。

■連結財務諸表

親会社と子会社（議決権の過半数を所有している会社）をはじめとする企業グループに属する複数の企業を、1つの企業とみなして作成する財務諸表。具体的には、まず企業グループ内の複数企業の財務諸表を「合算」して、1つの財務諸表とする。そして、親会社の関係会社株式と子会社の資本金、連結子会社間の売上取引の相殺などの修正仕訳を行っ たうえで、連結財務諸表を作成することになる。連結財務諸表の構成は、次の通り。①連結貸借対照表 ②連結損益計算書 ③連結キャッシュフロー計算書 ④連結株主資本等変動計算書（金融商品取引法193条、連結財務諸表の用語、様式及び作成方法に関する規則第6条～第8条の2）。

■連続繊維補強土工

砂質土と連続繊維（ポリエステル）をジェット水とともに噴射・混合させて、法面に厚い土構造物を構築する工事。連続繊維補強土工と地山補強土工と植生工の3つの工法を組み合わせた「連続繊維複合補強土工」（ジオファイバー工法）は、環境に優しい法面安定工といわれている。

※地山補強土工：地山内に鋼棒の抵抗体を埋め込むことで、地山自体の抵抗値を高めるとともに、連続繊維補強土と地山の一体化を図る工事。

■連帯債務

複数の債務者が、同一内容の債務について、それぞれが独立に全部の弁済をなすべき債務を負担し、そのうちの1人が全部の弁済をすれば、他の債務者もことごとく債務を免れるという内容の債務関係（民法第432条以下）。例えば、住宅ローンについて夫婦で連帯債務者になれば、同じローンについて夫も妻もそれぞれ返済義務を負うが、夫が返済すれば妻は返済する必要がない。

■連帯保証

保証人が主たる債務者と連携して債務を負担すること。債務者の債務を、他人が保証することを「保証」という（民法第446条）が、この保証の特殊な形態として、保証人の責任を強化した「連帯保証」がある（同法第454条）。連帯保証も保証の一種であるから、主たる債務に附従し、主たる債務者に生じた事由は、原則として連帯保証人に効力を生ずる。普通の保証と違い、催告の抗弁権及び検索の抗弁権はなく、債権者から請求があれ

ば、連帯保証人は直ちに弁済の責任を負うことになる。この点から連帯保証は、普通の保証よりも担保性が強い。なお、連帯保証人が弁済したときは、主たる債務者に求償権を有することは、普通の保証と同じである。

■連担建築物設計制度（れんたんけんちくぶつせっけいせいど）

本来は複数の敷地であるが、それを一つの敷地（連担した敷地）とみなして、建築物の容積率などに単独敷地のときとは別の規制を与えようとする制度（建築基準法第86条第2項、同法施行規則第10条の17）。建築基準法では、1つの建築物に対して1つの敷地をいわば糊付けしてワンセットにすることを原則としており、容積率制限等はそれぞれの敷地ごとに適用されているが、連担建築物設計制度は、既存の建築物の余剰容積率を利用して、隣接連担する敷地上に、単独敷地のときよりも大きな建物を建てることができるようにした制度。

ろ

■ロアーリミット
⇒最低制限価格制度

■労災統計の度数率・強度率

「度数率」は、100万延べ実労働時間あたりの労働災害による死傷者数で、災害発生の頻度を表す。算出方法は、

度数率＝労働災害による死傷者数／延べ実労働時間数×1,000,000

「強度率」は、1,000延べ実労働時間あたりの労働損失日数で、災害の重さの程度を表す。算出方法は、

強度率＝延べ労働損失日数／延べ実労働時間数×1,000

平成20年の労働災害動向調査結果によると、全産業（総合工事業を除く）での度数率は1.80（前年1.83）、強度率は0.11（前年

0.11）となっている。ちなみに総合工事業については、度数率が1.85（前年1.95）、強度率が0.41（前年0.33）となっており、前年より発生頻度が高くなり、災害の程度が軽くなっている。

※延べ労働損失日数：労働災害による死傷者の延べ労働損失日数をいう。死亡は7,500日、一時労働不能の場合は、休業日数×300/365（ただし永久全労働不能又は永久一部労働不能の場合の損失日数は別に定めてある）で算出する。

※総合工事業：労働者災害補償保険の概算保険料が160万円以上又は工事の請負金額が1億9,000万円以上の現場を対象としている。

■労働安全衛生法

労働者の安全と健康の確保を目指すと共に、快適な職場環境の形成を促進することを目的とし、労働基準法から独立する形で、1972年（昭和47年）6月8日法律第57号として制定された。同法の対象となるのは、直接の事業者だけでなく、機械設計、製造、流通販売業者等も、利害関係者として労働災害防止の責務が規定されており、建設業でいえば、建設工事の注文者、設計者等も含まれる。

■労働安全コンサルタント

事業場からの要請に応じて、労働者の安全についてその水準を向上させるために専門的・技術的な立場からその事業場の作業環境及び作業方法について診断を行い、それに基づいて適切な指導を行うことを業とする者をいう（労働安全衛生法第81条）。労働安全コンサルタントは、厚生労働大臣が行う試験に合格し、厚生労働省の登録を受けなければならない。

■労働基準法

労働者の労働条件についての基本法。労働者の人たるに値する生活を営むための必要を充たすべきために、労働契約・賃金・労働時間・休日及び年次休暇・災害補償・就業規則などの内容を定めている。1947年（昭和22

年）施行。労働基準法は、すべての産業に、また、1人でも労働者を使用する事業にすべて適用されるので、労働組合の組織されていない企業の労働者もこれによって保護される。

■労働者災害補償保険
　通常「労災保険」と呼ばれ、仕事や通勤途中で起こった事故が原因のケガ、病気、障害、死亡に対して給付を行う制度。労災保険と雇用保険を総称して、労働保険と呼ばれている。労災保険は、正社員やパート・アルバイトなどの雇用形態に関係なく、労働者として働いている者すべてに適用される。また、日雇労働者や外国人労働者、さらにはその外国人が不法就労者であっても、労災保険の適用を受けることができる。業務災害に係る基本的な給付については、次の通りである。

●療養補償給付	・「療養の給付」＝労災病院や労災指定病院において、傷病が治癒するまで無料で療養を受けられる。 ・「療養の費用の支給」＝労災病院や労災指定病院以外の病院で療養を受けた場合や、外部から看護師を雇った場合において、労働者がその費用を所轄労働基準監督署長に請求し、支払を受ける。 ・治療費・入院の費用・看護料・移送費などの通常療養のために必要な費用は全部含まれる。
●休業補償給付	・業務上負傷し、又は疾病にかかった労働者がその療養のために働くことができず、そのために賃金を受けていない日が4日以上に及ぶ場合に、休業4日目以降から支給される。 ・給付の額は、休業1日につき、原則として給付基礎日額（平均賃金相当額）の60％。
●障害補償年金	・身体に第一級から第七級までの障害が残った場合、その等級に応じて年金が支給される。

■労務・安全（全建統一様式）
　工事現場における施工体制台帳・再下請負通知書・労務安全に関する届出書様式を、社団法人全国建設業協会が統一化したもの。様式第1号―甲（建設業法・雇用改善法等に基づく届出書）から様式第13号（安全ミーティング・危険予知活動報告書）まで統一様式化している。

■労務費
　⇨完成工事原価報告書

■六曜（ろくよう）
　暦注（れきちゅう：暦本に記載される諸種の注記）のうち、先勝・友引・先負・仏滅・大安・赤口の6種。古くは中国で時刻の吉凶占いとされたが、日本に伝わり、明治6年（1873年）の太陽暦採用後に新たに日の吉凶占いとして取り入れられ、現在でも結婚式は大安に、葬式は友引を避けるなど、主に冠婚葬祭などの儀式と結びついて使用されている。
①先勝（せんかち、せんしょう、さきかち）……午前は吉。午後は凶。急いで吉。
②友引（ともびき、ゆういん）……午前は利なく、夕刻吉。
③先負（せんまけ、せんぶ、さきまけ）……平静を守って吉。午後は吉。
④仏滅（ぶつめつ）……万事に凶。
⑤大安（たいあん、だいあん）……万事によし。
⑥赤口（しゃっこう、せきぐち、しゃっく）……正午は吉。前後は大凶。

■ロックフィルダム
　峡谷に岩石を積み上げて堤防をつくり、水をせき止めるダム構造の一つ。石や岩石を主材料としてつくられるダムで、比較的地質の悪い所でも構築可能で、手近にある岩などの材料を用いて建設できるため、工事費が安く

なるなどの特徴がある。「ゾーン型ロックフィルダム」（堤体中心部に粘土質の土を使用し、水を浸み込ませないための壁をつくり、その表面に岩石を並べる構造）と「表面遮水型ロックフィルダム」（コンクリートやアスファルトで遮水面を貯水池側表面に設置している構造）がある。

■ロードアンドキャリ工法
　⇨ オープンシュート工法

■ロフト
　屋根裏部屋。天井を高くして、部屋の一部を2層式にした上部スペースを指す用語としても定着してきている。梯子などで上り下りし、収納などに使われるケースが大半である。一戸建住宅だけでなく、切妻屋根を用いたマンションの最上階住戸などにも採用されている。

■ローンパーティシペーション（Loan Participation）
　金融機関と企業との間のローン契約はそのままとし、ローン契約の中の金利支払請求権と元本返済請求権の分配に投資家が参加する形態をいう。金融機関（債権者）と投資家（参加者）との間で、ローンパーティシペーション契約を締結し、投資家が参加権購入代金を支払い、その対価として貸付債権の経済的な利益分配に参加する権利を受け取る。債権譲渡のように貸出債権そのものを譲渡するのではないので、債権者と債務者の債権債務関係は変わらない（第三者対抗要件が不要である）。

わ

■枠組壁工法
⇒ツー・バイ・フォー工法

■ワークシェアリング
　仕事（ワーク）を分ける（シェアリング）こと。従来1人でやっていた仕事、又はひとまとまりの仕事を複数の人で分け合って行うという考え方。1970年代に起きた二度のオイルショックによって、経済が停滞し失業者が大量に発生したことで、それに対応する制度としてヨーロッパで始まった制度。

■轍掘れ（わだちぼれ）
　舗装道路の車両走行軌跡部において、道路横断方面に連続して生じている凹凸。原因は舗装の摩耗とアスファルト舗装の流動が主なものだが、路床・路盤の沈下などによっても起こる。

■渡り桟橋（わたりさんばし）
　根切りや地下躯体工事の際、材料の運搬や作業員の歩行に使う仮設通路。又は鉄骨鉄筋コンクリート（SRC）造で型枠その他の材料運搬と作業員の通路として鉄骨を利用して設置する仮設足場のこと。

■ワラント債
　新株予約権付社債。株式会社が発行する社債の一つで、あらかじめ定められた条件の下で発行会社の新株を購入できる権利が付された社債をいう。ワラント（新株予約権）を持っていると、その会社の株式を好きな時に「行使価格」（あらかじめ定められた価格）で買い付けることができる。「行使期間」（ワラントの有効期間）については、2002年4月1施行の商法改正により、制限がなくなった。

■ワンイヤールール
　決算書の貸借対照表において、流動・固定計上区分を分ける基本ルール。1年以内に契約が終わる（精算される）ものを流動資産（流動負債）、1年超のものを固定資産（固定負債）と分類するルールのこと。1年基準ともいう。

■ワンストップサービスセンター事業
　厳しい経営環境にある中小・中堅建設業者の新分野進出や経営革新、経営基盤強化の取組みを支援するための事業。国土交通省は、2005年度（平成17年度）から建設業者からの問い合わせや個別・具体的な相談に対応するワンストップサービスセンター事業（建設業経営革新促進支援事業）を実施している。相談窓口は下表のとおり。「自社の経営を見直したい」「新分野に進出したい」「今後の経営計画を策定したい」など、経営上の個別・具体的な相談を希望する場合は、「建設業経営支援アドバイザー」を派遣する（2回まで無料派遣）。平成19年度における主なアドバイザー相談内容は、「経営方針・経営戦略」721件、「財務分析・経営診断」453件、「新分野進出」446件となっている。

※相談窓口設置場所

◆国土交通省の各地方整備局等（10箇所）
◆社団法人全国建設業協会（1箇所）及び各都道府県の建設業協会（47箇所）
◆社団法人建設産業専門団体連合会（1箇所）及びその一部会員団体（24箇所）
◆財団法人建設業振興基金（1箇所）

※建設業経営支援アドバイザー：財団法人建設業振興基金に登録している中小企業診断士、公認会計士、税理士、社会保険労務士等の専門家。

■ワンデーレスポンス
　One Day Response。工事において、発注者が施工業者からの質問や協議に対して、1

日以内あるいは期限を決めて回答を行うという取り組み。施工業者の待ち時間を最低限に抑えることにより、様々な効果が期待される。国土交通省は、ワンデーレスポンスを2009年度から全ての直轄土木工事に適用していく予定である。

A

■ AE コンクリート

コンクリートに AE 剤（混和剤）を混ぜ、微小な独立した空気の泡をコンクリート中に均等に分布せしめたコンクリートのこと。AE 剤によってコンクリートに連行される空気泡は、きれいな球状をしておりそれぞれが独立した空気泡で、セメント粒子及び細骨材粒子などの周囲に均等に分布し、ボールベアリングのような作用をするので、コンクリートの軟らかさが向上する。AE コンクリートは、生コンの打ち込み作業のしやすさが大きく改善されるので、型枠への充填性が良くなり、打ち込み欠陥が減少する。また、凍結融解に対する抵抗性も飛躍的に向上するので、一般に広く用いられている。

■ AE 剤

コンクリートに添加する混和剤の代表的なもの。AE 剤は、コンクリートの中に、小さな連行空気泡をつくり、フレッシュコンクリートの作業性（軟らかさ）を改善したり、コンクリート中の水分が凍って、コンクリートが壊れるのを防ぐ。

■ AHS

Advanced cruise-assist Highway System

走行支援道路システム。道路と車両の間で双方向通信を行い、道路情報を車に伝えることで事故を防止するシステム。将来的には、危険を察知すると自動的にブレーキをかけたり、道路情報を収集しながら自動運転するシステムまで想定されている。

■ APEC（アジア太平洋経済協力会議）

Asia-Pacific Economic Cooperation

1989年1月、アジア太平洋地域の経済協力を目的にオーストラリアと日本が提唱した政府公式協議体。発足時には12カ国であった参加メンバーは拡大し、現在では、21カ国・地域による経済連携となっている。

■ ASP
⇨ 公共工事総合プロセス支援システム

■ ATC

Automatic Train Control

自動列車制御装置。列車の速度とブレーキの制御を自動化した装置のこと。信号保安装置の一種として、東海道新幹線で初めて採用された。従来の鉄道信号は、地上に建植された信号機を運転士が視認することを原則としているが、高速列車では信号確認が困難なため、車内信号方式を採用し、その速度信号表示（信号の指示速度）を超えると自動的にブレーキが作用することとした。その後、山手線や地下鉄、在来線などでも導入され、最近ではデジタル信号を用いたデジタル ATC も実用化されている。

※車内信号方式：運転席に車内信号があり、スピードメーターの周囲に0、25、40、55km…等、その区間の制限速度が表示される。運転手は、これに従って速度を調節し、万一制御が遅れたときに ATC によって自動的にブレーキがかかり、制限速度まで減速され安全が確保される。

※デジタル ATC：JR東日本が開発。列車上の装置（車上装置）が最適な速度パターンを計算する「車上主体システム」。従来の ATC より最適な列車制御が可能となり、列車運転間隔を短縮するとともに、到達時間の短縮が可能になり、首都圏における混雑の緩和が期待されている。

B

■ BCP（事業継続計画）

Business Continuity Planning

企業が大地震、台風のような自然災害、大火災、テロ、新型インフルエンザ等の緊急事態に遭遇した場合において、重要な業務を継承、あるいは、速やかな復旧を可能にさせるため、平常時に行うべき活動や緊急時おける事業継続のための方法手段などを取り決めておく計画のこと。

内閣府は2005年8月に「事業継続ガイドライン」を策定している。

■ BEMS

Building Energy Management System

室内環境とエネルギー性能の最適化を図るためのビル管理システム。ビルにおける空調・衛生設備、電気・照明設備、防災設備、セキュリティ設備などの建築設備を対象とし、各種センサ、メータにより、室内環境や設備の状況をモニタリングし、運転管理及び自動制御を行う。

■ BIS 基準自己資本比率

⇨バーゼルⅡ（新しい自己資本比率規制）

■ BLT

Build-Lease-Transfer

建設・リース・譲渡。PFI プロジェクト推進方式の一つ。民間事業者は工事完成後、公共体に施設をリース、運営させ、リース代を受け取って投資資金を回収した後、所有権を引き渡す方式。

■ BOO

Build-Own-Operate

建設・所有・運営。PFI プロジェクト推進方式の一つ。BOT のように公共体への施設移転を行わないプロジェクト推進方式。

■ BOT

Build-Operate-Transfer

建設・運営・譲渡。PFI プロジェクト推進方式の一つ。民間事業者が建設・運営を行い、一定期間経過後に公共体に施設を譲渡する。

■ BTO

Build-Transfer-Operate

建設・譲渡・運営。PFI プロジェクト推進方式の一つ。民間事業者は建設後、施設の所有権を当該公共体に引き渡すが、引き続き施設を運営するプロジェクト推進方式。

C

■ CAD

Computer Aided Design

コンピュータ支援による設計。コンピュータを使って設計や製図をするシステムのこと。これまでは高精度の設計には、大型コンピュータを使っていたが、ワークステーションやパソコンの性能の向上によって、比較的安価なシステムでも CAD が実現できている。また、工業製品の設計などから建築設計、デザインの分野まで CAD の利用分野は広がった。

■ CALS/EC

Continuous Acquisition and Life-cycle Support /Electronic Commerce

公共事業支援統合情報システム。従来、紙でやり取りをしていた書類や図面などを電子化し、データベース等を利用して、関係者全員で共有を行うこと。調達から設計、開発、生産、運用管理、保守に至るライフサイクルに関する情報を電子化・共有化することにより、品質の確保、コストの縮減、業務の効率化が図れる。

■ CBR 試験

道路の路床土支持力比を調べる試験。標準寸法（直径 5 cm）の円柱形貫入ピストンを土の中に貫入させるのに必要な荷重を測定して、標準荷重と比較し、相対的な強さを求めるもの。CBR 値は主に、道路の路床や路盤の支持力の大きさを表す指標として用いられている。CBR 試験は、アスファルト舗装の構造設計に採用されており、舗装設計や舗装材料の選定にあたっては、この CBR 試験を基本として求められる。

■ CCPM

Critical Chain Project Management

期間短縮を図るためのプロジェクト管理手法の一つ。プロジェクト実行時に予想される問題点を事前に洗い出したり、ボトルネック

となりそうな工程での対処法を準備しておくことが特徴。具体的には、現場の段取りを組む際、細かく区分けした作業工程（タスク）ごとに、努力すれば達成できる目標時間を設定する。それを集約することで全体工期の中に「ゆとり」（安全余裕）を見いだす。複数の関連部署との調整も、あらかじめ計画立案の段取りを細かく設定することで、部門間の意思疎通が迅速になる。「工程管理の"見える化"」が、工期短縮への糸口となる。現場の諸問題に即日対応する「ワンデーレスポンス」の導入が国土交通省を始め、地方自治体にも拡大する中で、受発注者間の情報共有に「CCPM」を採用するケースが増えつつある。CCPMによって従来よりも工期を短縮できるようになれば、総工費の削減にもつながる。

※参照「ワンデーレスポンス」

■ CDS
Credit Default Swap

銀行が企業に融資したり、投資家が企業の社債を購入した場合などに、当該企業が経営破綻した場合、出したお金が戻ってこなくなる。こうしたデフォルト（債務不履行）に備え、元本支払いを保証する金融派生商品（デリバティブ）をCDSと呼ぶ。主に保険会社や証券会社が発行する。銀行や投資家はあらかじめ保証料を払っておけば、お金が戻ってこなくても損失相当額を補てんしてもらえる。経営危機に直面していた米国保険最大手のAIGが、米連邦準備制度理事会（FRB）による"つなぎ融資"で救済されたが、AIGの経営危機につながったのはCDSが原因といわれている。AIGはCDSを売る側の中心で、多くの金融機関から保険を引き受けていた。サブプライムローン問題で、証券化商品から利払いの滞りが多発し、AIGの保険を持つ金融機関から補償を要求され、支払いが増加したAIGの財務は急激に悪化したといわれている。

■ CFP
Carbon Foot Print

カーボンフットプリント。「炭素の足跡」という意味。原料の調達から製造、流通、消費、廃棄に至るまで、ライフサイクル全般にわたっての過程で排出される温室効果ガスの排出量を二酸化炭素に換算して、商品に表示する仕組み。炭素排出量を可視化し、企業や消費者にCO_2削減を促す狙いがある。商品パッケージなどにCO_2排出量をラベル表示して"見える化"することにより、事業者の地球温暖化抑止への取り組みを消費者にアピールして環境に配慮した購買行動を促すために使われる。事業者に対しては、サプライチェーンを通じた企業のCO_2排出量を正確に把握することで、環境に配慮した商品開発に取り組むための指標の一つにもなる。

■ CI
Corporate Identity

企業の特徴や個性をはっきり提示し、共通したイメージで顧客が認識できるように、企業イメージを高めるための広報戦略。経営目的に合致した企業の主体性、統一性を主張するイメージ作りである。具体的には、企業の基本理念を全社員に徹底させるとともに、シンボルマーク、シンボルカラー、ロゴタイプ（字体）などを統一した視覚デザインを導入し、あらゆるコミュニケーションチャネルにおいて統一使用されることで、自社のイメージを形成していく。建設産業分野において遅れている分野であり、今後のCI戦略の拡大が安定受注の第一歩と考えられている。

■ CI-NET
Construction Industry Network

財団法人建設業振興基金の建設産業情報化推進センターが中心となり、建設業界で企業間取引を電子ネットワークで行うためにつくられた規約のこと。標準化された方法で、建設生産に関わる様々な企業間の情報交換をコンピュータネットワークを利用して実現し、建設産業全体の生産性向上を図ろうとする仕組みである。

■ CI-NET LiteS

建設業における電子商取引のための電子データ交換ツールで、購買見積依頼・回答・確定注文・注文請け・出来高報告・請求の6業務を対象としている。従来のCI-NETがVAN（付加価値通信網）利用を前提としていたものを、インターネットを利用したツールとしたもの。

■ CM方式

Construction Management

米国で多く用いられている建設生産・管理システムの一つ。CMR（コンストラクション・マネジャー）が、技術的な中立性を保ちつつ発注者の側に立って、設計・発注・施工の各段階において、設計の検討や工事発注方式の検討、工程管理、品質管理、コスト管理などの各種マネジメント業務を行うもの。

■ CPD

Continuing Professional Development

継続教育。技術者として常に最新の知識や技術を習得し、自己の能力の維持・向上を図るもの。国際化の進展や国内の雇用情勢の変化等により、技術者の継続教育の必要性が広く認識されるようになっている。多様化した社会において新しい課題に的確に答えていくためには、専門とする技術領域はもとより、幅広い領域で奥行きの深い技術を習得していくことが必要とされている。

■ CS

Customer Satisfaction

顧客満足。顧客が物品やサービスを購入又は利用したりするときに、その物品やサービスに満足を感じること。顧客満足が高いと顧客のリピート率が上昇し、結果として売上げなどの面においていいと考えられている。

■ CSR

Corporate Social Responsibility

企業の社会的責任。企業が社会の一員として存続していくために、最低限の法令遵守や利益貢献といった責任を果たすだけではなく、市民や地域、社会の顕在的・潜在的な要請に応え、より高次の社会貢献や配慮、情報公開や対話を自主的に行うべきであるという考えのこと。具体的なCSR活動としては、①地球環境への配慮 ②適切な企業統治と情報開示 ③誠実な消費者対応 ④環境や個人情報保護 ⑤ボランティア活動支援などの社会貢献 ⑥地域社会参加などの地域貢献 ⑦安全や健康に配慮した職場環境と従業員支援 等がある。

■ CS放送

静止軌道上に打ち上げられた通信衛星（CS/Communication Satellite）を利用した衛星放送サービス。日本では1992年から放送開始。96年に始まったCSデジタル放送は、2000年にスカイパーフェクトTV（パーフェクトTV・ディレリTV・JスカイBの合併・統合）として再編され、サービスを提供している。2002年からは放送衛星（BS/Broadcasting Satellite）と同じ方位の通信衛星を利用することによってアンテナを共用できる110度CSデジタル放送が開始された。放送を視聴するには、パラボラアンテナとチューナーが必要である。

■ CTC

Centralized Traffic Control

列車集中制御装置。特定の駅に設けた列車制御所、又は運転指令所が各駅での列車発着を指示する信号、ポイント切り換え、列車位置表示などをまとめ、線区の列車運行を集中管理・制御するシステム。この装置は要員の合理化と列車の安全、正確な運転のため迅速・的確な指令業務を行うのが目的。1954年に名古屋鉄道に初めて導入された。なお、長距離区間で全線にわたって採用したのは東海道新幹線が最初である。

D

■ DBO

Design Build Operate

PFIに類似した事業方式の一つで、自治体（行政）の資金調達により施設を建設し、維持管理及び運営部分についてはPFI的な考え方に基づいた、民間委託方式のこと。施設の所有権は自治体が保有するが、事業主体としては民間事業者となる。特徴として、①自治体の資金調達能力を活用する　②民間事業者の経営能力及び技術的能力を活用する　③民間事業者が維持管理及び運営を実施することである。DBO方式では、低金利にて調達できる公債を用いることで、ライフサイクルコストの縮減効果が期待され、民間の経営能力及び技術的能力を最大限活かすことにより、PFI方式と比較してVFMが得やすい事業方式と考えられている。

■ DDS

Debt Debt Swap

中小企業の過剰債務の状態を解消し、財務再構築を図り、債務者の再建可能性を高めるために、債権者（主に金融機関）が、合理的かつ実現可能性の高い再建計画と一体で、債務者に対して有する既存の債権を劣後化すること。実質的に債務者の財務状態を改善して、信用力や再建可能性を高めるもの。当該債務については通常ローンから劣後ローンに転換されるため、一定期間は元本返済が猶予され、債務者の資金繰りが改善されるというメリットがある。

■ DEN

本来は「ねぐら」「巣穴」という意味。一般的には「書斎」のことといわれているが、趣味を楽しむための部屋、使い方自由の多目的スペースを指す場合もある。DENには、広さ・形などの基準はないが、小部屋であることが多い。

■ DJM工法（粉体噴射攪拌工法）

化学的固結により軟弱地盤改良を図る深層混合処理工法の一つ。DJM工法は、セメントや石灰などの固化材を空気圧送により粉体のまま軟弱地盤中に供給し、攪拌翼（かくはんよく）により原位置土と混合して改良柱体（直径1m程度、深さ30m程度）を造成する。DJM工法は、他の深層混合処理工法と同様に、改良柱体を群柱状あるいは壁状、格子状に施工して、地盤のすべり崩壊防止や沈下軽減に用いる。脱水や締固めなどの従来工法に比べて、化学的固結によるため改良効果が早期に得られ、改良強度も高い。また、施工に際して振動や騒音のレベルが低く、周辺地盤への乱れの影響も小さい。

E

■ EBITDA

Earnings Before Interest Taxes Depreciation & Amortization

利払前税引前償却前利益のことで、当期利益から支払利息額及び減価償却額を除いた全額となるが、経営事項審査では、利払前税引前償却前営業利益（具体的には、営業利益＋減価償却費）。EBITDAは、新経営事項審査（平成20年4月施行）の評価内容として新しく採用された項目。金融機関がキャッシュフローに基づく企業評価を行う場合等、実務でも広く用いられている。

■ EMS

Environmental Management System

環境マネジメントシステム。事業者が自主的に環境保全に関する取組を進めるにあたり、環境に関する方針や目標等を自ら設定し、これらの達成に向けて取り組んでいくことを「環境マネジメント」といい、このための工場や事業場内の体制・手続き等を「環境マネジメントシステム」という。ISO 14000シリーズは、環境マネジメントシステムを中心として、環境監査、環境パフォーマンス評価、環境ラベル、ライフサイクルアセスメントなど、環境マネジメントを支援する様々な手法に関する規格から構成されている。

■ ESCO事業

Energy Service Company

省エネルギーに関する包括的なサービスを提供し、お客様の利益と地球環境の保全に貢献するビジネス。省エネルギー効果の保証等により、お客様の省エネルギー効果（メリット）の一部を報酬として受けとる。

■ E コマース

⇒電子商取引

F

■ FB

Firm Banking

コンピュータと通信回線を使って、企業（ファーム）から銀行などの金融機関のサービスを利用すること。振込み、資金移動や残高照会、出入金の取引照会などの銀行取引や情報提供をオンラインで行うことができる。振込み手数料が窓口よりも安く、金融機関に出向かずにサービスを利用できるメリットがある。

※参照「インターネットバンキング」

※ Home Banking（HB）：コンピュータと通信回線を使って、家庭から銀行などの金融機関のサービスを利用すること。在宅で預金の残高照会、入出金照会、口座振込み、振替え等のサービスを利用することができる。

G

■ GIS

Geographic Information System

地理情報システム。コンピュータ上で様々な地理空間情報を重ね合わせて表示するためのシステム。現代の社会生活になくてはならない情報基盤となっている。GIS はインターネットでの地図情報表示や、GPS（全地球測位システム）を利用した携帯電話のナビゲーションシステム、3次元モデルを使った都市計画、3次元での都市部の地価評価や防災計画のためのシミュレーション、人口調査など様々な分野で応用・利用されている。

■ GMP

Guaranteed Maximum Price

最大保証金額。CM 方式の一つに「アットリスク CM 方式」があるが、この方式は、CMR（コンストラクション・マネージャー）が発注者に対し工事費の最大保証金額（GMP）を設定、施工に関するリスクを負う工事請負的な性格を持つ方式である。GMP が設定された場合には、CMR は工事費総額の上限を保証し、これを超えた時は CMR が超過額を負担する。

■ GPS

Global Positioning System

全地球測位システム。人工衛星を利用して自分が地球上のどこにいるのかを正確に割り出すシステム。米軍の軍事技術の一つで、地球周回軌道に30基程度配置された人工衛星が発信する電波を利用し、受信機の緯度・経度・高度などを数cmから数10mの誤差で割り出すことができる。現在は民間の利用も進んでいる。用途に自動車の走行位置を確認できるナビゲーションシステムなどがある。

H

■ HB

Home Banking ⇒ FB

■ HPC 工法

H型鋼と PC 板（プレキャスト鉄筋コンクリート板）の組合せによる高層住宅用の工業化工法。柱や梁を重量鉄骨の「H型鋼」で組み、プレキャストコンクリート・パネル（床板・壁板など）を接合して建物を建築する工法のことで、躯体コンクリート部分をあらかじめ工場で製造し、これを現場へ搬入しクレーンで組み立てる。現場での作業や仮設資材の大幅な削減ができ、工期の短縮が可能になるので、トータルコストダウンにつながる。プレキャスト（Precast）とは「前もって鋳型にはめて製造する」という意味。

■ H型鋼

断面が「H」形をしており、鉄骨造りのビルの骨組みとなる鋼材。建設用としては、鉄筋コンクリート造りの部材となる棒鋼などと並んで代表的な鋼材である。世界的な景気拡大を背景に2007年度の国内粗鋼生産は34年ぶりに過去最高を更新した。東京製鉄などの電炉メーカーは、鉄スクラップを再生利用して生産する。新日本製鉄などの高炉メーカーは、鉄鉱石やコークス（蒸し焼きの石炭）を原料とする。

I

■ IAS

International Accounting Standards

国際会計基準。1973年6月29日設立の国際会計基準委員会により、統一化が進められてきた国際的な会計基準のこと。2001年以降は、国際会計基準委員会に代わり、国際会計基準審議会（IASB）が国際財務報告基準とともに改訂作業を行っている。国際財務報告基準を自国の会計基準として採用している国及び国際財務報告基準への収斂を目指している国は、100カ国以上に及んでいる。我が国においては、2007年8月8日、企業会計基準委員会とIASBと会計基準の全面共通化を合意し、2011年6月末までに国際財務報告基準との違いを解消すると正式発表している。

※国際財務報告基準（IFRS）：国際会計基準審議会によって設定される会計基準の総称。

■ IFRS

⇒ IAS

■ IHクッキングヒーター

火を使わずに電気の力（磁力線のはたらき）で調理する機器。IHとは、Induction Heating（電磁誘導加熱）のこと。磁力発生コイル（誘導加熱コイル）に電流が流れると磁力線が発生し、この磁力線が金属の鍋など調理機材を通る時、うず電流に変わり鍋などの電気抵抗によって発熱する。ガス漏れや引火の心配がない。トッププレートは、ガスコンロのような凹凸がなくフラットであるので掃除が簡単。

■ IOSCO

International Organization of Securities Commissions

証券監督者国際機構。通常イオスコと呼ぶ。世界109の国・地域（2008年11月現在）の証券監督当局や証券取引所等から構成されている国際機関。1974年に組織されたアメリカ証券監督者協会に、83年以降、フランス証券取引委員会、イギリス国際株式取引所、韓国証券取引委員会等が順次加盟し、86年に現在の名称に変更して世界的組織になった。我が国からは、1988年11月当時の大蔵省が普通会員として加盟している。IOSCOでは、証券監督に関する原則・指針等の国際的なルールの策定等が行われており、金融庁及び証券取引等監視委員会は、我が国における証券当局として、IOSCO活動に貢献している。

■ IR

Investor Relations

企業が株主や投資家に対し、投資判断に必要な企業情報を、適時、公平、継続して提供する活動のこと。投資家がリスクをとるに足るだけの情報を提供し、結果として株が買われて株価が上がれば、資本市場を通じた資金ファイナンスを円滑に進めることができるとされる。具体的には、①決算短信　②有価証券報告書　③決算公告　④株主総会　⑤企業見学会　⑥説明会　⑦投資家との個別面談　⑧株主通信　⑨決算発表の早期化　⑩ホームページの投資家向け情報　等がある。

■ ISO

International Organization for Standardization

国際標準化機構。国際的に通用させる規格や標準類を制定するための国際機関であり、1947年に設立。本部はスイス・ジュネーブ。その参加は各国の代表的標準化機関1つに限

られている（2007年12月末現在の会員は157カ国）。日本からはJISC（日本工業標準調査会）が1952年から加盟している。国際規格は加盟各国の投票（1国1票）で決定される。品質マネジメントの9001、環境マネジメントの14001などは建設産業界でも取得が浸透している。

■ ISO 9001
　ISO規格の一つで、品質管理のマネジメントシステム（QMS）のこと。ISOが1987年3月にまとめた品質管理の指針。品質保証に関する国際規格で、5つの規格が定められている。この規格では品質保証の他、顧客満足の向上を目的としたもので、QMSの継続的改善を求めている。特徴としてはプロセスアプローチ（各生産プロセスのインプット、アウトプットとその変換過程を明確にする）、文書化等があげられる。
　※参照「ISO」

■ IT
　Information Technology
　情報技術。情報通信分野の基礎技術から、応用技術の範囲まで及び、また、パソコンやインターネットを代表とするネットワークを活用すること、コンピュータやデータ通信に関する技術のことを総称的に表す。

■ ITS
　Intelligent Transport System
　高度道路交通システム。最先端の情報通信技術を用いて、人と道路と車両とを情報でネットワークすることにより、交通事故、渋滞などの道路交通問題の解決をはかる新しい交通システム。

J

■ JV
　Joint Venture
　共同企業体。1つの建設工事を複数の建設企業が共同で受注し、施工・完成させる事業組織体のこと。共同企業体の形態は、その活用目的により、工事ごとに結成する「特定建設共同企業体」と一定期間を通じて応札資格が認められる「経営建設共同企業体」がある。それぞれのJVには施工方式の違いにより、建設企業が共同出資して共同で施工にあたる「甲型共同企業体」と、工区や業種別にそれぞれを分担施工する「乙型共同企業体」がある。

L

■ LCC
　Life Cycle Cost
　建設時の投資コスト（イニシャルコスト）だけでなく、供用開始後にかかる維持管理や改修・廃棄に必要なコスト（ランニングコスト）も含め、構造物が寿命を終えるまでにかかるトータルコストのこと。

■ LLC
　Limited Liability Company
　合同会社のこと。2006年5月に施行された「会社法」によって創設された新たな会社類型。新会社法では、会社組織を株式会社と持分会社に分類しているが、合同会社は、持分会社に分類される。米国では既に、株式会社に匹敵するくらい利用されている。LLCは、社員（出資者）の有限責任が確保され、会社の内部関係には組合的規律が適用されるという特徴を持つ。定款の変更や会社のあり方等は、社員全員の合意のもとで決定され、社員は原則業務執行権を有する。従来の有限会社（会社法施行により廃止）と同様、会社更生法の適用がない。LLCは、法人であるため、株式会社への組織変更や合併・分割もできる。また、LLCは、構成員が1人であっても存続していくことができる。最初は1人で小規模なビジネスを始めたい方、又は既に自営業を営まれている方に適した制度。

■ LTV
　Loan To Value

不動産などの資産の価値に対するデット（借入金・社債等、返済義務のある負債）の割合。借入金返済の安全度を測る尺度であり、数値が小さいほど負債の元本償還に対する安全性が高いといえる。金融機関が融資をする際にはいわゆる担保掛目として重視される指標で、同様に投資家がABSなどのデット投資をするときにも重視される。また、格付け機関は格付けレベルに対応するLTVとDSCR（ローン返済の安全性をみる指標）の数値基準を設定しており、評価の基本となる指標になっている。

M

■ M&A
Mergers & Acquisitions

企業の合併・買収。複数の企業が合体して1つになることを合併といい、特定の企業が他の企業の株式を購入して子会社化することを買収と呼ぶ。日本では90年代より地球規模で競争が激化する中で、自らの最も得意とする分野に経営資源を集中する"選択と集中"を進める中で活発化し始め、最近では、成長著しいIT関連企業による非IT企業の買収が活発化している。

■ MF工法

従来行われていた木製の型枠によるコンクリート打ちに対し、鋼製の型枠（メタルフォーム）によってコンクリートを打つ工法。メタルフォームは繰り返し40回程度の使用に耐え、また、組立治具があるため、型枠の組立ても比較的容易であり精度も高い。打ち上がりのコンクリート面も平滑で美しく、打ち放しコンクリート造などに適しており、仕上げをする場合も比較的簡単である。

N

■ NATM工法

新オーストリアトンネル工法（New Austrian Tunnelling Method）。主に山岳部におけるトンネル工法の一つ。掘削した部分を素早く吹き付けコンクリートで固め、ロックボルト（岩盤とコンクリートとを固定する特殊なボルト）を岩盤奥深くまで打ち込むことにより、地山自体の保持力を利用してトンネルを保持する工法。

■ NEDO
New Energy and Industrial Technology Development Organization

独立行政法人新エネルギー・産業技術総合開発機構。石油代替エネルギーの総合開発を主業務として、第2次石油ショック直後の1980年に政府と民間の資金と人材、技術力を集結して設立した研究機関。2003年独立行政法人に改組。

■ NGO
Non Government Organization

非政府組織。政府間の協定によらずに創立した民間の国際協力機構。運営目的も多種多様で、公共事業の適性をチェックするものや、環境保護を目的としたものなどがあり、近年はODA予算の効率的な執行に向け、NGOが活用されるケースが増えている。

■ NPO
Non Profit Organization

非営利組織。市民事業体など、政府・自治や私企業から独立し、市民・民間の支援のもとで社会的な公益活動を行う組織・団体。非営利とは、利益を上げないという意味ではなく、利益を団体の活動目的を達成するための費用に充てる意味を指す。

O

■ ODA
Official Development Assistance

政府開発援助。政府又は政府の実施機関によって開発途上国又は国際機関に供与されるもので、開発途上国の経済・社会の発展や福祉の向上に役立つために行う資金・技術提供

■ OEM
Original Equipment Manufacturing

他社ブランドで販売される製品を製造すること。自社で生産した製品に、相手方製造業者の商標をつけて相手に供給すること。一種の委託生産であり、自動車部品、機械部品、家電製品などで広く普及している。OEM は販売提携や技術提携と並ぶ戦略的提携の一種であり、経営効率を高めるために採用される。しかし、商標に対する企業責任が不透明になるという欠陥がある。

P

■ PBR
Price Book Value Ratio

株価純資産倍率。一般的には「ピー・ビー・アール」と読む。株式の投資価値を評価する指標の一つで、株価を1株あたりの純資産額（総資産から負債を控除したいわゆる自己資本）で割った数値で、PBR の値が高いほど、株価が市場で相対的に高く評価されていることになる。PER（株価収益率）がフローの収益力を判断するのに対し、PBR はストックである資産価値を判断する指標である。

■ PC 造

Precast Concrete 造の略。プレキャストコンクリート造のこと。「プレ」は前もって、「キャスト」は鋳型にはめて製造することをいう。工場であらかじめ鉄筋コンクリートパネルを製造し、これを現場で組み立てて構造体をつくる工法で建てられた構造。コンクリートパネルは工場で製造されるので、現場での工期がいわゆる現場打ちに比べて大幅に短縮できるとともに、狭い現場にも対応できる点が特徴。

■ PFI
Private Finance Initiative

一般的には「ピー・エフ・アイ」と読む。公共施設等の建設、維持管理、運営等を民間の資金、経営能力及び技術的能力を活用して行う手法。民間の資金、経営能力、技術的能力を活用することにより、国や地方公共団体等が直接実施するよりも効率的かつ効果的に公共サービスを提供することができる。1990年代初めに、「小さな政府」を目指す行政改革の一環として英国で導入された制度で、その後途上国でも幅広く採用されている。日本では、1999年9月に「民間資金等の活用による公共施設等の整備等の促進に関する法律（PFI 法）」が施行され、その後 PFI の理念とその実現のための方法を示す「基本方針」が策定され、PFI 事業の枠組みが設けられている。日本版 PFI には、BOT 方式（建設して一定期間は民間が保有・運営した後に国や自治体に譲渡する）や、BOO 方式（譲渡しない）などがあるが、官民の責任分担が不透明になるとの指摘もある。なお、英国など諸外国においては、PFI 方式による公共サービスの提供が実施されており、有料橋、鉄道、病院、学校等の公共施設等の整備・再開発等の分野で成果を収めている。

■ PM
Project Management

PM（プロジェクト・マネジメント）は、建設プロジェクトの企画・構想段階から設計・施工段階、維持・管理、除却・リニューアルまで、プロジェクトを進めていくマネジメント業務。CM より広義な範囲でマネジメントを行うもので、建設に限らず、エンジニアリング、IT、金融サービス等広い分野で普及している。

■ PML
Probable Maximum Loss

予想最大損失率。地震リスクに対する不動産価値を表す指標のこと。想定される最大規模の地震により、建物がどの程度の被害を受けるかを、当該建物の再調達費に対する比率（%）で表す。想定される地震の規模につい

ては、50年間に10%を超える確率で発生しうる最大規模の地震（約475年に1回の大地震）を対象とする。建設業界では、不動産の証券化に際して、不動産の将来収益の予測を考える指標として、不動産業で多用されている。

■ PPP
Public Private Partnership

公共事業等の実施において、広く民間の経営手法やノウハウを取り込むために、民間と公共でパートナーシップをとる形態のこと。PPPは、例えば事業計画の段階から民間と組むなどの広い協力関係を意味しており、特定事業を民間に委託するPFIより広い概念である。PPPの実現により、産業振興・雇用の創出、行政コストの削減、公共サービス水準の向上などが期待されている。

■ PSC
Public Sector Comparator

パブリック・セクター・コンパラター。従来方式による公共事業の標準コスト。PFI事業との比較で従来型事業の総支出を比較する際の指標として使う。

■ PUBDIS
Public Building Designers Information System

公共建築設計者情報システム。公共建築協会が設計事務所等から提供された情報をデータベース化して、発注者に提供することで、公共建築物の設計業務受託者を客観的に選定するための支援システム。

Q

■ QBS
Qualification Based Selection

建築を設計するにふさわしい設計者を、主催者側が様々なデータを使って選び出し、優先順位を付けて順次交渉していく方法。

■ QC
Quality Control

「品質管理」。「品質管理とは買い手の要求に合った品質の製品を経済的につくり出すための手段の体系。近代的な品質管理は、統計的な手段を採用しているので、とくに統計的な品質管理（SQC＝Statistical Quality Control）ということがある」と定義されている（日本工業規格）。

R

■ RCC
⇒整理回収機構

■ RCCM
Registered Civil Engineering Consulting Manager

技術管理者又は技術士のもとに、建設コンサルタント等業務に係る責任ある技術者として、直接管理あるいは業務成果の照査の責任者となるための資格。建設コンサルタンツ協会が試験を実施している。合格者は同協会に登録する必要がある。

■ RCD工法
Roller Compacted Dam Concrete Method

振動ローラー締固めによる重力式コンクリートダムの施工法のこと。コンクリートダムの合理化施工を念頭において、日本で開発された工法である。セメント量を少なくし、水和熱の発生を抑えた超硬練のコンクリートを、ダンプトラック等でコンクリートを打ち込む場所に直接運搬し、ブルドーザで敷き均し、数ブロック（打設区画）まとめて一度に打設する。ブロックの区切りに「振動目地切り機」により鉄板を圧入し、目地（継ぎ目）を入れた後で「振動ローラー」によって締め固める。従来工法が小さなブロックを櫛歯状に打設していくのに対し、RCD工法は大きな区画を面的に打設していく点に違いがある。

※島地川ダム（山口県）：堤高89mの重力式コン

クリートダム。ダム本体の内部コンクリートをすべてRCD工法で打設した最初のダム。

■ RLT

Rehabilitate Lease Transfer

リハビリ・リース・譲渡。PFIプロジェクト推進方式の一つ。民間事業者が老朽化した施設の機能を回復して、公共体にリースし、一定期間後に公共体に譲渡する方式。

■ ROE

Return On Equity

株主資本利益率。株主資本（貸借対照表の資本の部の合計）をいかに効率的に使って収益を上げたかを示す。株主資本は株主が投資したお金などであるので、これを使ってどれだけの利益を上げたかになる。簡単にいえばお金の利回りのようなものなので、ROEが高いと効率的経営ができているということになり、株主にとっても魅力的な会社となる。

ROE＝当期純利益／株主資本×100

S

■ SI住宅

居住者の多様な要求や将来のニーズの変化に対応できるように、住戸の間取りや規模・用途に対応できるように計画された住宅。Skeleton（スケルトン）は「骨組み」「骨格」という意味で、住宅では柱や梁などの構造躯体のこと。Infill（インフィル）は住戸の中にある内装や間仕切りの造作などのこと。耐久性が高いスケルトンとライフスタイルの変化に合わせて柔軟に変更できるインフィルをはっきり分離することにより、長持ちする住宅を目指したもの。

■ SOHO

⇒ソーホー

■ SPC

Special Purpose Company

特定目的会社。ある特定の目的のためだけに設立する会社。PFIや不動産投資などの分野で設立するケースが多い。PFIの場合、事業者は資金の調達から施設の建設・運営・維持管理に至るまでの全工程に携わることとなり、事業を実施するためにSPCを設立し、プロジェクトから得られる収益を担保としたプロジェクト・ファイナンスによる資金調達を行う。

■ SRI

Socially Responsible Investment

社会的責任投資。従来型の財務分析による投資基準に加え、法令遵守や雇用問題、人権問題、消費者対応、社会や地域への貢献などの社会・倫理面及び環境面から、企業を評価・選別し、安定的な収益を目指す投資方法。SRIという考え方は米国で誕生したが、日本では1999年に発売された「エコファンド」（環境問題に取り組んでいる企業に投資するファンド）を皮切りに、CSRや顧客対応、市民社会貢献に優れた企業に投資するファンドや、子育てに積極的な企業に投資するファンドなど、いろいろなタイプのSRIファンドが登場している。

T

■ TBM

Tunnel Boring Machine

トンネルを掘るのに、キリのように回転しながら穴を掘っていく大型機械のことをいう。機械の先端部にカッターヘッドという実際に地盤を掘削する部分を装備していて、その部分のみが回転する。

■ TEC-FORCE

緊急災害対策派遣隊。平成20年4月「国土交通省防災会議」において創設が決定。大規模自然災害が発生し、又は発生するおそれがある場合において、被災地方公共団体等が行う災害応急対策に対する技術的な支援を円滑かつ迅速に実施することを目的としている。

平成20年6月14日に発生した岩手・宮城内陸地震で初の出動となった。

■ TES（テス）

Thin and Economical System

ガス温水冷暖房システムのこと。バルコニーなどに大型ガスボイラー（熱源機）を設置し、水回り（浴室、洗面所、台所）への給湯だけでなく、各室の冷暖房機に温水を送って、冷暖房や除湿をする。温水を使った床暖房も普及している。このシステムは、東京ガスが開発したものだが、ほかの地域のガス事業者においても同様のシステムを提供している。

■ TMO

Town Management Organization

タウンマネジメント機関。中心市街地整備改善活性化法に基づき、市区町村が定めた「活性化基本計画」に沿った具体的事業を計画したり、推進していくための機関。通常は商工会、商工会議所、第三セクターなどがTMOになる。

■ TOB

Take Over Bid

株式公開買付。買い付ける株式の価格、数量、期間を相手方の企業に公示して株式の買取を提案する。米国で普及している株式取得の代表的な手法であるが、1990年の証券取引法の改正により日本でも可能となった。市場で大量の株式を買い付けると株価が高騰する場合があるが、この TOB を使えば予定の価格で予定の株数を買い集めることができる。

V

■ VaR

⇒バリュー・アット・リスク

■ VE

Value Engineering

バリュー・エンジニアリング。価値分析ともいう。建造物の目的・機能・品質を損なうことなく、最低のコストで実現するために建造物に要求される諸機能を分析し、実現手段を改善していく組織活動。

■ VE 方式

VE（Value Engineering）とは、建造物の目的・機能・品質を損なうことなく、最低のコストで実現するために建造物に要求される諸機能を分析し、実現手段を改善していく組織活動。「価値分析」ともいう。VE 方式は、多様な入札・契約方式の一種。契約で規定された施工費用、又は供用期間中の維持費の節減方法について、建設業者の VE 提案によって業種選定をする方式をいう。

■ VFM

Value For Money

バリュー・フォー・マネー。PFI 事業における最も重要な概念の一つで、支払い（Money）に対して最も価値の高いサービス（Value）を供給するという考え方のこと。従来の方式と比べて PFI の方が総事業費をどれだけ削減できるかを示す割合である。

■ VICS

Vehicle Information and Communication System

道路上に設置したビーコンや FM 多重放送によって、走行中の一般自動車のナビゲーションシステムに渋滞状況・交通規制などの情報を知らせる道路交通情報通信システム。

W

■ WTO

World Trade Organization

1995年1月に GATT（関税と貿易に関する一般協定）に代わって発足した世界貿易機関。本部はスイスのジュネーブ。2007年4月現在150の国と地域が参加している。WTOは各国が自由にモノ・サービスなどの貿易が

できるようにするためのルール（各種の協定）を決める国際機関として機能しており、分野ごとに交渉や協議を実施する。日本の公共工事も一定額以上の調達物件は、協定の対象となっており、外国企業が入札に参加できる。

主要参考文献

- 「よくわかる建設業界」　長門　昇・株式会社建設経営サービス
- 「さいごまであきらめない債権回収」　竹原茂雄
- 「やさしい日経経済用語辞典」　日本経済新聞社
- 「不動産取引用語辞典」　財団法人不動産適正取引推進機構
- 「建設基本用語集」　日本労務管理指導センター
- 「建設業のためのQ&A経営事項審査」（平成20年4月改正対応版）
　　　　　　　　　　　　　　　　　　　　　　　東日本建設業保証株式会社
- 「建設業法解説（改訂11版）」　建設業法研究会
- 「公共工事標準請負契約約款の解説」　建設業法研究会
- 「建設産業事典」　建設産業史研究会
- 「建設業の財務統計指標」（平成19年度決算分析）
　　　　　　　　　　　　　　　　　　　　　　　東日本建設業保証株式会社
- 「建設業会計概説　3級」　財団法人建設業振興基金
- 「建設産業団体要覧」　財団法人建設業振興基金
- 「imidas」　株式会社集英社
- 「用語解説」　北海道新聞社
- 「用語解説」　建設データ株式会社
- 「公益法人便覧」　建設関係公益法人協議会
- 「建設業法令遵守ガイドライン」　国土交通省総合政策局建設業課
- 「建設用語事典」　建設用語研究会
- 「用語辞典」　次世代砕石業研究会
- 「建設工事のための監理技術者必携監理技術者講習テキスト」
　　　　　　　　　　　　　　　　　　　　　　　財団法人全国建設研修センター
- 「わかりやすい建設業法・独占禁止法　一問一答」
　　　　　　　　　　　　　　　　　　　　　　　財団法人建設業適正取引推進機構
- 「わかりやすい建設業の元請・下請ルール」
　　　　　　　　　　　　　　　　　　　　　　　財団法人建設業適正取引推進機構
- 「新しい建設業法遵守の手引き」　財団法人建設業適正取引推進機構
- 「建設業のためのコンプライアンス」　財団法人建設業適正取引推進機構
- 「暴力団対策の手引」　財団法人建設業適正取引推進機構
- 「独占禁止法遵守の手引」　財団法人建設業適正取引推進機構

検	省
印	略

建設業用語集

2009年9月5日　第1版第1刷発行

編　著	財団法人　建設業適正取引推進機構
発行者	松　林　久　行
発行所	株式会社大成出版社

東京都世田谷区羽根木1 — 7 —11
〒156-0042　電話 03（3321）4131 代
http://www.taisei-shuppan.co.jp/

© 2009 ㈶建設業適正取引推進機構　　印刷 信教印刷
落丁・乱丁はおとりかえいたします。

ISBN978-4-8028-2902-1